本书受到国家社科基金后期资助项目“网络食品安全的数字化协同治理机理、模式与路径研究”（基金号:22FJLB020）;浙江省哲学社会科学规划之江青年专项课题“绿色低碳发展转型背景下网络食品安全的协同治理机制研究”（基金号：24ZJQN056YB）资助

网络食品安全的数字化协同治理研究

Digital Collaborative Governance of Network Food Safety

傅 啸 著

内容提要

本书针对网络食品安全问题，首先，通过总结国内外食品安全监管的经验；回顾改革开放后我国食品安全治理模式；剖析数字化改革背景下新兴技术在网络食品安全监管领域的成功案例。其次，以网络外卖、社区团购为例基于大数据技术对网络食品安全风险进行分析；讨论了我国网络食品安全的基本态势、问题与挑战。再次，针对网络食品安全的源头治理、产业链治理、社会治理进行建模，通过数值分析结合案例，提出对策建议。最后，从政府、网络平台、商家、消费者和第三方媒体多维度总结了网络食品安全的数字化协同治理举措。本书主要面向数字经济、食品供应链、公私协同治理的研究者和学习者。

图书在版编目(CIP)数据

网络食品安全的数字化协同治理研究 / 傅啸著.
上海 : 上海交通大学出版社，2024.11 -- ISBN 978-7-313-31595-3

Ⅰ. TS201.6

中国国家版本馆CIP数据核字第2024UZ8447号

网络食品安全的数字化协同治理研究

WANGLUO SHIPIN ANQUAN DE SHUZIHUA XIETONG ZHILI YANJIU

著　　者：傅　啸
出版发行：上海交通大学出版社　　地　　址：上海市番禺路951号
邮政编码：200030　　电　　话：021-64071208
印　　制：苏州市古得堡数码印刷有限公司　　经　　销：全国新华书店
开　　本：710 mm×1000 mm　1/16　　印　　张：16.75
字　　数：287千字
版　　次：2024年11月第1版　　印　　次：2024年11月第1次印刷
书　　号：ISBN 978-7-313-31595-3
定　　价：78.00元

国家社科基金后期资助项目
出版说明

后期资助项目是国家社科基金设立的一类重要项目，旨在鼓励广大社科研究者潜心治学，支持基础研究多出优秀成果。它是经过严格评审，从接近完成的科研成果中遴选立项的。为扩大后期资助项目的影响，更好地推动学术发展，促进成果转化，全国哲学社会科学工作办公室按照“统一设计、统一标识、统一版式、形成系列”的总体要求，组织出版国家社科基金后期资助项目成果。

全国哲学社会科学工作办公室

前　言

习近平总书记在十九届五中全会中特别强调要将“提高食品药品等关系人民健康产品和服务的安全保障水平”作为国家第十四个五年规划和二〇三五年远景目标的重要内容，体现了党和国家对食品安全工作的高度重视。习近平总书记还多次强调：要把食品安全作为一项重大的政治任务来抓，坚持党政同责，用最严谨的标准、最严格的监管、最严厉的处罚、最严肃的问责，确保人民群众“舌尖上的安全”。并且，由于疫情催生了消费方式及零售市场格局深刻变革，网络食品已经成为大多数消费者日常生活的一部分，2021 年双十一期间全网交易额为 9 651.2 亿元，同比增长 12.22%。在网络食品需求快速增长的背后，也伴随着食品安全问题的频发，根据中消协发布的受理投诉情况，在具体商品投诉中，食品方面的投诉占据第一位。这也体现了完善网络食品的监管机制，促进市场的健康有序发展受到全社会的广泛关注。

我国的食品安全监管主要以政府为主，而公共规制难以有效地介入食品供应链的生产过程，食品安全治理效率不佳。在当前数字化改革背景下，食品安全数字化转型和协同治理成为大势所趋。因此，本书亟须对以下管理科学问题进行研究：如何明晰多元治理中各个主体角色、作用、边界？以及在此多中心结构下，如何构建各个主体内部和主体之间的信息共享体系，确保政府和市场治理过程中协同一致、合力推进？如何通过数字化手段客观地评价食品安全水平，提升现代化食品安全治理水平？如何有效运用数字化平台推动食品供应链的内部治理？如何设计高效的食品安全公共规制与私人规制相结合的协同治理机制？

因此，在本专著中，笔者以数字化转型背景下的网络食品安全问题为研究对象，首先，从国内外食品安全治理经验入手，对比了国内外食品安全法律、标准、监管主体及权责等内容，为我国网络食品安全治理寻求他山之石。

随后，对我国食品安全治理模式进行回顾并基于此提出治理模式的前瞻，介绍了在数字化转型的过程中新兴技术在网络食品安全监管领域的应用，并设计了相关网络食品安全溯源框架。其次，笔者对网络食品安全基本态势进行研判，通过对政府开放数据、网络平台数据、消费者问卷数据进行收集整理，并采用数据分析和数理建模的手段对当前网络平台的外卖食品安全现状进行分析。并且，还分析了社区团购发展现状、构成主体、团购模式，在此基础上探讨社区团购中食品安全的特征，展开溯源分析，提出了相关建议。再次，笔者运用实证研究的方法，以外卖商家为研究对象，探究了外卖商家参与食品安全培训的影响因素。并将产品质量、声誉口碑等多种因素引入食品供应链模型，研究声誉因素对商家的产品质量和销售价格，以及政府检测准确性和奖惩力度的影响。基于以上，构建了基于商家和网络电商平台企业的两层供应链模型，通过斯坦伯格博弈分析当商家和平台分别占据市场主导地位时的两种供应链情景，得到商家最优食品质量和网络平台最优食品监管水平的策略。最后，笔者通过数理建模和大量仿真实验，得到一系列的分析结果，并且采用协同治理理论框架，从政府、平台、商家、用户、媒体等五个维度提出实现多边协同治理的建议举措。

本书针对网络食品安全现状进行分析，在把握商家、平台以及消费者行为特征的基础上，探究宏观因素与个体特征对网络食品安全感知的影响、分析公共治理和私人治理的结合方式，对网络食品安全协同治理和网络食品安全管控机制进行研究。基于调查走访所得的消费者问卷数据、某网络外卖平台的订单数据以及政府开放数据集，来对网络食品安全进行分析与研究，从而提出更具可行性的协同治理机制，具有重要的理论价值与现实意义。在理论价值方面，本书基于博弈论、协同治理理论、数据分析、多元统计等多种理论方法与数理工具，分析网络食品供应链主体间的博弈关系；考虑多种因素对网络食品安全的影响；形成了一套基于数字化的食品安全协同治理理论框架。在现实意义方面，本书针对当前市场监管体系向数字化转型的时代需求背景下，分别从政府、网络平台、商家、消费者与媒体的维度来提出一系列的提升网络食品服务质量的改善策略，有利于解决网络食品安全的实际管理问题；有助于商家提升网络食品质量，降低全社会网络食品安全风险。综上，本书将笔者先前的研究进行了归纳整合，为外卖、社区团购等网络食品安全问题提供系统性的解决方案，不仅能给消费者的服务体验提升带来切实的改善，同时也能为外卖平台和商家带来更大的商业价值，最后还为政府在其他相关领域的治理提供解决思路。

在撰写过程中,笔者借鉴了大量的国内外文献,对相关研究成果进行了引用标注,上海交通大学国际与公共事务学院韩广华副教授所提出的观点为本书的撰写带来了很大帮助,笔者的研究生尹庆、康文涛、牛淑萱、毛佳豪、郑沙在统稿过程中也付出了辛勤的劳动,在此表示诚挚地感谢!由于笔者水平有限,书中可能难免错漏之处,希望广大读者不吝指正,笔者在此表示衷心感谢!

目　录

图目录

表 目 录

第 1 章　网络食品安全概述

1.1　研 究 背 景

食品安全问题是关系到国计民生的大问题，一直以来都备受公众的关注与热议。随着互联网的发展，公众的食品消费观念和方式都悄然变化，网络食品也由此应运而生。网络食品一般是指以互联网信息技术和食品行业互融发展背景下，为满足消费者多样化购物需求，借助第三方网络平台，在网络虚拟市场中完成交易的食品。近年来，如图 1－1 所示，网民购物用户不断扩大，截至 2023 年 12 月，我国网络购物用户规模达 9.15 亿人，较 2022 年 12 月增长 6 967 万人，占网民整体的 83.8%。

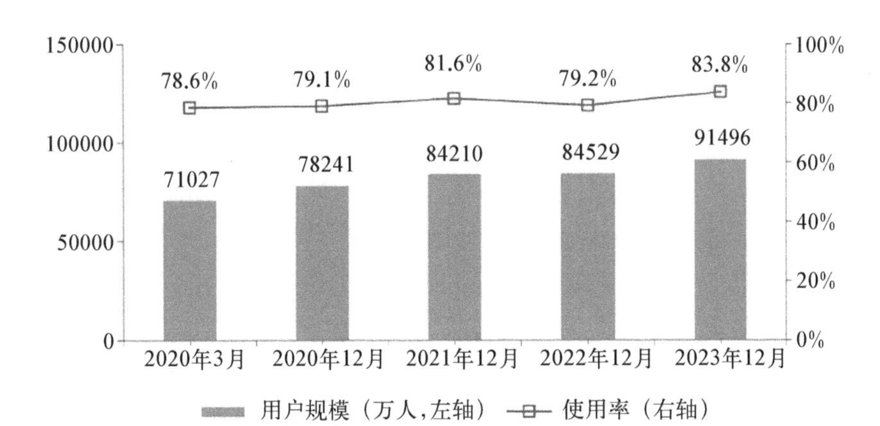

图 1－1　2020 年 3 月至 2023 年 12 月网络购物用户规模及使用率①

网络购物用户规模的扩大也意味着网络食品市场的进一步扩大，其中外卖作为网络食品行业的一部分，基于它的便捷、种类多样等优势发展迅速，逐

---

① 中国互联网络信息中心.第 53 次中国互联网络发展状况统计报告[R/OL].[2024－04－02].https://cnnic.cn/n4/2024/0321/c208－10962.html.

渐成为新的餐饮消费方式。根据中国互联网信息中心(CNNIC)发布的第53次《中国互联网络发展状况统计报告》的数据显示,如图1-2所示,截至2023年12月,我国网上外卖用户规模达5.45亿人,占网民整体的49.9%。并且,根据互联网第三方数据机构DCCI发布的《网络外卖服务市场发展研究报告》的数据显示,超过4成用户已经将网络外卖服务当成一种习惯,在生活消费中占据一定的地位,并且外卖服务已经渗透至社区、学校、办公地等消费场景,其中,在居民地使用外卖用户比例最高,达到75.7%,其次为学校及周边、CBD商圈、办公写字楼等。由此可见,外卖已经成为人们生活中不可或缺的一部分,除了日常的工作需要和天气原因,更多的还是自身的消费习惯使然。

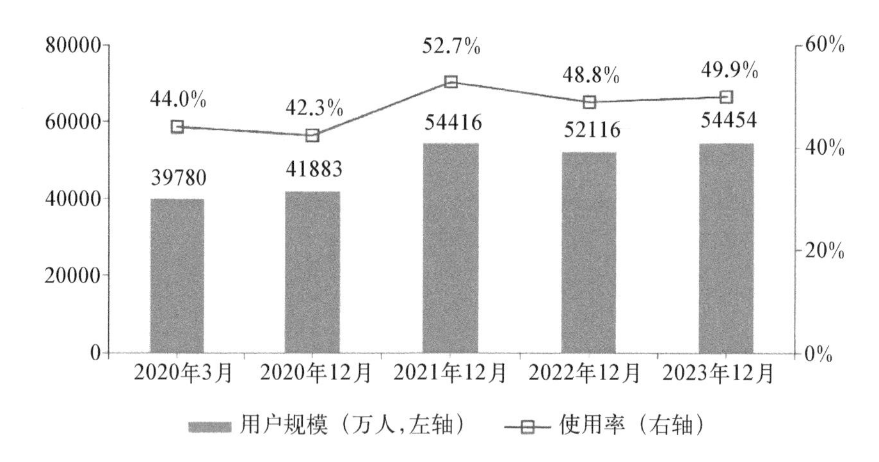

图1-2 2020年3月至2023年12月网上外卖用户规模及使用率①

从网络上购买食品给消费带来便利的同时,由于网络隔空交易的经营模式、高度信息不对称性和虚拟性网络交易模式等特点,网络订餐面临着巨大的食品安全隐患。在2021年5月,国家市场监督管理总局发布了一条关于食品抽检不合格情况的通告,三只松鼠作为国内知名零食品牌,其中检测出开口松子过氧化值超标340%。在双十一购物节时,一网民在直播间购买的三只松鼠每日坚果发霉变质。2019年6月,网友自曝在肯德基外卖中吃到"白卵"。2020年6月,知名奶茶店"喜茶"在抽检中检出了大肠菌群,存在微生物污染,这并不是个例,各大网红奶茶店包括奈雪的茶,蜜雪冰城等等,都曾被曝出食品安全问题。这在一定程度上,让人们对网络食品安全怀有不信任的态度。食品安全形势日益严峻,也反映了政府在食品安全监管

① 中国互联网络信息中心.第53次中国互联网络发展状况统计报告[R/OL].[2024-04-02].https://cnnic.cn/n4/2024/0321/c208-10962.html.

方面可能存在失灵的问题。政府部门的管理会存在漏洞，这就有必要将部分私主体例如商家、网络平台和其他组织引入食品监管中来，以此能够更加有效地监督行政机关的执法工作，为政府的执法提供数据等信息，同时也能有效缓解食品安全监管任务过多集中于政府的现象，提高政府监管效率，弥补食品安全风险治理体系中存在的缺陷。

从食品安全风险治理方式来看，一般被划分为两种，其一是政府所做出的自上而下的行政决策，被称为“公共规制”；另一种则是私主体（包括企业、个人或其他组织）依据合同、法律或政府机构授权、委托以及自身使命获得相应“权利”，从而独立或者参与经济、社会规制（胡斌 2017），被称为“私人规制”。葛娟（2015）利用 DEA 方法对食品安全规制的规模效率、技术效率和综合效率进行测算，根据测算结果发现食品安全规制的效率并不高，其原因是政府单一主体这种传统模式无法融入多元化的社会发展格局而产生的一系列问题，因此无法使当今社会的食品安全规制需求得到满足；而食品从业单位作为食品服务提供者，其终极目标是企业自身利润最大化，因此在经营过程中往往因为自身利益问题而忽视主体责任意识，导致食品安全问题频发；社会组织和其他主体的联动不足；新闻媒体参与治理程度有限等等，都说明私人规制也存在一定的局限性。在食品安全问题严峻的形势下，张英男（2017）指出需要融入创新协同治理理念来对食品安全进行整体性和全局性的调整，以此构建“大食品安全格局”协同治理。2020 年 1 月 2 日，深圳市市场监管局发布食品安全“互联网+监管”系统，该系统由“互联网+明厨亮灶”“移动监管 APP”“扫码看餐饮单位”等重点项目组成，大大地提高了食品安全监管效能，保障了市民的知情权、监督权。深圳市市场监管局围绕着“智慧监管”和“社会共治”两个核心理念，运用“互联网+”和大数据思维，建设“互联网+明厨亮灶”“三网立体监管工程”等项目，努力打造集“监管部门+经营主体+消费者”三位于一体的食品安全“互联网+监管”平台。目前，这套系统已经在深圳的部分地区试点运行，显著减少了监管的复杂性，提高了监管效能①。

1.2　研究目的与意义

习近平总书记提出“实施食品安全战略，让人民吃的放心”，食品安全

① 新华网.深圳发布食品安全“互联网+监管”系统[EB/OL].[2020-01-02].https://baijiahao.baidu.com/s?id=1654602954099039788&wfr=spider&for=pc.

"四个最严"的要求①。2019年2月份《地方党政领导干部食品安全责任制规定》印发,要求进一步明确食品安全工作中地方领导干部的主要职责,食品安全培训不仅能够对食品安全问题进行事前的预防,还可以降低政府事后管理的巨大资源负担。2020年6月,山东省济南市市场监督管理局利用互联网和大数据发现,饿了么平台上两家入网餐饮提供商涉嫌存在未取得食品经营许可证、未公示相关信息等违法行为,并在现场突击检查店铺时发现了加工环境脏乱差、冰箱内生熟混放、使用三无产品、从业人员卫生不规范等等食品安全隐患。近年来网络食品安全问题频发,美团、饿了么被市场监管总局多次约谈,食品安全被推向风口浪尖②。

因此,本书针对网络食品安全现状进行分析,在把握商家、平台以及消费者行为特征的基础上,探究宏观因素与个体特征对网络食品安全感知的影响、分析公共治理和私人治理的结合方式,对网络食品安全协同治理和网络食品安全管控机制进行研究。基于调查走访所得的消费者问卷数据、某知名外卖平台的订单数据以及政府开放数据集,来对网络食品安全进行分析与研究,从而提出更具可行性的协同治理机制,具有重要的理论价值与现实意义。

1.2.1 理论价值

本书中利用了大数据分析、计量方法、机器学习、博弈论等多种定量研究方法来研究网络食品安全。首先,通过数据分析来研究网络食品供应链,挖掘出能够改善网络食品安全的信息;其次,考虑环境因素和个体因素如何影响公众对网络食品安全水平的感知;再次,引入声誉、口碑等因素探讨其对食品安全供应链中商家、平台的决策调节作用;接着,分析平台与商家的动态博弈关系,综合考虑多重因素对网络食品安全治理带来的影响;最后,形成一套有效的网络食品安全协同治理体系,具有重要的理论价值。

1.2.2 现实意义

本书提出了一系列提高网络食品服务质量的改善策略,有助于帮助平台和商家增加收益,提升消费者满意度。同时,为网络食品安全政策制定者提供可行、有效的政策建议,有助于解决实际管理过程中的网络食品安全问题,提高政府行政管理效能。此外,本书总结归纳的食品安全协同治理方

---

① 新华社.关于深化改革加强食品安全工作的意见[EB/OL].[2019-05-20]https://www.gov.cn/zhengce/2019-05/20/content_5393212.htm.

② 李宏晶.外卖食品安全问题频发,美团、饿了么被市场监管总局约谈[EB/OL].[2021-02-22].https://new.qq.com/rain/a/20210222A06B9Y00.

法，有助于帮助商家对食品质量管控改进升级，从而降低食品安全风险。

1.3　研究内容和篇章结构

1.3.1　研究内容

本书采用定性与定量相结合的方法研究了网络平台食品安全问题与对策。首先，通过文献搜寻、案例分析、法律法规解读等来比较各国食品安全治理经验，从不同时期、不同治理模式出发对我国的食品安全模式进行回顾与前瞻，总结了数字技术在网络食品安全治理中的典型应用案例，分析了外卖食品、社区团购食品的安全现状和问题，采用了知识发现（Knowledge Discovery in Database，简称 KDD）算法来对所获取的公共数据与消费数据进行分析，分别从不同主体视角出发研究网络食品安全风险的痛点，并从分析得到的结果给出实质性建议。其次，通过行为态度、主观规范和知觉行为三类因素出发，构建食品安全培训意愿调查问卷，并对问卷结果进行统计分析，研究商家食品安全培训参与意愿的影响因素。再次，建立政府监管部门、商家和顾客的三层供应链模型，设计基于声誉更新模型的协同规制，研究产品声誉因素对商家的产品质量和销售价格，以及政府检测准确性和奖惩力度的影响。接着，考虑到商家和网络平台分别占据市场主导地位时的两种供应链情景，构建了基于商家和网络平台的两层供应链模型，通过斯坦伯格博弈，得到了制造商最优产品质量和网络平台最优食品监管水平的策略。最后，从政府、网络平台、商家、消费者和第三方媒体多维度总结了网络食品安全的数字化协同治理举措。除去，第 1 章概述、第 2 章相关文献以及第 13 章总结，本书具体研究内容如下：

1.3.1.1　中外食品安全治理经验研究

经济全球化也推动着贸易全球化，随着互联网和物流行业的迅速发展，各个国家的美食通过便利的交通运输到不同的消费者手中，这也加剧了全球范围的食品安全风险。部分发达国家在食品安全治理方面起步早、监管方式较为先进，基础好，拥有较为完善的食品监管法律。但由于各国的国情不同，因此采用的食品安全治理方式也有所不同，本书通过分析不同国家的食品安全治理的成功经验，为我国的网络食品安全治理提供了一个借鉴与改进的方向。

本部分研究对应本书的第 3 章。首先，从各国的食品安全法律、标准出发，以美国、欧盟、英国、加拿大的食品安全法律、标准为例探讨了国外的食品安全监管特点，并对比我国的食品安全监管法律，总结我国在食品安全监管方面有待完善之处。其次,从监管主体及权责出发讨论了政府、商家、消费者以及第三方机构在食品安全治理中所发挥的作用,并分析了多方协同治理的优势。最后,以新加坡和加拿大为例总结对我国食品安全治理模式的启示。

对比国内外的食品安全监管体制,可发现不同国家之间存在一定的相似之处,即大多基于分散式的管理方式对食品安全进行管理。作为食品安全监管的领导者,各国政府均根据职能和国情的不同,设置了不同类型的监管部门。作为食品生产的商家是食品安全最主要的责任人。作为食品安全问题的反馈者,消费者应积极参与食品安全监管。作为食品安全治理监督者的第三方,各机构组织需要发挥自身优势,在食品安全治理中承担责任。只有多方共同合作,实现共治,才能推动食品安全治理的现代化。

1.3.1.2　食品安全治理模式研究

随着人们生活水平的不断提高,食品的种类、购买食品的渠道等等都更丰富了,人们对生活的品质要求也更加高,对食品安全的关注度也越来越高。改革开放以来,我国的食品安全治理模式不断变革和发展,因此本书以时间为顺序梳理了从改革开放到当今的食品安全治理模式,并对未来食品安全治理新发展进行预测。

本部分研究对应本书的第 4 章。书中将我国食品安全治理时期分为:单中心治理时期(1978—1991 年)、跨部门合作时期(1992—2007 年)、大部门整合时期(2008—2012 年)、政府主导下的协同治理时期(2013 年至今)。其中,单中心治理时期食品安全治理主要由卫生部负责,治理行动者单一,治理方式和手段均不够完善。跨部门合作时期的治理模式开始逐渐向跨部门合作治理过渡,我国的食品安全治理模式正日益朝着多元化方向演变。在大部门整合时期,食品安全事故频发,食品安全治理模式发生了快速的变革和发展。协同治理时期,我国继续坚持推动治理模式的改革,努力协调各部门的事务分配,努力满足社会发展的需要。最后,结合当前数字化中国建设的背景提出了对我国食品安全治理模式的前瞻。

1.3.1.3　数字化改革下的食品安全治理研究

国务院常委会在《“十三五”食品安全规划》中明确地指出,要通过“互联网+”、大数据等新一代信息技术对食品安全进行在线智慧监管,实现食品安全的数字化转型也是政府数字化转型的重要一环,要用数据来监督食品安全、用技术为食品安全服务。因此,本书从数字化转型的现状与推动主体、实现数字化食品安全监管的意义、数字技术在食品安全监管中的应用案例等方面系统探讨数字化改革背景下食品安全数字化治理的有效路径。

本部分研究对应本书的第 5 章。一方面,通过梳理近年来国家以及各地方食品安全条例,发掘数字化改革背景下市场监管体系的建设完善对消费者、食品生产经营者、市场监管部门等社会主体的积极意义。另一方面,还介绍了区块链、大数据、物联网、在线直播等技术在食品安全领域的应用与探索,并设计了基于新一代信息技术的食品安全溯源框架。

1.3.1.4　网络食品安全现状及问题研究

据统计截至2023年底我国网上零售额已达到15.4万亿元,同比增长11%,人们通过网络购买食品已经成为消费者日常生活的一部分,而网络市场交易具有网络性、虚拟性、复杂性等特点也为食品安全治理带来了很大的困扰。因此,本书对我国网络食品安全现状、存在的问题与成因进行阐述。

本部分研究对应本书的第6章。首先介绍了网络食品市场的总体情况,从网络食品市场特征、网络食品市场主体分析了当前网络食品市场管理的复杂现状,同时分析了网络食品安全问题、监管问题产生的原因。其中,网络食品市场具有网络交易、无店铺经营、种类繁多、新鲜市场、成本低廉、价格实惠等特点。网络食品市场的交易模式主要有网上购物、社区团购和网络外卖三大交易模式。由于网络食品安全监管难度大,网络食品安全同线下食品安全有很多区别,主要表现在社会危害性大、食品质量较难保证、食品标识不规范和维权成本大等问题。因此,本研究以生鲜食品、保健品、直播带货商品等为例,对三类网络食品的安全问题展开具体分析。研究发现,在监管上主要存在监管主体难以确定、违法行为发现难、违法行为查处难、建立长效机制难和执法过程难等问题。

1.3.1.5　网络外卖食品安全的基本态势研究

网络外卖食品是消费者通过网络平台进行线上订购、支付,线下商户进行食物配送,是融合传统餐饮业与互联网的一种新型餐饮模式。其方便快捷的服务激发了消费者的需求,特别在疫情期间,网络外卖食品的快速发展,加速了传统堂食向线上化转型,随之而来的食品安全问题也逐渐显露。

本部分研究对应本书的第7章。从当前外卖食品安全的主要问题出发分别分析了政府、商家、平台和用户所面临的食品安全痛点,并通过政府公开数据、某外卖平台的订单数据以及调查问卷数据进行数据分析,包括消费者画像分析、评分因素影响分析、商家备菜时间分析、套餐搭配分析与骑手时间分配分析等。此外还构建了外卖食品公私协同治理评价体系和预测机制来帮助政府和平台对外卖商家进行初步筛选。

1.3.1.6　社区团购食品安全的基本态势研究

社区团购是一种下沉于居民社区,以团长为桥梁,发展熟人经济的“社交零售”模式。以家庭为消费场景,为消费者提供日常高频刚需品,社区团购成为消费者购买必需品的重要渠道。近年来，随着互联网和信息技术的迅速演进，社区团购作为我国零售经济的一大创新亮点。多多买菜、淘菜、美团优选等一系列社区团购平台如雨后春笋般涌现，为消费者带来了崭新的、本土化的、小众化的互联网消费体验。随着社区团购的用户规模持续扩大，也带来了一些需要关注和解决的问题，其中食品安全问题不容忽视。

本部分研究对应本书的第 8 章。深入研究我国社区团购领域中食品安全的现状和基本态势。首先介绍社区团购发展概况与发展历程，探讨了核心参与主体：消费者、商品、平台模式以及团长，揭示组成社区团购的各方在平台运中的定位和作用。其次，对社区团购模式，包括其特征、仓配机制以及各参与方的诉求和态度进行详细分析。其中，将重点讨论供应商、品牌和团长在模式中的地位与变革。再次，探讨社区团购中的食品安全问题。通过食品安全溯源分析，系统揭示了网络食品供应链中的各个环节中的潜在风险点。最后，提出了针对性的对策建议，以改善社区团购中出现的食品安全风险。

1.3.1.7　商家参与食品安全培训的行为意向研究

我国是食品生产大国，更是食品消费大国，因此我国政府高度重视网络食品安全的问题，采取了一系列政策法规措施，在对网络食品安全违法犯罪依法进行惩处的同时，着力强调提升整个网络食品行业的道德素养和安全自律。因此，食品安全培训对于预防网络食品安全问题的发生起着至关重要的作用，探索商家参与食安培训的行为意愿也是十分有必要的。

本部分研究对应本书的第 9 章。首先按照计划行为理论，将商家参与网络食品安全培训的行为意愿受到行为态度、主观规范、知觉行为这三类因素的影响，并从这三类因素出发来进行调查问卷的设计，对回收问卷进行描述性统计与因子分析，将问卷问题、公因子以及得到的行为意愿调查结果进行关联分析，从而具体分析商家食品安全培训参与意愿的影响因素。

1.3.1.8　网络食品安全风险管控机制研究

随着大数据技术的发展，数据在网络食品安全风险管控中起到了举足轻重的作用，作为拥有大量数据资源和丰富数据处理技术的网络平台能够依托自身数据、算法、技术等优势来对网络食品安全风险进行管控。本部分在此背景下，讨论商家和网络平台分别占据市场主导地位时两种供应链情景，以期得到商家最优产品质量和网络平台最优监管水平的策略。

本部分研究对应本书的第 10 章。首先，建立商家与网络平台构成的两层市场结构，设定网络平台和商家的收益函数，商家通过网络平台进行食品销售。其次，就商家和网络平台分别占据供应链主导地位进行博弈分析，讨论当商家存在食安风险下的产品质量、价格以及平台监管水平的最优决策。再次，分别对商家占主导和网络平台占主导地位的食安风险情况进行数值分析，再利用实例分析各变量和参数之间的关系，得到管理启示。最后在“公私规制”之外，探索了基于网络平台对于网络食品安全风险进行管控的新途径。

1.3.1.9　网络食品安全协同治理研究

网络食品安全风险治理一般通过两种管理方式进行，一是政府制定食品安全管理制度并以行政手段保障其实施的过程，二是商家自身的质量契约。前者由于政府存在着职能部门之间各自为政，监管环节衔接不到位，权利和责任界定不清，政府管理不够深入等等问题，导致治理效果不佳；后者由于商家本身的目的在于利益最大化，因此其管理存在很大局限性。关于网络食品安全风险治理的研究大多从政府的食品安全管理制度，以及商家与平台之间的质量契约两个角度来研究，而从信任、口碑的角度研究食品安全供应链问题还不多见。因此这部分将声誉因素引入模型，探讨基于协同治理下，声誉因素对商家和政府的决策有何影响。

本部分研究对应本书的第 11 章。主要结合政府监督实施的公共规制与商家自身的私有规制两种规制手段，探索其协同规制模式的基础上，建立政府监管部门、商家和顾客的三层供应链模型，首先考虑政府检测商家的食品卫生程度并公开检测结果，顾客通过获取市场信息，再来给定该产品的“口碑”，也就是商家的声誉；其次，根据政府的检测结果，商家会获得相应的奖励或惩罚，通过建立市场需求模型和商家的利润模型，最大化商家的期望收益得到最优的产品销售价格；最后，顾客根据实际产品质量、售价，建立声誉更新模型，更新产品的声誉值。此部分还分析了在声誉模型下，政府的最优奖惩策略。

1.3.1.10　网络食品安全的数字化协同治理举措研究

网络食品安全涉及公众的生命安全、国家的健康发展及社会的稳定有序，是民生的基础和重要保障。本部分研究对应本书的第 12 章。采用协同治理理论框架，针对之前几部分研究，包括网络食品安全的整体态势分析，以及网络食品安全需求分析中对应的痛点，并结合了数字化转型背景下政府食品安全监管的根本性目标，提出了“政府领导”“平台管控”“商家配合”“用户反馈”“媒体曝光”五大建议，以建立闭环式的联合管控，互利共赢的机制，实现网络食品安全问题的多边协同治理模式，为我国网络食品安全的数字化协同治理提供对策建议。

1.3.2　篇章结构

本书共计有 12 章。

第 1 章，网络食品安全概述。简要介绍了本书的研究背景、研究目的、研究意义、研究内容和方法。

第 2 章,网络食品安全相关研究现状。本书就网络食品安全监管、食品安全的风险感知、食品安全培训行为意愿、食品安全风险管控与食品安全的协同治理五方面进行文献综述,总结国内外食品安全研究现状。

第 3 章,中外食品安全治理经验比较。本章从不同国别的视角对各国食品安全法律、标准进行对比,从食品安全监管主体视角出发,对监管主体的权责进行分析与比较。

第 4 章,我国食品安全治理模式的回顾与前瞻。本章对食品安全治理模式进行追溯,将其划分为四个时期,即单中心治理时期,跨部门合作时期,大部门整合时期与政府主导下的协同治理时期,并对未来食品安全治理模式提出前瞻,包括了社会总体食品安全治理以及网络平台的食品安全治理,以及对新技术下的治理模式的展望。

第 5 章,数字化改革背景下的食品安全治理。本章以数字化改革为背景探讨了食品安全监管的数字化转型问题,并从区块链、大数据技术、物联网技术、在线直播技术出发分析了新兴技术在食品安全领域的应用,并在此基础上构建了网络食品安全追溯框架,为之后的研究提供技术支撑。

第 6 章,网络食品安全基本态势研究。本章介绍了网络食品与网络市场,并且对网络食品主体进行划分,分析了网络食品的市场特征与交易模式,探讨了网络食品所面临的安全问题、监管问题以及产生原因,为本书后续研究奠定良好的理论基础。

第 7 章,我国外卖食品安全基本态势研究。本章从外卖食品产业链上的四大主体——“政府、外卖平台、商家、消费者”出发,通过消费者问卷数据、外卖平台数据和政府公开数据,对其进行大数据分析,挖掘总结出网络平台上外卖食品安全目前所面临的问题,并基于数理模型提出对策。

第 8 章,我国社区团购食品安全的基本态势研究。本章详细介绍社区团购发展概况,分析社区团购构成主体和团购模式,并在此基础上剖析社区团购中的食品安全问题,最后提出了相关的对策建议。

第 9 章,网络食品生产者的源头治理: 食品安全知识培训。本章从经营者的行为态度、主观规范、知觉行为出发,进行问卷设计和调查,来探究何种因素影响食品企业参与食品安全培训的意愿。

第 10 章,网络食品安全的产业链治理: 私人治理。构建了基于商家与网络平台的两层供应链模型,通过斯坦伯格博弈,分析商家和网络平台分别占供应链主导地位时的两种情景,得到商家的最优产品质量与网络平台的最优监管水平。

第 11 章,网络食品安全的社会治理: 公私协同治理。本部分主要结合政府监督实施的公共规制与企业自身的私有规制两种规制手段,在其协同规制模式的基础上,建立政府监管部门、商家和顾客的三层供应链模型,引入了声誉等因素,研究商家的声誉、政府的检测准确性以及奖惩力度对网络食品质量和销售价格的影响。

第 12 章,网络食品安全的数字化治理措施研究。基于以上章节的研究与分析,采用协同治理理论框架,从政府、平台、商家、消费者和第三方五个维度给出了相应的治理策略。

第 13 章,总结与展望。对本书研究成果的总结以及对未来可能研究方向的展望。

图 1－3 为本书的篇章结构图。

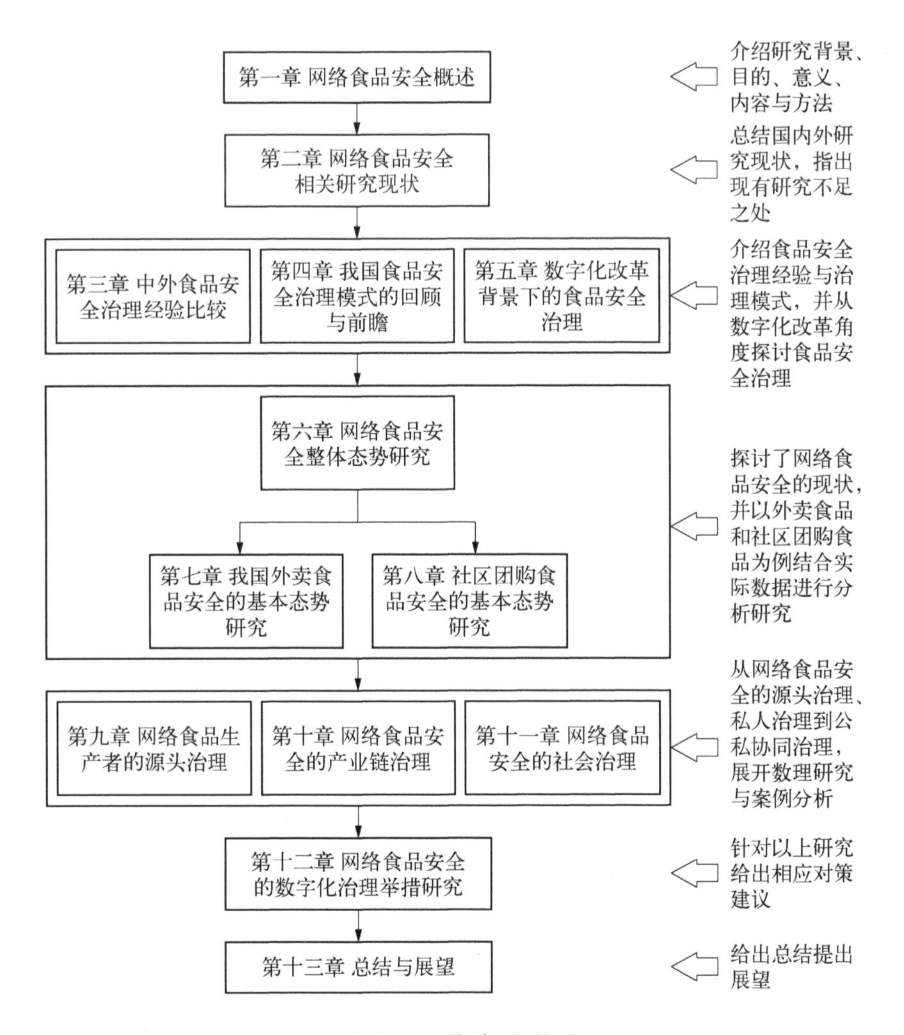

图 1－3　篇章结构图

1.4 研究方法与技术架构

1.4.1 研究方法

本书采用了文献研究、数据分析、机器学习、计量方法和博弈论等方法来对网络食品安全问题进行研究与分析，下面对本书中所采用的方法进行简要的介绍。

1.4.1.1 文献研究

文献研究，指根据特定的研究目标和课题要求，通过调查相关联的文献资料来获取信息，并对收集到的资料进一步整理、分类、归纳、总结，以全面准确地了解所研究问题。本书通过浏览国内外文献并进行总结归纳，对比了中外食品安全治理经验；并对我国食品安全治理模式进行回顾；探究了数字化改革背景下的食品安全治理成功案例；分析了网络食品安全的基本态势。

1.4.1.2 问卷调查

问卷调查，指的是根据特定的研究问题编织成问题表格，制定统一的问卷通过线上填写、线下发放等形式来向被调查者了解情况和征询意见的调查方法。在本书的第 7 和第 9 章通过发放问卷的形式对消费者、商家进行数据采集，获取到消费者对食品安全的关注程度，对价格的敏感程度等行为特征以及商家参与食安培训的意愿等信息，帮助我们面向不同决策主体提出有针对性地措施。

1.4.1.3 数据分析

数据分析，指对收集来的大量数据采用适当的统计方法进行分析，并将数据进行汇总和消化理解，帮助我们以最大化地开发与利用数据的功能，发挥其作用。即是从数据中提取有用信息，并对数据展开详细研究和概括总结的一个过程。本书中运用了大量数据分析的方法，例如第 7 章中利用 K－means算法和 KDD 算法，来对问卷中消费者数据进行分析，对三个原始数据进行初步分类，找到订餐次数较多的人群，并帮助平台为消费者提供更加匹配的商家，督促商家提升食品卫生状况和服务质量。

1.4.1.4 机器学习

机器学习，指采用算法来指导计算机通过已知数据得出适当的模型，并将此模型应用于新的情境中给出判断的过程。本书通过 Aprior 算法、Naïve Bayes 算法等机器学习法，探讨数据中的有效信息。在本书的第 7 章部分，通过 Naïve Bayes 算法来分析了商家评分的影响因素，提取出总价、配送耗时、配送距离三项指标对外卖评分的影响，为商家吸引潜在消费者提供建议。并且，通过Aprior算法分析各个菜品之间的相关性，来为商家提供合理的套餐搭配建议。另外，利用了SOM算法来对消费者进行分类，SGD－SVM算法来设计网络食品安全协同治理评价体系。

1.4.1.5　计量方法

计量方法，指用于测量和评估某种特定现象或者对象的方法和工具。它可以分为定性和定量方法两大类。其中，定性方法侧重于描述和分析事物的性质特征。而定量方法强调运用数学工具，掌握定量分析的技能。本书中运用了多元统计、多元线性回归分析等计量方法来分析各个因素对模型的影响。在本书第九章中，采用结构方程模型，将问卷问题、公因子以及行为意愿调查进行关联分析，来进一步分析商家参与食品安全培训意愿的影响因素。

1.4.1.6　博弈论

博弈论，是将激励结构之间的相互作用以公式的形式来进行表达，是一种研究存在竞争性或者斗争性现象的数学理论与方法。博弈论考虑到了博弈双发的预测行为和实际行为，并对他们的优化策略进行分析。本书通过建立Stackelberg博弈模型、Bertrand博弈模型等来探讨网络食品供应链中各方的动态博弈关系。第10章中建立了商家与网络平台企业的两层市场结构模型，通过Stackelberg博弈，分析商家与网络平台分别占据供应链主导地位时的决策情景。在第11章中，建立了关于政府部门、商家和顾客的三层供应链，探讨声誉、奖惩等因素对网络食品供应链各博弈方的调节作用。如图1－4所示。

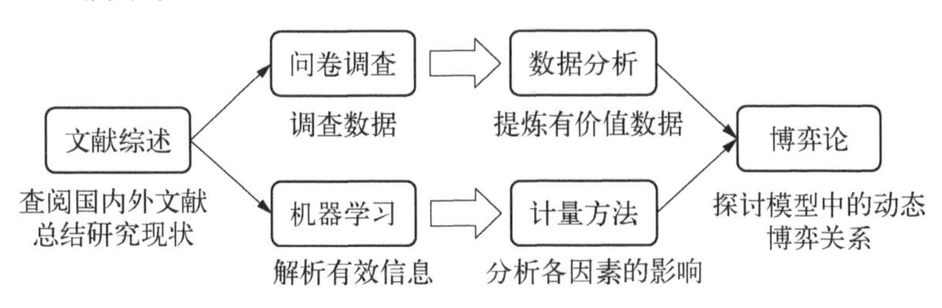

图1－4　技术思路图

1.4.2　技术路线图

本书首先通过田野调查、案例分析，并查阅了大量国内外文献，归纳了当前网络食品安全频发、食品安全治理挑战巨大的研究背景，以及本书研究内容对于提高网络食品安全的意义所在。其次通过问卷调查、数据分析等方法，对当前政府、网络平台、商家和消费者所面临的痛点进行分析。最后，通过机器学习、计量方法、博弈论等方法来对所获取的信息进行深入分析，研究数据中的有效信息，探讨各个因素之间的关联性，为之后网络食品安全公私协同治理体系的建立提供理论支撑。图 1－5 为本书的技术路线图。

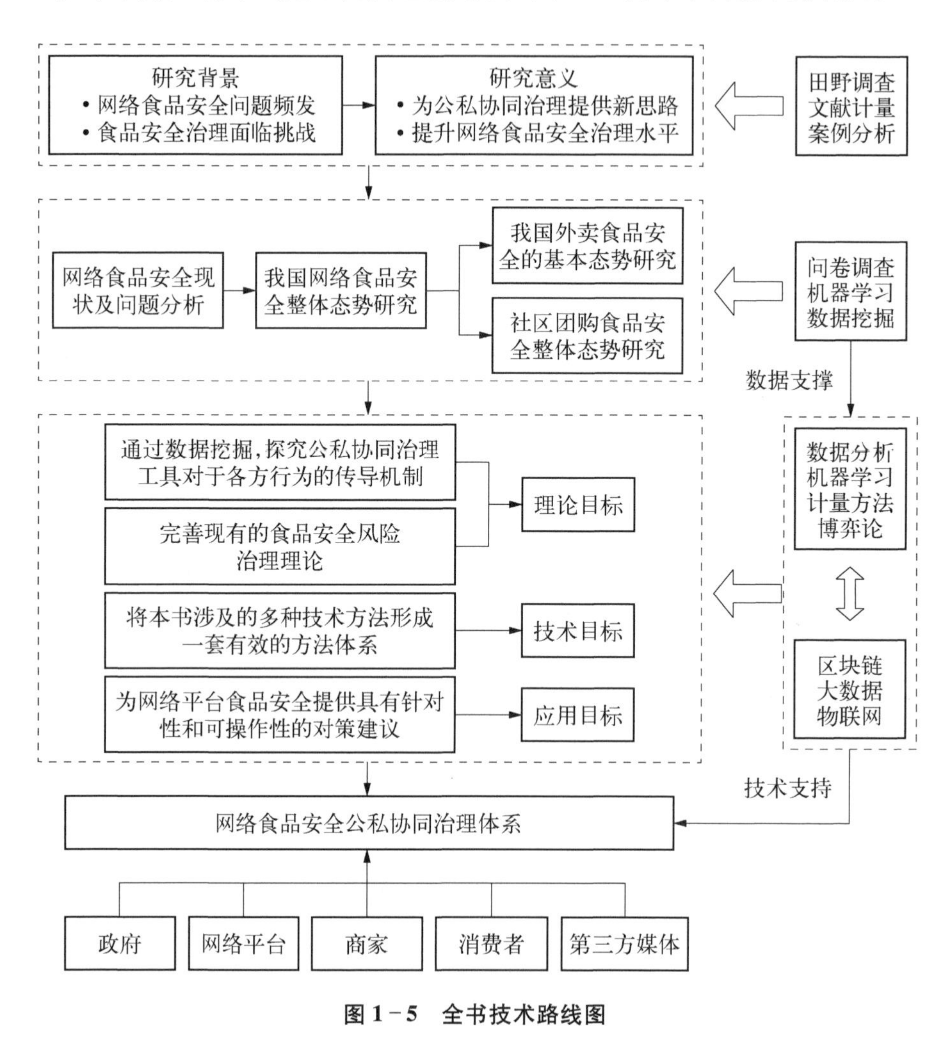

图 1－5　全书技术路线图

1.5　本 章 小 结

本章首先对本书的研究背景、目的和意义进行了介绍，其次介绍了本书的研究内容与篇章框架，最后简要介绍了本文所运用的研究方法以及本书的技术路线图。本书研究的主要内容包括了中外食品安全治理经验对比；

我国食品安全治理模式的回顾与前瞻;数字化改革背景下的食品安全治理案例研究;以外卖食品和社区团购食品为例,网络食品安全的基本态势研究;基于数理方法的网络食品供应链分析及策略优化;网络食品安全培训的行为意愿研究;网络食品安全风险私人治理研究;网络食品安全公私协同治理研究。本章为全书内容的展开做了铺垫。

第2章　网络食品安全相关研究现状

2.1　本 章 概 要

早在20世纪五六十年代，由于工业化的不断发展，日本与欧美等一些发达国家，将工业化进程中所产生的废物排放到环境中，导致环境污染加重。另外在农业生产过程中，化学农药的滥用导致残留问题显现，出现了大量的食品安全问题，引起了大量的专家和政府研究部门的关注，只不过当时的研究还比较浅薄和零散，有关食品安全问题的研究还尚未形成成熟的理论体系。进入20世纪90年代后，在食品安全问题的研究领域西方发达国家先我国一步获得了较大进展，也逐渐涌现出了大批研究成果，对政府食品安全监管必要性，食品安全问题性质特点以及解决措施等都进行了深入的探讨。食品安全与人民的生命与健康息息相关，国内学者也开始广泛关注食品安全方面的问题。由于当今社会环境以及经济发展的原因，依旧存在着混合、无序和不规则的市场经济，滋生出损害他人利益的行为。政府部门对食品生产、销售者的督促和约束，与商家、供应商对自己的产品严格要求、遵纪守法，以保障消费者的食品安全健康，这对国家稳定与社会和谐有着重要的影响。

并且，随着当今互联网与大数据技术的成熟，数据呈现爆炸式增长的态势，大数据和云计算等等也得到了越来越广泛地应用，这也为食品安全方面的研究提供了一个新的视角，本章将从网络食品安全监管的研究现状、食品安全风险感知的研究现状、食品安全培训行为的研究现状、食品安全风险管控的研究现状、食品安全协同治理的研究现状等方面系统梳理网络食品安全相关文献。

2.2　网络食品安全监管研究现状

2.2.1　政府网络食品安全监管

在网络食品安全监管方面，美国以法律约束为主，首先在原有法律的基础上进行延伸形成规制网络市场监管的条文与规范，著名的《统一商法典》（Uniform Commercial Code）就是例子之一，它原本是有关各州商业交易立法的，随着网络平台的发展，美国在此基础上增加了调整电子商务的规范内容。另外针对部分网络交易中的一些特有问题进行了专门性立法，例如，1999 年的《电子交易统一法案》（Uniform Electronic Transactions Act），涉及电子记录、电子签名和电子合同的认定、形式、效力以及电子支付、网络中的交易规则等等。此外美国政府还设立了包括联邦委员会在内的到各部门对信息网络经济发展创造良好的政策环境，美国的网络市场管理很多由非官方机构来承当，其负责制定部分经营规则，一方面可以引导网络监管主体的经营活动，另一方面充当政府与经营者的桥梁，减少政府的行政行为对网络经济发展的干扰。

从 1995 年以来，欧盟多次出台指导性文件与立法实践来对网络经营主体进行监管，例如欧盟在 1997 年所提出的《欧洲电子商务行动方案》（European Initiative in E-commerce），就是用来协调统一各成员国在电子商务领域的立法情况，以确保在电子商务环境下各成员国之间的服务也能够自由流通，构建欧洲统一市场，提倡政府对于网络经营主体的经营行为进行最低程度的干预，并采取灵活多变的政策来促进网络交易发展。

韩国的网络食品交易分为三类，一为经营者通过自行采购食品，并在其自建的网站上进行销售；二为综合性网络购物中心，由一家或多家大型企业集中采购，然后在统一的网站中销售；三则是通过网络食品交易平台进行交易，类似于中国的阿里巴巴。早在 1999 年韩国政府所出台的《电子商业基本法》界定了电子商务的监管范围，而政府监管的介入较深、强度较大。韩国的网络市场监管机构分为中央级机构和地方级机构，中央级可以在各地设立地方办事处，负责具体的监管事宜。

国外已经对食品安全相关的研究已经取得了很多的成果，Tania 等（2003）提出建立一个新系统，采取预防性方法来管理其业务内的食品安全风险，要求食品企业对其处理和销售的食品的安全负责，以期降低澳大利亚食源性疾病的发生率。Sandra 等（2019）研究与分析了 2017—2018 年李斯特菌病危机后的食品安全政策和法规的现状，食品安全面临的挑战和食品体系中的食品安全实践,并从南非的食品安全相关公共政策和法规、公司报告和媒体文章等数据中,来对数据进行了专题分析。Zhang 等(2017)探讨了外卖发展中的问题,并运用博弈论的知识对 O2O 平台外卖安全性进行了深入研究,研究表明,要求食品监管部门加强执法管理力度,并在此基础上建立食品安全监管模式,有利于减少外卖食品安全问题的发生。Yang (2018)分析了网络食品安全问题和监管维权难点,并提出了解决这些问题的对策,即提高网络食品安全监管能力,落实网络食品安全责任,推动网络食品安全法律法规和标准不断完善,加大网络食品安全责任主体自我管理。随着互联网与大数据等技术的不断发展,大数据在网络食品安全上的应用也更加广泛,Cui(2020)指出利用大数据技术来分析网络食品安全问题,指出在监管层面应加快网络食品安全监管立法进程,运用大数据建立行业管理信用体系,提升国际食品安全监管水平。Huang 等(2020)通过第三方平台评论数据的分析构建了食品安全违规风险的评价数据集,未来寻找在线食品的评论数据与风险等级之间的关系,提出了一种并行分布式长短期记忆网络模型来预测商家的风险程度,推动网络商家预警系统的建立。

在网络食品安全监管层面,作为监管主体之一的政府占据主要地位,因此许多学者以政府监管来展开研究,徐金海(2007)认为食品质量属性可以决定买卖双方在食品信息拥有上的不对称,要解决这一问题,可以通过强化政府监管这一重要途径,而食品质量安全监管本质上是政府相关部门与食品生产经营者之间的博弈过程。陈刚(2010)在食品安全中政府监管职能及其整体性治理中提出了要在监管环节中引入整体性治理理论,以此来作为解释这些问题的框架,从而建立政府—市场—社会之间的合作伙伴关系,并且在目标、功能、信息上使政府与社会进行整合,弥补政府监管职能的“碎片化”状态。代大鹏(2014)通过分析网络食品的经营模式和市场相关主体,运用市场失灵理论、公共利益理论、法律规范理论对网络食品安全进行研究,提出完善相关法律法规、规范网络食品市场主体准入、明确网络交易平台服务经营者法律责任、建立有效的网络食品纠纷解决机制以及加强信用法律体系的建设。李妍琳(2016)针对金州新区网络餐饮服务业展开研究,通过分析监管部门在网络餐饮服务业食品监管中的工作情况和对消费者进行问卷调查的方法来揭示目前的监管状况,并运用管理学理论,提出食品安全监管的改进方案。宋文君(2017)研究了互联网外卖食品安全现状,以“饿了么”为案例进行分析,指出政府对互联网外卖安全监管问题在体制、制度以及运行机制中存在的问题与成因,并提出相关改善对策建议。杨慧舜(2019)指出当前网络餐饮面临“碎片化”的食品安全监管困境,并根据整体性治理理论构建了网络订餐食品安全整体性治理对策的分析框架，从重视多元主体参与网络订餐食品安全治理、塑造网络订餐整体性治理理念、加强网络订餐食品安全治理的法律保障、加强网络订餐食品安全政府组织协调与整合、加强信息技术运用融合等五个方面提出网络订餐食品安全治理对策。王俊豪（2021）指出国家治理现代化要求构建中国特色政府监管理论体系，即政府监管的法律法规制度、政府监管方式、政府监管外部监督、政府监管机构和政府监管绩效评价这五个基本要素构成的有机整体。曹裕（2021）分析了在网络平台参与下的政府食品安全监管策略，分别探讨了直接监管与间接监管时，政府对于网络食品安全实施直接监管下的最优监管策略以及在网络平台参与监管时政府的最优间接监管策略，同时分析了网络平台与食品企业合谋对食品安全监管效率造成的影响。

在网络食品安全第三方平台责任与义务层面，我国 2015 年所修订的《食品安全法》对比 2009 年的《食品安全法》更加强调了第三方监管的重要性，例如该法首次提出共同监管的管理原则，此外对网络食品交易第三方平台的法律责任进行划分，分为行政责任和民事责任，并将食品安全教育引入国民教育体系，支持媒体、非政府组织等第三方监管机构来引导消费者，鼓励媒体客观合理的揭露食品安全问题。而在 2021 年新修正的《食品安全法》中更加强调确立并强化风险治理理念，建立食品安全风险分级制度，规定生产经营者食品安全风险自查和食品安全风险交流制度。此外，还要求建立食品安全追溯体系，采用信息化手段收集、留存经营信息。还加大了行政处罚力度，从根源上规避违法行为。

2.2.2　第三方平台的责任与义务

网络食品销售平台在食品安全监管中有着独特的优势，Zhang 等（2015）提出政府、食品供应商和第三方监管机构三者是食品安全管理的利益相关者，指出近年来第三方监管的作用逐渐得到了消费者的认可，并且在食品安全监管方面发挥了越来越大的作用。Filippo 等（2020）将关注点放在网络食品销售平台上，讨论网络平台对食品系统组织所产生的影响，分析了网络平台对消费者、生产者和线下食品供销网络带来的影响，以及新冠疫情对其产生的破坏影响，第三方平台该如何生存的问题。吴颖（2016）指出增强普通公众对《食品安全法》的了解程度与政府机关的执行力度，需要不断加强对执法者、生产经营者法律宣传教育，还要明确第三方交易平台的责任与义务，来使得史上最严《食品安全法》得到最严格的执行。曾凤霞（2017）提出第三方平台一般情况下只承担一半的监管审查义务，并无处罚权力，加之其最终目的在于营利,对影响食品安全的行为并不重视。因此要将政府监管部门的职权优势和第三方平台先天监管便利的优势相结合,在实现资源共享的基础上,进一步建立线上线下分工合作的管理模式。刘金瑞(2017)认为加强食品安全治理应从完善第三方平台的责任制度入手,具体路径包括:树立社会共治理念,将网络平台作为社会共治的一个重要力量之一;充分利用技术与法律进行监管,依靠技术来破解监管难题,依靠法律来规范监管流程;达成线上线下的监管同步,建立起线上线下治理联动机制。成诚(2018)以《食品安全法》为视角,对销售网络食品的第三方平台的概念、特征、范围、法律地位进行分析,提出需要强化"社会共治"理念,指出了网络食品交易中第三方平台可能存在的问题,提出要完善第三方平台的责任义务范围、完善第三方平台的法律责任界定,并探索构建合作治理新模式。谢佳岐等(2018)指出对于平台自身的运营维护和对其他入网食品生产经营者的监督管理是第三方平台在食品安全监管中的两个重要方面。一方面,平台具有建立食品安全档案记录的义务、备案义务、网络技术条件保障义务、建立食品安全审查制度的义务等。另一方面,网络平台还可以通过积极监督管理其他入网食品生产经营者来履行食品安全义务,具体表现为检查报告义务、审查登记义务、停止服务义务等。张鹏等(2018)针对网络餐饮服务第三方平台提供者开展研究,认为网络餐饮服务作为新的食品安全对象也应当纳入政府部门规制,提出政府部门需要扩大规制范围并予以监管,平台应当与政府共享食品安全信息,发挥其作为食品安全社会共治主体的功能作用,向消费者公开食品安全信息,为食品安全保驾护航。刘柳(2020)提出网络餐饮服务的第三方平台资质审核义务"履行难"困境,需要通过大数据技术精准施策。通过对网络餐饮平台的案例分析表明我国立法对于平台的法定义务并没有得到较好的履行,立法设计与法律实效相差较远。破解审核义务困境需要将此公法义务进行技术上形式审核的定位,并构建基于大数据网络订餐食品安全预警系统、食品监管部门与平台联动治理模式以及基于区块链技术的智能监管系统等。如表 2-1 所示。

基于前人研究的基础上,本书将公私协同治理引入网络食品监管中来,指出网络平台在网络食品安全监管中所起的作用。例如,美团的"天网系统"建立了入网经营商户的食品电子档案系统,并对接各地食品监管部门的监管数据,形成大数据系统,利用该系统对商家进行信息审核,了解商家是否有合法资质以及违法情况。并且,本书构建网络食品商家与第三方平台的两层市场结构模型,以定量研究的方式讨论第三方网络平台对食品安全风险管控力度对商家利润、产品质量的影响。

表 2-1　网络平台食品安全研究文献

视角	主要研究内容	代表性文献与人物
网络食品监管	大数据在食品供应链中的开发和实施；行业管理信用体系的建立；监督保障体制的战略创新；文本挖掘与机器学习在食品安全监管的应用；网络外卖商家预警系统，食品安全违规与风险评价数据集；网络食品安全问题与维权监管难点；落实网络餐饮服务主体责任；网络外卖食品安全监管机制的创建与完善；构建中国特色政府监管理论体系；网络订餐食品安全政府监管“碎片化”困境的治理；基于政府视角下的网络餐饮食品安全监督管理提升策略研究；政府监管与食品质量安全；食品安全监管中政府监管职能及其整体性治理；平台参与下网络食品安全政府监管策略研究	Tania 等（2003）；Jin 等（2020）；Goldberg 等（2020）；Cui 等（2020）；Kena 等（2019）；Huang 等（2020）；Sandra 等（2019）；Zhang 等（2017）；Yang（2018）；裴夕红（2019）；师景双等（2020）；王永刚（2020）；李娜等（2018）；李妍琳（2016）；宋文君（2017）；代大鹏（2014）；杨慧舜（2019）；王俊豪（2020）；徐金海（2007）；陈刚等（2010）；曹裕等（2021）
第三方平台的责任与义务	第三方监管在食品安全监管方面的作用；食品网络平台对食品系统组织所产生的影响；第三方交易平台的监管审查的责任与义务；第三方平台与社会共治；网络餐饮第三方平台提供者的法律责任界定与探索；网络餐饮第三方平台责任的理解适用与制度创新；网络餐饮服务第三方平台资质审核义务“履行难”困境及大数据实施对策	Zhang 等（2015）；Filippo 等（2020）；吴颖（2016）；张鹏等（2018）；谢佳岐等（2018）；曾凤霞（2017）；成诚（2018）；刘金瑞（2017）；刘柳（2020）

2.3　食品安全的风险感知研究现状

风险感知（Risk Perception）的概念最早由哈佛大学的 Bauer（1960）提出，他强调消费者的行为是由消费者对风险的主观认知，而非风险本身决定的。风险感知是指民众在进行购买决策时，感知到所购买产品质量不符合预期的可能性。Starr（1969）基于风险与收益的对比分析，考量了主观因素在风险接受度上的作用。Slovic（1981）等则从不同视角对风险感知进行测量，认为风险概念是可量化且因人而异的，指出了一系列影响食品安全风险感知的因素，包括风险的可控制性、后果的严重性、风险延迟的属性、对风险的知识等。在食品安全领域，民众的风险感知与实际风险水平存在偏差，高估和低估实际风险的现象同时存在。风险的社会放大效应还会放大或缩小一个事故而形成未知风险和潜在威胁，产生超过灾害本身的直接影响。风险目标理论则认为,人们对风险估计值的大小通常会因为风险暴露目标的不同而得到差异很大的结果,绝大多数人认为自己面临的风险小于其他人,这被称为"风险拒绝"的现象。这主要是风险控制感的程度不同造成的,即指对某事件所造成的风险人们感觉到能保护自己并脱离险境的感受程度不同,风险控制感越高,风险拒绝程度越高,风险感知水平越低。另外,在情绪因子对风险感知的影响研究中发现,影响民众风险感知水平最重要的情绪是"愤怒"。Frewer(1994)等则认为风险接受度与利益成正比,个体预期利益越大,风险接受度越高。总而言之,风险感知理论的相关研究表明,个体的风险感知水平受到多种因素的影响,具有社会建构性特征,更多表现为个体的主观评判结果,与实际风险水平存在较大差异。

2.3.1 食品安全风险感知的个体视角

食品安全风险感知影响因素的研究文献可以从两个视角出发进行展开。一种是从个体视角出发,研究影响消费者个体的风险感知及其影响因素。Leikas(2007)等研究表明,性格特征、性别因素可以预测消费者食品安全风险感知水平,风险规避型、男性消费者具有更高的风险感知水平,而具有信息分析倾向的消费者的风险感知程度更低,其中的主要原因是对风险的恐惧程度、风险发生的可能性存在判断差异。Bearth(2014)等认为消费者的政策知识、政府信任度以及对天然产品的偏好等因素导致其对食品添加剂的风险感知存在差异。Rossi(2017)等研究证明了食品知识、风险信息的作用,他们通过对受过专业知识训练的食品处理者的调查研究,发现食品行业从业者普遍存在风险乐观估计的现象,即拥有更多食品知识的从业者倾向于认为其自身遭受食品安全风险的可能性低于他人。Hilverda(2017)等的研究也支持拥有更多食品安全知识信息的消费者倾向于更低水平的风险感知。在国内,国内食品市场机制的缺失和制度的不完善使得食品安全问题更加突出。基于消费者个体视角,许多文献研究了性别、年龄、婚姻、教育及收入等个体特征因素对居民食品安全风险感知的直接影响。王志刚(2003)从个体特征视角进行研究,发现女性、月收入高、学历高的消费者对食品安全问题的关心程度高。赵源(2012)等的分析则认为男性比女性对食品信息的了解程度更高。总而言之,从个体视角分析食品风险感知问题的研究结果表明,个体特征、食品知识及风险信息等因素对食品安全风险感知产生显著影响,但研究结论存在一定的差异性。

2.3.2　食品安全风险感知的群体视角

食品安全风险感知影响因素研究的另一种视角是群体视角，强调社会环境及文化的影响作用。在社会环境和政策监管方面，发达国家由于已经形成了相对完善的食品监管体制和成熟的市场机制，对食品安全风险的研究侧重于对不可控的、潜在风险的分析。Yeung(2001)等将食品风险总结为三类，包括微生物灾害、化学灾害以及技术灾害，分别对应细菌、化学添加剂以及如转基因等食品改进技术引起的风险。Hohl(2008)等通过对25个欧洲国家的数据建立分层线性回归模型，研究发现最重要的三种食品感知风险分别是污染和变质、食品健康性、生产过程与卫生状况，并且国家社会背景和个体因素同时对居民的食品安全感知水平产生影响。在社会影响因素方面，Vila(2008)等基于对英国和西班牙的面板数据分析发现，媒体报道偏见提升了消费者对转基因食品的风险评估。Kleef(2006)等则提出政府机构的监管政策、风险管理举措、监管体系内的优先性考量、科技进步以及媒体关注、食品安全事故等诸多因素，决定消费者和食品安全专家的食品风险感知状况。Houghton(2006)等通过对英国、德国、希腊及丹麦四国的调查研究表明，公众认为最重要的食品风险管理措施主要有三个方面——风险应急控制系统、风险预防调查研究以及风险信息公开过程，这些措施都与消费者的风险控制感、食品政策的制定直接相关。Cope(2010)等认为监管者在进行风险交流的过程中应向公众披露风险感知知识、个体偏好信息以及某些特定社会背景下的规章政策，同时还需提供食品安全技术研究的最新进展与不确定性信息，在考虑到跨文化差异的背景下制定不同的食品风险交流策略。Tiozzo(2017)等通过半结构式访谈调查发现，食品质量和风险可控性直接决定了消费者的风险感知状况，而消费者食品风险可控制感低的现象是普遍存在的。综上可以看出，国外文献对食品风险监管的研究主要关注食品生产的过程控制、食品技术信息披露的影响作用，较少关注国内突出的食品安全道德风险问题。而在国内文献的分析中，范春梅(2012)等以问题奶粉事件为例，强调了食品安全事件中，风险信息对消费者风险控制感和风险感知水平的影响。也有一些研究关注媒体报道对消费者食品风险感知的影响。赖泽栋(2014)则从食品风险传播行为的角度分析，认为我国公众对当前食品安全风险普遍担忧，存在悲观偏差效应，易导致食品谣言的产生。在政府对食品风险感知的管理层面，民众对食品安全责任归咎存在着加重政府责任而相对弱化个人和企业责任的现象。因此有研究认为政府应发挥专家的风险评估作用，弥合公众风险感知与实际风险的偏差，这一目标需要通过风险交流的过程实现。张文胜(2013)则强调了政府信息公开是缩小风险感知偏差的前提条件,而有效的食品安全政策则是提升食品安全现状的根本保障。通过对消费者食品风险感知的深层原因分析,胡卫中(2010)认为"失去控制""严重后果""政府失职"是造成消费者食品风险感知差异的主要因素。周应恒等则将风险感知影响因素表述为"控制程度"和"忧虑程度",以及"了解程度"和"危害程度"。

如表2-2所示,通过对以上文献的梳理分析可以看出,国内外文献都强调食品风险感知的主观建构性特征,个体特征差异造成消费者对食品安全风险的主观感知程度存在一定区别。同时,食品知识、风险信息以及媒体报道等社会文化因素也会对公众的食品风险感知产生引导作用。政府作为食品安全监管者,其政策制定的适当性、风险交流措施的合理性对居民的风险感知水平具有直接的影响效果。从研究视角上看,现有研究包含两个方面,即个体层面和群体层面。个体层面大多基于某一特定消费群体的具体消费行为进行研究,而群体层面多从监管体制合理性、规制有效性的宏观层面进行探讨。然而,目前鲜有研究将个体特征与宏观措施进行集成研究,分析宏观因素对食品安全感知的影响,特别是探究宏观因素对个体特征与食品安全感知关系的调节作用。因此本书将公众的个体特征与宏观政策(即政府的食品安全抽查力度、经济能力和规范性制度)相结合,分析两者对食品安全风险感知的直接影响以及交互效应,进而对食品安全风险认知的机理研究和管理制度起到一定启示作用。

表2-2 食品安全风险感知研究文献

视角	主要研究内容	代表性文献与人物
个体视角	性格特征、性别等因素对风险感知的影响;消费者政策知识、基于客户的食品偏好与政府信任度下的食品安全风险感知研究;食品知识、风险信息的作用;食品安全知识信息对风险感知影响	Leikas(2007);Bearth等(2014);Rossi等(2017);Hilverda等(2017);王志刚(2003);赵源等(2012)
群体视角	食品风险的分类;食品感知风险分类;媒体报道偏见对食品评估影响;政府机构与媒体关注对食品风险感知状况的决定作用;风险应急控制系统、风险预防调查研究以及风险信息公开过程对风险控制感、食品政策制定影响;食品质量和风险可控性对消费者风险感知;食品风险传播行为;风险交流;政府信息公开与食品安全政策对食品风险感知影响;食品安全风险感知差异的主要因素	Yeung等(2001);Hohl等(2008);Vila等(2008);Kleef等(2006);Houghton等(2006);Cope等(2010);Tiozzo等(2017);范春梅等(2012);赖泽栋等(2014);张文胜(2013);胡卫中(2010);周应恒(2010)

2.4 食品安全培训行为研究现状

我国对食品安全问题的重视程度较高，在1995年时颁布了《中华人民共和国食品卫生法》，在此之后，十一届全国人大常委会第七次会议中通过了《中国人民共和国食品安全法》，为解决当前所存在的食品安全问题提供制度保障。此后，2015年4月24日的第十二届全国人民代表大会常务委员会第十四次会议、2018年12月29日的第十三届全国人民代表大会常务委员会第七次会议以及2021年4月29日的第十三届全国人民代表大会常务委员会第二十八次会议都对该法进行了修订。在《食品安全法》的第四章32条中明确提出食品生产经营企业应当加强对职工的食品安全知识培训。这也体现了我国对食品安全培训的重视程度，食品加工人员的食品安全意识和操作技能对保障食品安全起着非常重要的作用。在有关食品安全培训方面的研究主要分为两类，一类是探究食品安全培训的重要性，另一类是对食品安全培训模式改善研究。

2.4.1 食品安全培训重要性

Cochoran Yantis早在1996年就提出来餐饮企业管理者的食品安全知识与态度对企业食源性疾病发生率有显著影响，并且食品安全知识完备的管理者所经营的餐饮企业食源性疾病发生率较低，而缺乏安全知识、没有积极预防态度的管理者的企业疾病发生率较高，也进一步说明了食品安全培训对于防控食源性疾病的重要性。近年来也有许多学者通过各种问卷数据或是实证分析的方式来对参与食品安全培训的员工与没有参与食品安全培训员工进行比较分析。Alemnew等（2020）研究了埃塞俄比亚高等公立大学食堂和公共食品机构肠道寄生虫感染的患病率和相关因素，研究发现没有接受食品安全培训的食品从业者寄生虫感染率与接受食品安全培训员工相比显著提高。Fatemeh等（2021）研究食品培训对食品加工人员的健康和食品安全知识、态度和自我报告实践的影响。Nelson（2020）通过对比孟加拉国烘焙行业中接受食品安全培训和未接受食品安全培训的工人在食品安全知识、态度与自我报告实践方面，研究表明食品安全培训能够有效地提升食品安全知识和态度。Nyabera等（2021）食品安全培训能够提高食品处理人员的知识和卫生习惯以及提高中小型企业的微生物安全和质量。Oruc等（2020）评估了综合食品安全课程对乌克兰学生、教职员工以及行业和政府雇员的影响，在参与食品安全培训课程后，参与者的食品安全知识、态度、行为和技能有着显著提高，并且通过增加案例研究和产品研发等可以增强整体的学习体验。Dziuba 等（2021）指出新冠疫情流行下，食品安全培训尤其值得人们关注。在新冠疫情的影响下，人们对食品安全的关注度越来越高，应对食品采购、生产、配送等等环节进行监控管理，加强食品从业人员的食安知识，以便推动食品安全工作能够落实到位。

2.4.2 食品安全培训模式改善研究

在餐饮行业中，小微型餐饮企业占比较大，从业门槛低，从业人员素质层次不齐，大部分从业人员对于相关法律知识和基本的食品安全知识都缺乏了解。因此，针对从业人员开展食品安全培训，提高从业素质是非常有必要的。但是传统食品安全培训已经无法适用于当前的食品行业，有大量学者从改善食品安全培训模式方面出发进行了一系列的研究。Abdelhakim 等（2018）采用了 Kirkpatrick 模型对乘务员的食品安全培训情况进行评估，研究发现乘务员的食品安全培训的学习的知识和行为改善方面不够完善。Yeargin 等（2021）考虑了食品加工人员食品安全培训的设计和实施，通过六步知识共享模型研究了食品安全培训如何从知识的生成到实施，最终改变实践或行为的过程。Asim 等（2019）认为虽然大多数食品加工行业的管理人员和员工都接受了食品安全方面的培训，但是在知识应用方面比较欠缺，表明管理人员与员工需要定期接受食品安全操作检验以确保正确遵守食品安全实践。Egan 等（2007）总结了世界范围内有关食品工商部门食品安全和食品卫生培训有效性的研究方法和结果，讨论了制定食品卫生培训有效性评价标准。Kimberly 等（2021）引用了详尽可能性模型（ELM）和完美匹配层（PML）理论模型调查员工当面对食品安全威胁时会采取什么措施。研究表明，当员工认为有能力控制该类食品安全违规行为发生，就会采取相应的措施，因此餐厅需要对员工赋予一定的权利，鼓励员工对不良行为进行制止。Patricia 等（2019）发现通过制定合理的食品安全培训计划能够确保培训的有效性。Soon 等（2012）首次探讨了食品安全培训和卫生干预措施对于提高手卫生知识和态度的有效性。周海文等（2017）研究表明参加培训对经销商保障食品安全行为有显著的正面影响，可以有效提升健康意识，促使商家主动提供产品质量检测报告，增强制度执行力，提高农产品质量安全的认知水平。周洁（2018）以食品企业为出发点，对食品企业不安全行为和行为安全管理理论进行整理，研究了企业违反食品安全行为的内在影响因素，并提出解决食品企业不安全作业的对策措施。周佺等（2020）提出了三种培训模式，一是由监管部门与高校联合，与属地企业共同创建实习人才共享模式，二是推动非政府组织积极参与食品安全知识的培训，三是成立食品安全培训，打破传统培训模式，提高食品加工人员的食品安全素质。

如表2－3所示，通过对以上文献进行梳理分析可以看出，国内外文献关于食品安全培训方面的研究较少，主要集中于食品安全培训对食品加工从业人员、管理者的行为影响上，大多数研究都肯定了食品安全培训对实现食品安全起着显著的积极作用，能够有效地降低食源性疾病的感染率，提高员工食品安全知识水平，进一步影响食品安全实践行为。另外也有学者关注到传统的食品安全培训模式虽然能够提高员工的食品安全知识水平，但是对其实践行为影响较小，因此提出食品安全培训需要进行相应的改良，可以通过赋予员工一定的权利，使其能够及时制止违反食品安全的行为发生，另外也可以借助新媒体、与高校联合和与属地企业共同创建实习人才共享模式等等方式来进行食品安全培训，创新食品安全培训新模式，使其能够适应当前需求。然而目前对于人们参与食品安全培训的行为意向研究还很少，尤其是对商家及其他小型餐饮企业参与食品安全培训的行为意向研究，因此本书以商家作为研究主体，采用定量研究的方法来研究了商家参与食品安全培训的意愿，为提升外卖经营者参与食品安全培训意愿，并提出相应的政策建议。

表2－3　食品安全培训行为研究文献

视角	主要研究内容	代表性文献与人物
食品安全培训重要性	食品安全知识态度与食源性疾病发生率；食品安全知识、态度和自我报告实践；食品加工人员知识和卫生习惯对微生物安全质量和安全影响	Cochoran-Yantis（1996）；Alemnew 等（2020）；Fatemeh 等（2021）；Nelson（2020）；Nyabera 等（2021）；Oruc 等（2020）；Dziuba 等（2021）；Nik Husain 等（2016）；Gruenfeldova 等（2019）；Letuka 等（2021）
食品安全培训模式改善	评估食品安全培训的设计与实施；食品卫生培训有效性评价标准；员工控制食品安全违规行为；食品安全培训与手卫生干预措施；违反食品安全行为影响因素；食品安全模式培训模式	Abdelhakim 等（2018）；Yeargin 等（2021）；Asim 等（2019）；Egan 等（2007）；Kimberly 等（2021）；Patricia 等（2019）；Soon 等（2012）；周海文等（2017）；周洁（2018）；周佺等（2020）；Susana 等（2018）；Reynolds 等（2019）；钱艳（2006）

2.5 食品安全的风险管控研究现状

2.5.1 食品供应链管理研究

与食品安全风险管控密切相关的研究主要分为三类问题：第一是食品供应链管理研究；第二是食品质量与定价策略研究；第三是网络平台的监管对产品质量和定价的影响。国内外学者对食品供应链管理的研究已经取得不少成果。Hennessy(2001)等研究了在食品安全供应链中商家的领导力作用以及机制设计。Starbird(2000)研究了食品制造商采用质量检测手段，并且市场管理者对制造商制定了当不遵守食品安全规则时的惩罚策略，质检对制造商行为的影响。之后，Starbird(2005)还针对在供应链上的食品质量信息不可能是均匀分布的情况，提出了食品供应链契约机制使得消费者能够更好地鉴别出食品质量安全的生产者，并且还研究了质量成本及惩罚成本等。weaver 等(2001)和 Hudson(2001)分别对食品供应链中的契约问题进行了理论和实证分析。张燈和汪寿阳(2011)研究了在供应链上下游企业间对于食品质量成本存在信息不对称问题时，通过引入第三方质量成本检测建立合同机制，以批发价格契约为基础可以有效地抑制谎报质量的问题。Martinez 等(2007)则认为在食品供应链管理的不同环节上，私人规制和公共规制的结合能有效地提高食品质量安全的水平，降低成本，实现供应链上资源的合理配置。

2.5.2 产品质量与定价策略研究

关于产品质量与定价问题的研究主要集中于可提供相互替代产品的多个企业之间的平行竞争决策。近年来逐渐有学者从两层供应链博弈的视角开展产品质量与市场定价的分析。这些研究大多假定上游制造商决定产品的质量投入，下游网络平台对成品的终端市场零售定价进行决策。Gurnani 等(2007)在假设产品的市场需求为其质量、零售价格和网络平台销售努力的线性函数时，研究了多种不同博弈结构下供应商的质量投入和网络平台的销售努力、零售定价的优化决策。Zhu(2008)研究了多个零部件供应商与单一成品制造商组成的两层分散决策的供应链中零部件质量投入和成品零售定价问题。传统上，对产品质量、质量投资的研究，多以制造商为主导。而对于供应链多渠道竞争的产品定价问题，多以网络平台为主导。Chen 等(2017)研究了传统零售渠道与直销渠道，直销渠道的引入问题以及渠道引入对产品定价和质量的决策产生的影响。针对市场的风险,Zhu 等(2008)研究了考虑品牌商誉损失情况下的质量投资,以及质量投资对供应商的订货批量以及网络平台的订货批量决策影响研究。Li 等(2013)从退货政策和产品质量问题出发对线上网络平台最小化退货数量进行了分析。Seifba 等(2015)和 Zhang 等(2017)研究了契约对产品质量投资的协调作用,需求的变化以及对供应链整体效用的影响。另外,还拓展研究了质量投资的竞争。Xie 等(2011)研究了分散决策与集中决策下的质量投资问题,Zhang 等(2012)也将产品的质量作为竞争因素引入双供应链模型中。

2.5.3 网络平台的监管对产品质量和定价的影响

关于网络平台通过在线评价、大数据分析等手段得到的消费者需求以及产品定价信息的研究目前也比较多。基于斯坦伯格博弈和伯特兰博弈模型,Yao 等(2005)对线上与线下两种销售渠道的价格竞争策略进行了研究,得到两种模型下的产品均衡定价方式。在分析产品和网络平台特征的基础上,Raj 等(2006)采用多层线性供应链模型来研究网络平台的差异化定价,研究结果表明当网络平台提供了高质量的服务,市场竞争就会越激烈,产品的最优定价也会越高。Kauffman 等(2009)研究了线上与线下这两种渠道不可相互转换以及可以相互切换两种情况下的企业定价策略。Wang 等(2013)考虑到消费者通过传统零售商和网络平台两种不同的渠道进行购物,研究消费者对这两种渠道产品定价的感知和购物体验,分析在线评论对网络平台最优定价策略的影响,结果表明价格敏感系数和在线评论的数量对网络平台销售的收益有重要影响。Li 等(2010)建立了一个考虑到在线评论对消费者购买行为决策具有影响的两阶段购买模型,分析在阅读评论后产品的最优定价和消费者剩余,并且通过实证分析发现,在线评论体现出的产品价值与产品的性价比是呈现正相关关系。

2.5.4 产品本身的口碑与信任

关于产品本身的口碑以及信任度对食品本身的影响也极为重要,目前关于此类的研究也比较多。刘贝贝(2018)以农产品为例,综合运用实验法、Bootstrapping 分析方法对武汉市消费者调查数据进行研究,分析了消费者在口碑影响下购买食品的意愿。研究表明,消费者矛盾态度、消极的网络口碑会降低消费者对农产品的购买意愿,因此建议我国农业企业在发生食品安全事件后,及时的关注网络负面口碑信息以及消费者矛盾心理特征,努力将消费者存在的矛盾态度降低,提高购买意愿。王建华(2021)在信息不对称及有限理性条件下，将口碑因素引入了商家和餐饮平台的非对称演化博弈模型，分析研究了网络口碑影响力和可信度对主体策略选择的影响，并得出网络口碑可信度是其影响力有效发挥的重要前提，倡议商家要重视食品安全质量，加强负面网络口碑的管理。侯明慧(2021)运用关键事件访谈法和因子分析法开发消费者食品安全心理契约量表，并运用了多元统计分析法检验负面口碑的影响以及企业的调节作用，号召企业积极作出响应，减少负面网络信息的传播。舒煜(2020)提出消费者的宽恕意愿对于食品安全危机会产生不同的影响，因此相对应的危机修复和食品安全管理也要有一定的变化。见表2－4。

表2－4　食品安全风险管控研究文献

视　角	主要研究内容	代表性文献与人物
食品供应链管理	商家的领导力作用以及机制设计；质量检测手段、市场惩罚策略与质检对制造商行为影响；食品质量信息不均匀分布；食品供应链的契约问题；私人规制与公共规制；第三方质量成本检测；合同机制	Hennessy 等(2001)；Starbird(2000)；Starbird(2005)；Waver(2001)；Hudson(2001)；张澄等(2011)；Maetinez 等(2007)
食品质量与定价策略	多种不同博弈结构下的优化决策；多供应商与单制造商的双层分散决策；渠道引入对定价和质量的决策影响；品牌商誉损失的影响；退货政策和产品质量问题；契约协调；质量投资问题	Gurnani 等(2007)；Zhu(2008)；Chen 等(2017)；Zhu 等(2008)；Li 等(2013)；Seifba 等(2015)；Zhang 等(2017)；Xie 等(2011)；Zhang 等(2012)
网络平台对产品质量与定价的影响	线上线下销售渠道下产品均衡定价；网络平台的差异化定价；销售渠道相互转换讨论；在线评论对网络平台最优定价策略影响；在线评论对消费者购买行为决策影响	Yao 等(2005)；Raj 等(2006)；Ksuffman 等(2009)；Wang 等(2013)；Li 等(2010)
产品口碑与信任度	食品安全事件背景下网络口碑影响消费者购买决策的机制研究；双口碑效应下食品供应链主体行为选择研究；中国消费者的食品安全心理契约；食品安全危机消费者宽恕意愿形成机理——基于网络负面口碑调节作用	刘贝贝(2018)；王建华等(2021)；侯明慧等(2021)；舒煜(2020)

综上所述，通过供应链视角研究产品质量风险控制已具有扎实的理论基础，但是从网络平台的视角去研究食品安全风险问题尚处于探索阶段。所以本书将主要通过博弈手段考察食品供应链上商家的产品质量和网络平

台的食品监管策略，为探索网络食品安全风险治理提供了一种新的思路。

2.6　食品安全的协同治理研究现状

在食品安全公共规制方面，美国支持市场自由调节，并不刻意强制性进行检测检验。具体来讲，食品安全监督管理机构主要负责调节部署，例如，食品和药品管理局、食品安全检验局、动物卫生检验局和国家环境环保署。各机构职责明确，互不交叉，在食品安全管理委员会的统一领导下对食品安全进行监管。欧盟食品安全局作为欧洲独立的食品安全咨询机构，负责监管整个食品供应链，给出科学的风险评估，提出科学建议，在欧盟的食品安全管理体系中具有独立地位。

2.6.1　公共规制

公共规制是政府直接干预市场配置机制，政府根据社会利润最大化为目标进行食品安全管理是最常用的治理方式。Henson 等（1999）介绍了一些影响食品安全监管演变的因素和当代相互关联的问题，指出公共和私人监管模式之间的作用越来越复杂，食品安全监管在科学合理性与经济效率方面遭到各方的审查。Martinez 等（2013）提出在食品安全管理方法中共同监管的出现的混合监管形式下，实施公共和私人在其中协调各自监管活动的混合安排，建立一个促进公共监督并保证所涉及公共和私人参与者之间的数据共享和信息交换的监管框架。Zhang 等（2016）研究食品企业在中国政府监管背景下控制质量安全意图的因素，并从食品企业角度入手，结合食品供应链的特点，发现政府监管对企业社会责任和供应链中组织之间的合作具有积极的调节作用。Dou 等（2015）研究发现食品安全法规是贸易壁垒，对于蔬菜出口管理体系而言，法律制定是其中一个重要方面，但蔬菜出口商的安全质量控制也是出口供应链中不可少的环节，应该增加基础设施投资和提高安全监管技术来及时响应进口国标准。Hong 等（2020）利用社会共同监管作为调节器，研究供应链质量管理（SCQM）与企业绩效（包括质量安全绩效和销售绩效）之间的关系，指出社会公共规制对内部质量管理与质量安全绩效、客户质量管理与质量安全绩效之间的关系有显著的调节作用。

宋亚辉（2012）认为公共规制的主要目的是保障消费者和人民大众的安全健康以及防止事故、保护环境，限制存在公共风险的行为，主要有行政规制路径和司法控制路径两种常见的公共规制路径，并指出公共规制的“第三条道路”对我国公共规制法律有借鉴意义。李长健等(2007)指出食品安全的规制主体发生变化,规制的价值应然逻辑也应当多维多元化发展,以形成多种食品安全规制模式,可以运用诉讼成本、规制成本、信息成本、执行成本、交易成本、制度均衡成本等经济参数,对经济型规制模式、行政性规制模式和社会性规制模式进行分析,整合和构建功能互补、机制协调和力量互动的食品安全多元规制模式。张旭(2011)针对食品安全法律规制,提出了从立法、食品安全标准、食品安全行政执法和食品安全监管四个方面进行完善。张园园(2015)提出食品安全领域政府应发挥其基础作用强化市场信息体系的运行和反馈;完善制度安排,平衡公共服务体系的需求与供给;开展基层调研,提升政策支持体系的效率和效果;丰富监控手段,扩大监控控制体系的范围和强度。张红凤(2011)提出基于我国目前食品安全现状与单中心治理(政府)的规制困境,引入多中心治理的分析视角,并提出了构建由政府、企业、社会层面主体、消费者等多方共同参与的食品安全规制多中心治理模式的路径。张锋(2021)剖析了网络食品安全治理面临的平台责任方不负责、社会共治机制不完善、信用评价体系不健全和监管能力滞后等突出问题产生的原因,并基于反身法理论阐述网络食品安全治理的组织型治理策略、信息型治理策略、协商型治理策略和授权型治理策略等功能,认为应完善我国网络食品安全治理的制度保障机制、平台责任机制、社会共治机制、信用评价机制和政府监管机制。

2.6.2 私人规制

近些年来,欧洲一些国家涌现出一批食品安全零售企业私人规制,这类自主规制不仅仅要对最终产品进行质量的把控,还要对整个生产过程以及其他的细节方面进行监控,来确保产品不会出现食品安全问题。与欧洲其他国家的食品安全政府规制相比,私人规制更注重被规制者对于规制的参与,具有很强的组织性和内生性,更加适应食品市场对食品质量不断变化的要求。

Elbakyan(2006)指出私人规制的形式相对于公共规制更加详细,商家的活动可以作为政府工作不足的一个补充或先驱工作。Cafaggi(2010)提出了一种将价值供应链视角与监管理论相结合的协调方法,建议随着供应链的变化和跨国监管的日益普遍部署更广泛的合同网络,以提高食品监管的有效性。Cafaggi(2012)提出私营企业对食品安全的监管,并研究了私营食品标准及其在全球贸易制度背景下的合法性与有效性。Fagotto(2013)运用经济学理论和法学知识来对私营食品安全标准进行评估,指出私有标准具有灵活性和快速应对新风险的能力,但私有标准仍存在着一些灰色地带,透明度有限，在第三方认证机构在执行方面会出现存在差距而增加的风险。

刘东（2010）认为当今食品安全事故频发是由于现有规制的不足，强制性公共规制难以有效地介入食品供应链的质量生产过程，因此提出了由供应链核心厂商实施的私人质量规制，利用厂商独有的信息优势可以有效地弥补公共规制对供应链的质量规制空白区。高秦伟（2016）指出私人标准回应并强调了国家食品安全立法对食品生产经营者的责任，体现了各类主体共同参与食品安全规制的理念，突破了传统政府与市场、国家与国家、公与私之间界分的主导模式，呈现出多元治理的形态。周峰（2014）提出食品质量安全私人规制的履行会影响公共规制的绩效，其有利于提升公共规制者的绩效，另外私人规制还有助于社会的安定，是作为公共规制的一个补充。胡斌（2017）指出私人规制的运行面临着行政法体系的封闭性、生成与运行存在逻辑困局、私人自治性堪忧以及运行失范而监控乏力等困境与问题。徐西菲（2018）指出我国传统行政法对待私人规制提供充足的理论供给；我国规制多由政府自上而下推动而成，政府干预过多，私人标准处境尴尬；我国立法对私人标准制定的地位、性质及职权等方面的界定不明确；另外私人标准主体不独立，对内自治性堪忧，对外公信力不足。郃焱燚（2019）提出国外对食品安全规制已从定性转为定量研究，一些发达国家食品的安全规制方面已采取了政府规制和私人规制的协同治理方式。国内与之相比本质上仍是单一主体的政府强制性规制，因此理论研究的热点依然是政府规制方面，对私人规制研究较少。

2.6.3　协同规制

随着协同治理理念的深入化发展以及食品安全问题频发，对于食品市场安全领域更应实施协同规制，使政府、企业、消费者以及第三方平台都加入其中，实现多元合作的目标。刘飞等（2013）从国家、市场与消费者三个角度对如何进行协同以实现食品安全善治进行了分析，提出了相应的对策。张琦（2014）认为均衡社会利益分配的内在需要是食品安全治理，需要尽快实现食品安全领域的有效治理，建立多中心合作治理以及网络化治理体系，为我国食品安全有序化运行提供参考。李静（2015）分析了“一元单向分段”监管机制的弊端，通过问卷调查、文献梳理、数据分析等方法进行研究，试图完善优化实现协同治理目标。李静（2016）对我国现阶段治理方式进行探究，同时借鉴美国、日本食品安全治理经验，建构了“多元协同模式”制度，提出了由规制到协同的治理理念的转变，实现协同治理对分段监管的代替。李文华（2021）针对我国保健食品领域食品安全问题频发的现状，首先分析了保健食品安全协同治理的必要性，在此基础上提出了相应的完善建议，例如：完善对保健食品虚假宣传和传销等不合规行为的监管机制、健全对保健食品消费者的教育和保护机制以此形成多方积极参与的协同治理模式。周开国等(2016)认为协同治理才是食品安全监督的有效模式，并且提出建立媒体、政府与市场协同治理、相互监督的长效机制，充分地发挥自身的监管作用，使商家违规成本变高，违规动机减少。周广亮(2019)提出了在协同治理领域下，加强法制建设环境，建立食品领域的信用系统，构建监管主体之间的链式关系，以实现国家对于食品安全的全过程监管。伍琳(2021)基于协同治理的理论与实证研究成果，简要地对我国食品安全理念的发展历程进行梳理，提出了驱动中国建立食品安全协同治理体系的关键因素，分析了目前面临的挑战以及后续的前进方向。见表2－5。

表2－5　食品安全协同治理研究文献

视角	主要研究内容	代表性文献与人物
公共规制	影响食品安全监管演变的问题；混合监管下的安排；政府监管下食品企业控制质量安全的因素；食品安全法规与出口；社会公共规制对产品质量的调节作用；公共规制的“第三条道路”；食品安全多元规制模式；食品安全法律规制；网络食品销售第三方平台法律规制；我国食品安全问题的政府规制困境与治理模式重构；网络食品安全治理机制完善研究	Henson 等(1999)；Martinez 等(2013)；Zhang 等(2016)；Dou 等(2015)；Hong 等(2020)；宋亚辉(2012)；李长健等(2007)；张旭(2011)；郭忠亚(2019)；张红凤等(2011)；张锋(2021)
私人规制	私人规制对公共规制的补充作用；私人规制的合法性和有效性；跨国私人规制；食品质量安全供应链规制研究：以乳品为例；涉农供应链中公共规制与私人规制关系研究；私人规制的行政法治逻辑；食品安全私人标准规制的困境；协同治理视角下实现食品安全政府管理与企业自我规制的研究综述	Elbakyan(2006)；Cafaggi(2010)；Cafaggi(2010)；刘东等(2010)；高秦伟(2016)；周峰(2014)；胡斌(2017)；徐西菲(2018)；郇焱燚(2019)
协同规制	基于协同治理的分析框架；我国食品安全多元主体治理模式研究——基于治理理论的视角；中国食品安全监管机制的完善路径；我国食品安全“多元协同”治理模式研究；我国保健食品安全协同治理法律问题探析；食品安全监督机制研究——媒体、资本市场与政府协同治理；协同治理视域下国家食品安全监管路径研究；中国食品安全协同治理改革：动因、进展与现存挑战	刘飞等(2013)；张琦(2014)李静(2015)；李静(2016)；李文华(2021)；周开国等(2016)；周广亮(2019)；伍琳(2021)

政府为主体的公共规制，由于缺乏专业的食品安全信息和分析技术，公共规制的效果往往不佳，而企业制定的标准需符合自身利润最大化原则，因此也会存在着灰色地带，两种规制手段都有着先天缺陷。因此本书结合公共规制与私人规制，探索网络食品安全协同规制的治理模式。

2.7　本章小结

本章对食品安全问题相关理论和研究现状进行了归纳和总结。主要介绍了政府和第三方平台对于网络食品安全监管方面的研究；并从个体视角和群体视角来分析食品安全的风险感知方面的成果；对食品安全培训行为的重要性和改善模式进行梳理；分析了食品安全的风险管控的研究现状；最后从公共规制和私人规制角度出发，探索基于两种规制方式的协同规制模式。并且在对国内外研究进行梳理后，提出本书在研究方法和研究角度上与前人的不同之处。

第 3 章　国内外食品安全治理经验比较

3.1　本 章 概 要

纵观世界食品安全发展史，美国、欧盟等西方国家在先后经历一系列食品安全事件后，最先于 20 世纪初确立了现代意义上的食品安全监管制度体系。美国以 1906 年制定的《联邦食品和药品法》为开端，以联邦法律为中心，逐步统一各州在食品监管方面的法律制度，颁布多部单行法律法规，成立了网格化的监管研究机构，形成了由事后规制到事前监管的全过程覆盖的监管制度。欧盟的食品安全监管制度经历了一个由分散到系统的过程，除了制定较为严密详细的法律法规及标准外，也成立了食品安全监管机构，最终形成了欧盟及其成员国的两极多元监管模式。我国于 1995 年通过第一部食品法律《中华人民共和国食品卫生法》，在随后 20 多年的发展历程中，各类法律、法规及相关规范性文件逐渐构建了我国相对完备的食品安全法律框架，此外还成立了国家市场监督管理总局，建立了餐饮的监管机制，从农产品种植养殖、再到生产加工、储藏运输一直延续到餐饮消费环节，实现全过程监管。

本章将首先系统梳理我国与美国、欧盟、英国、加拿大等国食品安全监管法律与食品安全标准的异同，并提出我国的不足与可借鉴之处；其次，从政府、企业、消费者、第三方等方面分析食品安全监管的主体和责任；最后选取新加坡、加拿大两个国家，剖析两者食品安全治理模式，以期通过借鉴他国优秀经验来进一步完善我国食品安全监管法律制度。

3.2　中外食品安全法律及对比

3.2.1　美国的食品安全监管法律

在“泔水奶事件”“扒粪运动”等一系列食品安全事件后，美国对此相当重视，并为此颁布了有关食品安全方面的法律法规。例如，美国联邦政府1906年颁布了《食品与药品法》和《肉类制品监督法》，标志着美国开始制定食品安全监管相关法律。

在美国国会给予立法机构制定食品安全法律法规的广泛权力的同时，美国食品和药品管理局、美国农业部、美国环保署等至少12个部门都有权发布食品安全方面的法律法规，最终形成了以危险性分析为基础，以切实可行的预防措施为保障的食品安全法律法规体系，其中包含《食品、药品和化妆品法》《食品质量保护法》《公共卫生服务法》等综合性法律，《联邦肉类检查法》《禽类食品检验法》《蛋类产品检验法》《联邦杀虫剂、杀真菌剂和灭鼠剂法》等专门性法律，共计7项食品安全基本法。

在此基础上，2011年通过的《食品安全现代化法》授予了美国食品和药品管理局(Food and Drug Administration，简称FDA)更大的监管权力和更高效的监管工具。该法要求FDA在食品供应链的所有环节建立全面的、基于科学的预防控制机制，给予FDA新工具以确保进口食品符合美国标准。例如首次要求进口商必须验证其海外供货商为保证食品安全而采取了充分的预防控制措施。该法律对食品安全领域的新技术做出规定，指出了互联网、大数据技术对食品安全领域数据的作用，并要求使用新兴技术来对食品安全数据进行评估与分析，将当前背景下的食品安全风险进行量化。在2013年1月，FDA所发布《食品预防控制措施条例》和《农产品安全标准条例》草案，将食品安全监管的范围再次扩大，把食品监管起点向前推进到农户和生产商。

表3-1　美国食品安全政府监管体系

管理机构	食品安全检验局	食品药品管理局	环境保护署
职能分工	负责肉、禽、蛋、奶、产品质量安全	负责粮食、蔬果等除肉奶的其他食品安全	避免污染隐患，如农药、用水等
法律体系	《联邦肉类检查法》《禽类食品检验法》《蛋类产品检验法》等	《美国FDA食品安全现代化法案》《农产品安全标准条例》等	《联邦杀虫剂、杀真菌剂和灭鼠剂法》等

由于美国作为联邦制国家,联邦与州之间、州与州之间相互独立,因此在制定和执行食品安全法律的时候,州与联邦之间的程序和机构有所不同,除了美国联邦本身所制定的联邦食品安全法律,各个州的内部也有各自的食品安全法律,形成了相辅相成的食品监管法律体系。

在网络食品监管层面,美国在原有的法律基础上进行补充与完善,形成了专门的一套网络食品安全监管法律体系。美国在《统一商法典》的基础上新增了电子商务的规范内容来促进网络食品安全监管,并大力推进以商用分布式设计区块链操作系统(Enterprise Operation System)技术、万维网技术等为代表的互联网技术来促进互联网与网络食品监管的有机融合。

3.2.2 欧盟的食品安全监管法律

欧盟与各联盟国在立法和执法方面存在相互竞争,且合作共赢的伙伴关系。1997 年欧盟委员发布的《食品法律绿皮书》确定了欧盟食品安全法规体系的基本框架。2000 年,欧盟发布了《食品安全白皮书》,将食品安全作为欧盟食品法的主要目标,并着手构建了一个全新的食品安全法律法规体系框架。2002 年 1 月 28 日,欧盟在食品安全管理上取得了重要进展——建立欧盟食品安全管理局,随后颁布了第 178/2002 号法令。正是上述的法律法规构建了欧盟食品安全法规体系框架,各个成员国根据自身实际情况在此框架下也形成了各自的法规框架,具体的法规与欧盟法规并没有完全重合。

《食品安全白皮书》对当前的各类法规、法律和标准进行系统化,提出“从农田到餐桌”整个过程都需要得到严格监控,是欧盟各成员国制定食品安全管理措施的核心。《食品安全白皮书》将建立欧洲食品管理局作为重要任务之一。该管理局主要负责食品安全议题的交流与沟通,并评估食品安全风险;建立食品安全程序,制定安全保护措施对整个食品供应链实现全覆盖;设立紧急情况下的快速预警机制。同时,《食品安全白皮书》指出要通过食品法来对“从农田到餐桌”进行全过程控制,进行根本性改革,涵盖动物健康与保健、普通动物饲养、污染物和农药残留、香精、添加剂、辐射、新型食品、饲料生产、包装、农场主的法律责任,还有各种农田的管理方面。基于此体系框架,法律法规制度清晰,便于普通公众了解,也方便了管理者的执行实施。并且它也对各成员国的执行工作作出规定,确保措施能够合理可靠地执行。

欧盟第 178/2002 号法规开启了欧盟食品安全法的新阶段,提出了保障消费者权益、风险评估、预警和透明四大原则,明确了维护人类身体健康、保障食品自由流通、保护消费者权益三大目标，该法规也为欧盟的食品安全法律制度体系奠定了基础，具有食品安全基本法的地位。

此外，在食品生产加工方面，欧盟针对养殖环节、运输环节、屠宰环节、加工环节分别出台了相应的法律法规，如第 43/2007 号《肉鸡养殖保护规范》，第 1/2005 号《运输过程中的动物保护》第 1099/2009 号《动物屠宰保护条例》，第 852/2004 号《食品卫生要求》第 528/2012 号《生物杀灭剂的使用和销售次氯酸钠》。在食品安全卫生方面，欧美针对农药、兽药残留等出台了相应的法律法规，第 660/2017 法规制定了 2018、2019 和 2020 年三年的农药残留监控计划，规定了需要抽取的产品种类、需要检测的农药种类和每个成员国需要抽取得的每种产品样品数，第 37/2010/法规规定了动物源性食品中兽药残留限量标准，划分了禁用药名录和限用药限量标准。

在网络食品安全监管方面，欧盟所颁布的《欧洲电子商务行动方案》规定了电子商务领域的立法方向，欧盟也更加重视通过协同治理来进行食品安全治理，鼓励行业协会、消费者协会等第三方力量来协助保护消费者合法权益。

3.2.3　英国的食品安全监管法律

自 1984 年起，英国就开始制定了《食品标准法》《食品卫生法》《食品法》和《食品安全法》等一系列法律法规，并且还对一些特殊的食品设定专门规定，如《饲料卫生规定》《肉类制品规定》《食品标签规定》和《食品添加剂规定》等。这些法律由联邦政府、地方政府以及一些具有社会管理职能的组织负责实施并共同承担监管职能。但对于不同种类的食品监管则是由不同部门负责，例如，肉类卫生服务局负责肉类的食品安全、屠宰场和养殖场的卫生与巡查的管理；卫生部等机构负责食品安全质量的检测与抽查；而地方管理当局主要是管辖该区域销售店铺的检查核实。1997 年，英国成立了食品标准局，负责食品安全总体事务以及制定各类标准，实行卫生大臣负责制，并要求每年向国会提交年度报告。

按照英国法律要求，商家是食品安全的主要责任人，应当严格遵守食品安全法的规定进行生产和销售食品，销售符合食品安全卫生标准的商品。而政府作为监管者，应当严格地监督与管理食品生产、加工、销售这些环节的负责人，帮助减少食品安全风险，来最大化维护人们的食品安全权益。

3.2.4　加拿大的食品安全监管法律

从 1997 年来，加拿大联邦政府为实现从农场到餐桌的全食品供应链监管，构建了一套食品安全监管体系。组建了专门的监管机构，也就是加拿大农业部下的食品安全监管与执法机构——加拿大食品监督署（Canadian Food Inspection Agency，简称 CFIA），其监管职能包括动物健康和植物保护、食品安全、消费者权益保护等多个方面，监管范围涵盖了从农业生产监管、产地检查、动植物和食品及其包装检疫、药残监控、加工设施检查和标签检查，涵盖除了餐饮和零售之外的整条食品供应链。并且，还构建了多部门多层次的食品安全协调机制和合作伙伴关系，主要是在联邦政府的各个部门，以及 CFIA 与地方政府之间。例如，加拿大食品检验执行委员会，其职能是加强 CFIA 与联邦政府之间的信息沟通与工作协调。有关食品安全政策法规的制定与监管执法也属于不同的部门，各个部门相互制约相互协作。食品安全与营养卫生方面的相关法规、政策以及标准的制定则由加拿大卫生部负责，并且食品安全风险的评估、市场准入，食源性疾病、传染病的监测与防控工作也纳入职责范围之内。CFIA 作为执行者，负责执行卫生部所制定的法律法规以及政策标准，监督和检验市场上的食品安全性与营养。加拿大也十分重视食品安全监管的国际化，联邦政府以及各个部门都积极参与国际食品法典委员会、国际植物保护公约、世贸组织的动植物食品协定委员会等，注重于将国家标准与国际标准接轨。

3.2.5　中国的食品安全监管法律

中国食品安全法制体系从空白到建立健全可划分为三个阶段：

一是从空白迈向法制化阶段（1949—1978 年）。在这期间，1953 年卫生部发布了一个“通知”和一个“暂行方法”，我国开始展开探索食品安全、维护人民群众权益的第一步，在此之后，卫生部、商业部相继发布了《中华人民共和国食品卫生管理条例》，正式标志着中国食品卫生管理由空白走向规范化，并向着法制化管理的目标迈出了第一步。

二是法制体系提升的阶段（1979—2004 年）。1979 年国务院正式颁布了《中华人民共和国食品卫生管理条例》，彰显了我国对于加强食品卫生法制化管理层面的决心。我国食品安全卫生管理正式进入法制化规范化的一个重要事件是 1982 年《中华人民共和国食品卫生法（试行）》的颁布。1995 年 10 月 30 日，《中华人民共和国食品卫生法》正式颁布，这也是我国第一部正式的食品卫生法律，标志着我国的法制体系不断提升。

三是食品安全法制体系完善和确立阶段（2004 年至今）。为了从源头上保障农产品质量安全，进一步健全和完善保障食品安全的法律，在 2006 年，第十届全国人大通过了《中华人民共和国农产品质量安全法》，该法律填补了

《食品卫生法》《产品质量法》的相关法律空白,实现了法律的相互衔接。

2009 年 2 月 28 日,《中华人民共和国食品安全法》正式实施,在 2015 年 4 月第十二届全国人大针对《食品安全法》进行了进一步修订,并于 2015 年 4 月 24 日正式实施,该法的实施也代表了我国的管理从“食品卫生”向“食品安全”进行转变。新修订的《食品安全法》经过三易其稿,被称为“史上最严”,体现在严格的法律责任制度,加大了对各类违法行为的处罚力度,包括增设了行政拘留、强化刑事责任追究、加大了罚款力度;最高处罚 30 倍、重复违法行为给予责令停产停业;吊销许可证的处罚、网购食品出问题网站赔偿损失、强化民事责任追究、惩罚性赔偿最低 1 000 元、确立首负责任制等;对食药监管部门的标准制定进行严格规定,并且注重标准的制定与执行之间的衔接。严格的全过程监管制度,包括食品的生产、加工、流通到销售等环节,细化到食品添加剂、网络食品交易等等新兴业态的管理。特殊食品方面进行严格的监管,尤其是特殊医药用途配方食品、婴幼儿食品。

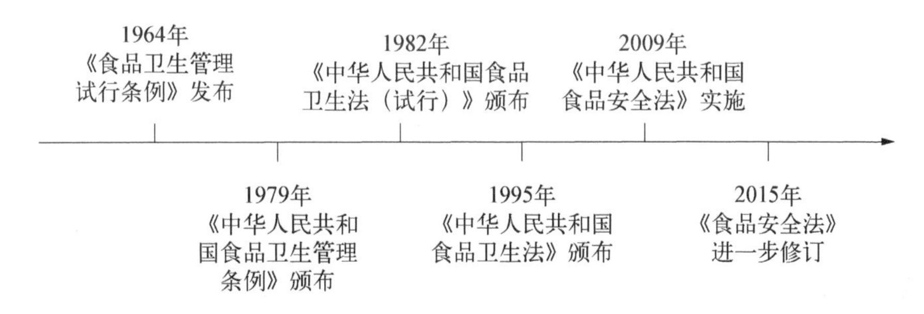

图 3－1　中国食品安全法律制度变迁

近年来,为了适应“互联网+”飞速发展,我国加大了对网络餐饮服务食品安全监督管理工作,从 2016 年 10 月 1 日所实施的《网络食品安全违法行为查处办法》,再到 2018 年 1 月 1 日所实施的《网络餐饮服务安全监督管理办法》等,此类办法对网络食品交易第三方平台以及通过第三方平台进行交易的食品生产经营者做出了相应的明确规定,明确了安全责任。

2019 年 10 月,国务院正式公布《中华人民共和国食品安全法实施条例》,此项条例细化并严格落实了新《食品安全法》,进一步增强了相关制度的可操作性。同时还坚持问题导向,针对新《食品安全法》实施以来食品安全领域依然存在的众多问题,完善相关制度措施。更夯实了企业责任,加大违法成本,震慑违法行为。

“十四五”期间,部分省份也针对食品安全提出了新的发展目标。其中,云南提出要全面深化食品安全管理改革,加强建设协同监管;广东提出在食品药品安全、环保、通讯等领域实现新发展新突破，健全质量追溯制度和体系；吉林提出全面加强各行业领域安全整治，坚决遏制重特大安全事故，保障人民安全。

经过多年的食品安全治理与立法工作，我国最终形成了自上而下，由国家食品安全法律、地方性法规、行政规章、食品安全标准及其他各种规范性文件之间相互联系、互为补充的食品安全法律制度体系。

我国政府在网络食品监管上也做出了很大的努力，在网络食品监管方面参与的监管部门包括国家食药监总局、工商行政管理总局、国务院农业行政、质量监督局等部门。形成了"一主多辅"的监管局面，《食品安全法》将多个部门分段监管改变为由食药监部门为主导，其他部门辅助监管的模式。监管的范围也不断扩大，对食品生产与流通的全过程进行监管，从源头阶段到运输、生产加工、储存等提出了更高的要求。食药监部门对具有食品安全问题和食品安全隐患的网络食品生产经营者进行责任约谈，并将约谈情况与整改情况纳入食品安全信用档案。

表 3-2　近年食品安全行业政策发展历程

时　　间	目　　　标
"十一五"期间	食品药品监管体制和机制逐步完善；法律法规体系较为完备；监管队伍素质全面提高，依法行政能力进一步提升；基础设施建设加强，技术装备进一步改善，食品药品安全标准建设和检测技术水平显著提高；食品药品生产经营秩序明显好转；生产、销售假冒伪劣食品药品违法犯罪活动得到有效遏制，食品药品安全事故大幅减少
"十二五"期间	基本建立起适合我国国情的食品安全体系，以预防为主、全程覆盖、责任明晰、协同高效、保障有力作为标准来提升食品安全水平，使城乡居民饮食安全得到切实保障
"十三五"期间	食品安全治理能力、食品安全水平、食品产业发展水平和人民群众满意度明显提升
"十四五"期间	营商环境持续优化，市场运行更加规范，市场循环充分畅通，消费安全保障有力，质量水平显著提升，监管效能全面提高

3.2.6　中外之比较

3.2.6.1　美国食品安全监管特点

首先，美国拥有一套完备的食品安全监管法律体系。联邦政府以多部食品安全监管法律作为支撑，以《食品安全现代法》为基础，进一步细化制定了专门性法律条例,其中包括《蛋类产品检验法》《安全饮水法》等;在州方面,由于各州的现实情况不同,因此有针对性地制定州法和规定,与联邦法互通互补,从而构成了美国体系化、系统化的食品监管法律体系。

其次,美国的食品安全监管呈现出层次化、网格化等特点。美国联邦设立的食品安全监管专门机构多达13个,各州也设立了多个食品安全检测实验室,加上一些本地的食品安全监管机构,在联邦检测机构与各州实验室与机构之间互通互享,具有了层次化的特点。这种设置不仅能够保持独立自主的监管能力,也在一定程度上实现了对食品监管的全面覆盖,从而实现了多渠道和多层次的食品监管。

最后,美国十分看重食品安全风险的评估与预防,并且注重发挥科研前端的力量,给研究机构提供赞助支持。美联邦通过与多个研究机构、实验中心达成协议的方式来展开合作,对食品安全方面的信息与舆情进行实时性地跟踪与观测,面对专业问题和突发事件,能够及时地进行反应,并且制定应急预案,科学地跟踪与解决食品安全问题。

3.2.6.2　欧盟食品安全监管特点

首先是食品安全立法较完备。就食品安全法案而言,欧盟除了《食品安全基本法》,更包含绿皮书、白皮书以及行业性法规,涉及生产加工、运输存储等多环节,覆盖面较广,整个法规体系形成一条主线,多个分支,脉络清晰的框架。同时,欧盟注重行政法规与技术要求之间的融合程度,为政府管理提供便利。

其次是风险分析和预警机制较完善。欧盟的食品安全法律与政策等都以风险分析为基础,对欧盟的食品安全政策和立法进行整合,食品安全问题风险分析主要分为三个步骤,风险评估、风险管理、风险交流,欧盟要求每种食品安全问题以及成因都需要进行风险分析。其中风险评估和风险交流是由独立的欧洲食品安全局所负责。

最后是问题食品可追溯。食品安全追溯问题需要涉及食品链的全过程,从食品的生产环节到流通交易,一直到消费者手中整个流程通过设置标识的形式进行监督,通过设立全过程追溯来保证食品的高效追踪,有效降低食品安全风险事故发生。

3.2.6.3　英国食品安全监管特点

英国食品安全监管的一个重要特点就是严格执行食品追溯和召回制度。食品追溯制度的实施可以有效地实现对食品从农田到餐桌整个过程的控制和监管,及时迅速地对存在问题的食品进行召回,以此保证食品的质量安全。监管机关如果在这一过程中发现存在食品安全问题,监管机构可以通过电脑所登记的数据来查询食品来源，这既能保证及时有效地反应，并且在发生重大食品安全事故时，政府部门能够立马把握事故的影响程度以及范围、对人们健康造成危害的程度，在这样的数据支撑下，能够在有限的时间内来收回已流通的食品，避免危害的扩大化；并且把相关资料上交至国家卫生部，能够最大限度地保障消费者权益，并且控制事态。

3.2.6.4　加拿大食品安全监管特点

一是加拿大于1999年颁布了食品召回制度法令，并成立了国家级食品召回办公室，配备了多名专家和技术人员。在召回过程中秉持着四大原则即：完整性原则、反应适当原则、一致性原则以及及时性原则。

二是建立了多部门、多层次的食品安全协调机制和合作伙伴关系，加强了CFIA与联邦政府部门的沟通，此外CFIA还与政府签署了合作备忘录，更进一步地统一了执法标准，减少了执法过程中的多余环节，大大提高了工作效率。

3.2.6.5　中国食品安全监管特点

第一，我国的食品安全法律法规体系较完备，历经三个阶段的食品安全法制体系建设，我国已形成了较为完备的食品安全法律框架，由有关食品生产和流通的安全质量标准、安全质量检测标准及相关法律、法规、规范性文件所构成。

第二，食品安全监管行政分配较合理，我国的行政监管权是基于一系列的规章和规范性文件，各个阶段存在的监管主体可以将整个食品链环节进行划分管理：比如质检部门主要负责食品生产和加工环节，农业部门负责初级农产品的生产环节，食品药品监管部门负责餐饮业和食堂等消费环节的监管，工商部门主要负责食品流通环节的监管，卫生部门需对食品安全进行综合监督与组织协调。

截至目前，我国共发布了1 366项食品安全国家标准，主要分为通用标准、生产规范标准、产品标准和检验方法标准四大类，这4类标准从不同角度管控不同的食品安全风险，有机衔接、相辅相成、互为补充，初步建立一个与国际接轨的食品安全国家标准体系，覆盖从农田到餐桌的全过程。

3.2.7　不足与借鉴

与美国、欧盟等发达国家地区相比，我国的法律监管体系仍有提升的空间。根据当前我国食品安全监管的现状，提出以下相关建议。

3.2.7.1　建立健全食品安全法律法规体系

我国当前的食品安全法律法规体系主要是以《食品安全法》《标准化法》和《产品质量法》为核心的集合法群。但我国现有的食品安全法规体系仍不够严密，法律法规之间不统一、重复甚至出现冲突，一种行为可能适用于不同法律法规，导致处理的结果不一。同时，法规体系中存有空白地带，立法滞后与监管实践，没有与时俱进进行更新，所以有很多方面已经开始落后于当今食品安全形势的发展需要。

因此需要结合美国、欧盟等发达国家地区经验，以《食品安全法》为基本法，针对当前冲突和不统一的法律法规进行认真地梳理、修改、废止、补充，并系统化、整体化地整理修订我国与食品安全有关的法律、部门规章、行政法规及地方立法、强制性标准，兼顾到法律体系的科学性和完成性，形成既有综合性法律，又有专门性法律的中国特色的食品安全法律网络。

3.2.7.2　完善责任追究机制

我国食品安全监管体制中存在的一个突出问题：监管部门权力与责任失衡，职责不清、权责失衡。从先前的“毒泡菜”到后来的“三鹿奶粉”等事件，不仅暴露出来立法方面所存在的问题，更显露出执法方面的问题。除受到地方利益和部门利益的因素纠缠所导致的食品安全执法部门监管失职之外，缺乏有效的失职行为责任追究制度是产生这种局面的一大原因。因此如何明确地规划监管部门的责任与义务，是《食品安全法》能够获得良好实施的关键因素。

在食品安全监管中，根据监管主体的不同可以分类归为两种监管责任：监管机构和监管公务人员的法律责任，应当实行“双罚”制追究监管机构的责任。当监管机构监管不当时或没有依法监管，政府部门应当对其进行监督与惩罚，并要求其责令改正。若造成严重的食品安全隐患，直接负责的主管人员和其他直接责任人员还要受到行政处分，部分构成刑事犯罪的行为还要对领导或负责人的渎职行为依法追究刑事责任。

3.2.7.3　建设公开透明的信息体系

相比于部分欧美国家，中国的食品安全监控体系透明度略有不足，主要是因为以下原因，首先是政府的分段监管机制，这种分段监管会导致各部门之间存在信息不对称等问题，信息共享协调机制尚不完善。其次，消费者获取食品安全信息的渠道五花八门，缺乏一个专业权威的信息发布渠道。

因此在信息管理机制研究方面，我国可充分学习其他国家的先进经验，建设公开透明的信息共享体系。根据国家重大信息化工程建设规划，通过进行统一部署，构建一个国家食品安全信息平台，实现标准统一、功能齐全、互联互通、信息共享的目标，能够有效地避免执法资源的浪费和低水平重复。由一个部门对信息进行整合并科学分析后再统一发布，还能够保障消费者获取信息的正确性，帮助消费者更高效地利用食品安全信息。设立公众参与的组织，网络平台具有信息优势，能够给消费者提供一个对食品安全问题反馈的渠道，再将消费者的信息提供给政府和相关企事业单位帮助其做出科学、以人为本的决策，也进一步地拓宽了公众参与食品安全监管的渠道。

3.2.7.4 健全智慧监管方式

目前，国家文件出台了不少规范餐饮食品安全的文件，也指明会将食品安全纳入地方政府的监督考察，作为衡量政绩的重要指标。即便如此，食品安全问题仍然频频爆发，主要原因是因为：餐饮企业众多，而政府资源有限，就使得部分商家只追求利益最大化而漠视了风险问题。同时，在数字化背景之下，我国对于智能监管的实施缺乏相关经验，使得遇到问题时无法快速做出判断。

相比欧盟和美国在食品监管过程中都较为注重风险分析与预警机制，我国应借鉴其经验，建立具有我国特色的“智慧监管”模式，充分依托大数据技术，加强基础创新建设，发挥前沿力量，汇总各类监管资料，统筹管理各类资讯，达成网络化监管目标。面对可能出现的食品安全问题，要及时制定事前防控和事后应对措施，对每一个有概率会引发的风险事件都要进行分析把控，力求遇到问题时做到有效追踪，实现最优化监管目标。

3.3 中外食品安全标准及对比

食品安全直接关系到人民群众的生命健康，同时作为基石起到稳定国家安全的作用。随着社会经济的发展，食品安全问题逐渐朝着更为复杂的方向演变。为了保证食品安全，有必要进一步完善法律法规和食品标准。因此，本节将从食品安全标准分类、标准制修订原则和流程、标准管理等多角度分析美国、欧盟的食品安全标准，进而总结发达国家的经验，为我国食品安全标准制定提供更有价值的信息。

3.3.1 国际食品安全标准

1962 年，世界卫生组织（World Health Organization，简称 WHO）和联合国粮农组织（Food and Agriculture Organization of the United Nations，简称 FAO）共同建立了政府间组织——国际食品法典委员会（Codex Alimentarius Commission，简称 CAC）。CAC 主要负责制定国际食品安全标准，力图保障消费者健康以及维护消费者经济利益，确保开展公平公正的食品贸易以及协调统筹所有食品标准的制定任务。国际食品安全标准包括食品卫生、食品营养与食品质量、包括微生物指标、食品添加剂及农药和兽药残留、污染物、标签及其描述、分析与采样方法以及进出口检验和认证方面的规定等构成了食品法典的重要组成部分。

由于国际标准在促进国际贸易、推动国际经济发展以及推动技术交流、技术转让和技术合作等方面起着关键的作用,采用国际标准或发达国家标准实质上是一种技术转让,对于发展中国家尤为重要。英、德、法、俄、美代表了当前世界标准化的先进水平,参与国际食品安全标准设计有着较为成熟的经验,对其国际标准化有着较大的影响力。所以,要积极采用国际标准,探索一条高效之路。

3.3.2　美国的食品安全标准

美国涉及食品标准管理的机构主要包括以下 4 个,即食品安全和检查局(Food Safety and Inspection Bureau,简称 FSIS)、美国食品和药物管理局(Food and Drug Administration,简称 FDA)、环境保护署(Environmental Protection Agency,简称 EPA)、美国农业部(United States Department of Agriculture,简称 USDA)。

美国食品安全标准分为国家标准、行业标准和企业操作规范。美国食品安全具有统一的监管标准,以美国《加工食品监管标准》为例,该标准是美国建立统一食品安全系统的重要组成部分,其目标是为了构建一个基于风险的监管系统,帮助联邦政府和各州政府简化监管行为,进而减少食源性疾病发病率。美国付出了大量的人力物力财力进行监管,建立了一套经过验证的、科学合理的监管标准,实现了从农田到餐桌的全过程监管闭环。长期以来,美国一直处于世界技术水平的前沿,许多 CAC 标准和欧盟标准都部分采用了美国标准,并从中得到了提升。美国具有科学系统的培训体系,其食品检查员培训课程包含现有法律法规、条例、公共健康等多种课程,还要求其必须完成一定限度的在职训练后才可以独立检查。

此外,美国注重源头控制,力求防患于未然。针对食物的种植、收获、流通等方面都设定了相应的标准,旨在预防食品安全事故的发生,并加强对食品安全的源头控制。

3.3.3　欧盟的食品安全标准

欧盟已经建立了一个相对完善的食品安全标准法规体系,欧盟《食品安全基本法》(EU178/2002)确定了欧盟食品安全的总体指导原则、方针和目标;此外,欧盟还持续颁布了涉及食品管控、食品检测、食品中有毒物质、食品卫生、特殊食品等各方面的食品安全法规。欧盟的食品法规、食品使用标准及产品规格标准相互融合，各成员国依据欧盟总体法规及指令制定自己国家的食品安全标准。

具体来讲，欧盟的食品安全标准主要被划分为四类：产品标准、过程控制标准、环境卫生标准和食品安全标签标准。为保障食品安全标准制定的科学性，欧盟建立完备的风险评估机制为其保驾护航，而食品安全风险评估任务是由欧盟食品安全局（European Food Safety Authority，简称 EFSA）负责，欧盟理事会、欧盟议会负责风险评估管理，实现了二者职能的分离。对于食品安全监管层面，欧盟采取统一监管的模式，成立了 EFSA 负责与食品相联系的事务及食品监管职责。

综上所述，各国的食品安全标准框架都较为完善，食品安全相关法规具备全面性，并且监管职责分工明确，覆盖面广，溯源性强。同时，在设定标准时，也大多以风险分析为原则，考虑消费者、商家等主体因素，在众多层面值得我们借鉴学习。表 3－3 陈列了各国间的标准对比。

表 3－3　国外食品安全标准对比表

名称	监管机构	基本法	基本原则	主体	特　点
国际	国际食品法典委员会（CAC）	《国际食品法典》	基于科学和风险分析	CAC	科学为基础 考虑消费者健康和公平贸易 包含对操作规范和指南建议性的规定
美国	食品安全和检查局（FSIS） 美国食品和药物管理局（FDA）	《食品安全现代化法案》	基于科学和风险分析	4 家机构	预防为主 科学评估 全程监控 食品可追溯
欧盟	欧洲食品安全局（EFSA）	《食品安全基本法》	风险分析 谨慎预防	欧盟委员会	谨慎预防 风险评估 全面追溯 全程监控 安全优先

3.3.4　中国的食品安全标准

对于我国来说，食品安全标准多以单项标准的形式发布，分为国家、行业、地方、团体及企业标准。截至2023年1月,我国现行有效的食品安全国家标准共1 478项,2023年6月有284项食品及相关标准将正式实施,覆盖食源、运输、加工、在加工、销售、监管、消费各个环节,实现了食品安全质量的全链条、全方位保障。

食品安全标准是唯一的强制性执行标准,是开展食品安全监管的基础依据。根据《食品安全国家标准管理办法》,食品安全国家标准制修订包括规划、计划、立项、起草、审查、批准、发布以及修改与复审等8个步骤。国家食品安全标准以食品安全风险评估为依据,标准制定科学合理、公开透明。目前我国现行的食品标准体系及管理模式见表3-4。

表3-4 我国食品标准体系及管理模式

标准类别	编制主体	发布主体
食品安全国家标准	国务院各部委	国务院卫生行政部门 会同市场监管部门
推荐性国家标准	全国专业标准化技术委员会	国务院标准化主管部门
行业标准	全国专业标准化技术委员会	国务院各部门
地方标准	地方技术机构	地方卫生行政部门
团体标准	社会团体	社会团体
企业标准	企业	企业

具体来讲,我国食品安全国家标准可分为:通用标准(包括标签、食品添加剂、营养强化剂、污染物及真菌毒素等)、产品标准(食品产品、食品添加剂和食品相关产品的标准)、检验方法标准(包括理化、微生物、毒理学、农兽药残留等)、生产经营规范标准(企业的设计与设施的卫生要求、机构与人员要求、卫生管理要求、生产过程管理以及产品的追溯和召回要求等)四大类,从不同角度管控不同的食品安全风险。并且,我国在2011年10月成立了国家食品安全风险评估中心(China National Center For Food Safety Risk Assessment, CFSA),承担相关的食品安全风险评估和监测工作,同时CFSA也负责食品安全标准的适时修订。

3.3.5 不足与借鉴

与美国、欧盟等发达国家地区相比,我国的食品安全标准仍然存在着不足之处，以下结合我国食品安全标准体系现状，提出加强和改善的建议。

3.3.5.1 统一食品安全标准

我国的食品安全标准覆盖面广，标准可分为国家标准、地方标准、行业标准、企业标准等，但正由于标准不统一，易造成实施过程中出现矛盾或冲突。另外，很多标准相对落后于当前国际潮流，无法与国际接轨。目前仍有很多限量标准是20世纪80年代制定的，目前我国只采用了不足50%的国际标准，而早在80年代初，法、德等国对国际标准的采用率已达80%，日本更是达到了超过90%的水平。当前我国现有的食品标准与国际标准无法接轨，与国际标准化组织（ISO）和国际食品法典委员会（CAC）所颁布的食品标准体系亦有所差距。

所以，我国在制定食品安全标准的时候，应当充分借鉴国外发达国家的经验与教训，尽可能剖析国际食品安全质量标准体系，努力与国际标准接轨，推动食品安全标准体系结构合理，各类标准协调配套，寻求一套既立足于本国国情，又严格以国际标准要求立法和执法的适合我国国情的食品安全质量标准。

3.3.5.2 发挥大数据优势，推进食品安全标准数据库建设

食品安全标准数据库是一个包含各种食品安全标准信息的电子化数据库。它收集、整理和管理着相关的食品安全标准文件，以便监管部门、企业和公众能够方便地获取和查询相关的标准信息。国际食品法典委员会（Codex Alimentarius Commission）是一个由联合国粮食及农业组织（Food and Agriculture Organization of the United Nations，简称“粮农组织”）和世界卫生组织（World Health Organization，简称WHO）共同管理的国际食品安全标准机构。食品法典（CODEX）数据库收集了全球范围内的食品安全标准，旨在促进国际食品贸易的公平和安全，而美国、加拿大都有建立各自的数据库用以提供各国的食品安全标准、法规和指南。这些数据库还会经常更新维护，提供用户方便的检索和下载功能，帮助相关利益方了解和遵守食品安全要求。

所以，我国应当积极推进食品安全标准数据库建设，不仅能精准记录我国食品安全标准的发展变化，而且将标准数据库与其他食品安全相关的数据库结合，有助于更深层次分析我国食品安全事件、完善食品安全标准，为有效监测评估食品安全风险提供科学依据。在互联网时代，还可以积极利用大数据和人工智能算法，发挥部门间的联动优势，将数据有效整合为统一的数据库，推动部门决策。

3.3.5.3　加强食品安全标准管理，落实标准实施力度

我国的食品安全标准数量多、种类广，但是由于我国不同区域管理水平和地区标准参差不齐，导致我国食品安全标准的落实执行上仍存在较大的问题和困境。

为进一步巩固食品安全的体系建设，要加强标准的实施力度，优化实施效能，更好地推动食品安全工作的贯彻执行。首先，深化健全丰富有关食品安全标准相关工作的具体实行机制，推动社会多方面主体共同协作，引导政府和企业以及相关社会组织参与具体标准实施工作，并对于每个主体的工作进行进一步细化明确，做到各司其职。同时要加大对于食品安全标准的监管处罚力度，做到严格打击生产未符合食品安全标准产品的违法行为。切实加强有关食品安全标准的例行检查和执法力度，做到内部分工协作，外部加强管理，双管齐下，保障人们的饮食安全。

3.3.5.4　利用数字媒体技术，推动食品安全标准宣传培训

近年来，人民群众愈发呈现出对食品安全的更高关注和更高要求，但是对于食品安全标准的具体内容和细则了解程度有限，针对目前数字化媒介传播速度快，覆盖面广的特点，正确使用数字化技术有利于更高效地普及食品安全标准的相关知识，实现更好的教育宣传作用。

因此，可以通过以下几点来推动食品安全宣传：第一，政府和相关企业可以通过网络直播和网络研讨会的形式，向广大群众传达食品安全标准的重要性和实施方法；第二，制作相关的短视频和动画推送于各种网络新媒体平台，起到更好的辐射效应和教育作用；第三，对于进一步的专业了解与学习，可以创建在线课程和培训模块，在线课程可以包括食品安全标准的详细介绍、食品安全管理体系的建立、食品安全检测方法等内容，让消费者可以随时随地进行学习。

综上，通过多种方式展开食品安全的主题宣传，有助于提升社会各界对于安全标准的认识与理解程度，进一步提升对其重要性的认知，更好地促进食品安全标准的升级和发展。

3.4　中外食品安全监管主体及权责对比

随着经济全球化的发展，食品的种类与产地丰富多样，由此引发的管理问题也层出不穷，这给政府的食品安全治理带来了巨大的不便。而协同治理、社会共治为食品安全问题提供了一个解决方式，即建立一个政府、商家、

消费者与第三方平等参与的治理体系，以透明、公开、灵活的方式来提高食品安全水平，更有效地分配社会利益。

3.4.1　政府：食品安全监管的领导者

打造有效的食品安全社会共治格局，政府作为食品安全监管的领导者，只有其带头恪尽职守、积极履行好监管领导的职能，才能号召带领社会各界来共同守护食品安全。

美国联邦政府在食品安全监管方面有 20 多个部门，主要的职能部门为卫生和公共服务部（Department of Health and Human Services，简称 DHHS）、美国农业部（United States Department of Agriculture，简称 USDA）、联邦环境保护署（Environmental Protection Agency，简称 EPA）以及其他部门，如图 3－2 所示。美国食品安全监管体系具有权威性、灵活性、科学性的特点，联邦政府之间、地方与州政府之间协调合作，相互依赖，形成了一个广泛而高效的管理系统，从而大大提高了公众对食品安全的信任度。

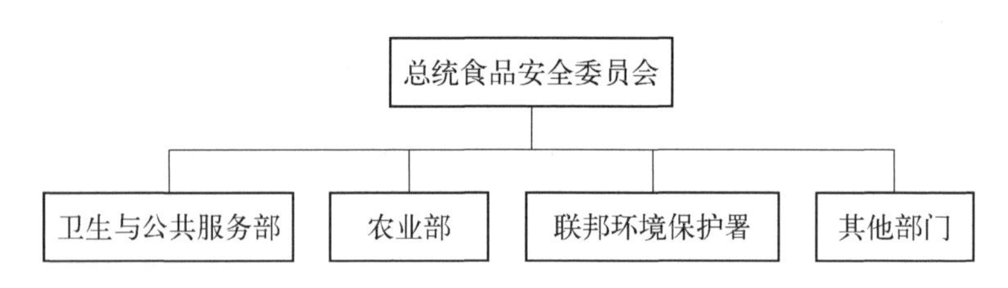

图 3－2　美国食品安全监管机构

澳大利亚的食品安全监管机构主要包括澳大利亚新西兰食品管理部长理事会、食品管理常务委员会、澳大利亚新西兰食品标准局、制定和实施分委员会与技术顾问组，如图 3－3 所示。澳大利亚在监管食品安全问题时更加注重上下级的交流沟通，达到了联邦和州地情况的常态化交流与协商。与之相比我国的国务院食品安全委员会其决策并不直接听取地方意见，地方与中央之间沟通的及时性和有效性相对较低。

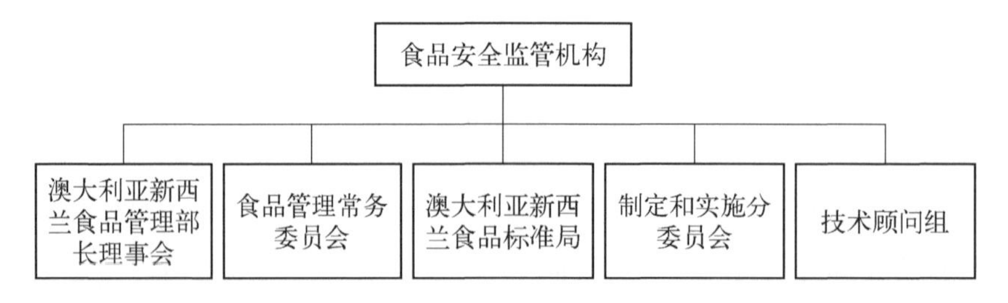

图 3－3　澳大利亚食品安全监管机构

加拿大的食品安全监管机构主要是食品监督局(CFIA),如图3－4所示,下设食品安全主管部门、鱼、渔制品、海洋食品部门、动物性食品部门、植物性食品部门以及科研机构。

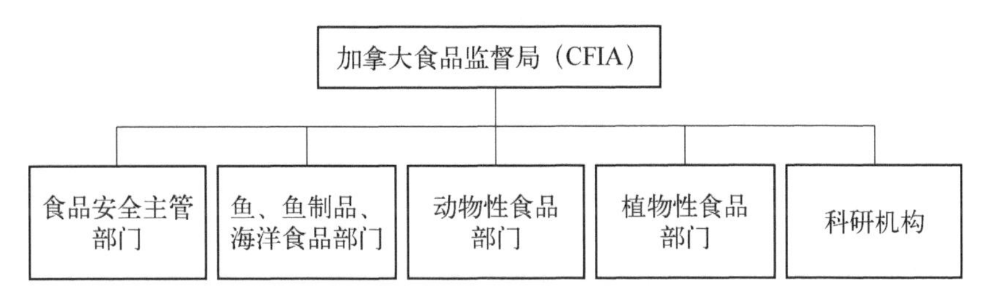

图3－4　加拿大食品安全监管机构

在我国,政府作为食品安全管理中的主导者,包揽了大部分食品安全的管理事务,包括食品安全立法、认证、检测、检查等。但是,食品交易市场中信息存在高度不对称的特征,仅仅依靠政府的法律或行政手段,是无法解决一切食品安全问题的。政府作为公共利益的维护者和代表者,在发挥自身监管能力,完善我国食品安全监管制度体系和标准体系的同时、更应当简政放权,充分地利用食品企业、消费者、媒体、社会组织等非政府利益相关主体的优势,寻求合作解决食品安全问题的可能性,以法律的形式来明确相关利益主体责任与义务,积极构建社会共治治理模式。

3.4.2　商家:食品生产的主要参与者

商家作为食品生产的主体,在生产食品过程中的操作规范与否是造成食品质量高低的主要因素。但是,食品企业往往以其自身利润为主要目标,难以转变趋利本性,其收益的大小决定了其行为决策。因此,企业自律是保证食品安全的重要环节。

日本的部分企业建立食品安全基金来赔付消费者的损失。企业设立基金,长期承担责任,企业一旦有食品安全问题的现象,将由基金进行赔偿,并有可能面临破产的危机,甚至会拿全部资产来赔付受害者家庭。日本这种基金赔付方式也值得我国学习。美国监管体系开始更多的依靠食品行业的自律机制来减少管理成本,减轻监管压力,美国众多食品企业与食品行业协会合作,寻求技术支持,以保证产品质量。

在社会共治的治理模式下,政府需要对企业进行例行检查,消费者对食品安全问题进行投诉与举报,媒体曝光企业违规行为,食品行业协会制定行业标准来对协会企业进行定期培训教育与违规约束,只有当各个监管主体发挥其监管职责才能够对企业产生震慑作用,才能有效地促使企业积极履行法律责任与道德义务,督促企业诚信经营,提高企业治理能力,自觉承担社会责任。此外,政府部门还可以通过多种方式,对企业部门的质量进行把控,使得管理更加高效。比如,政府可以考虑与企业进行合作,将企业也纳入管理的过程当中。政府在制定标准时,允许企业积极参与进来,可以使得标准更加贴合实际,管理过程更为透明。

3.4.3　消费者:食品安全问题的反馈者

当前消费者在食品安全治理方面的参与度不高,而消费者监督是社会共治的关键所在,虽然消费者普遍认可食品安全投诉举报的重要性,但是实际上对参与投诉举报是否发挥作用持怀疑态度。在真实状况中,公众参与投诉举报的意愿和积极性不强,当食品安全没有对自身利益造成威胁时,举报的意愿则更低,因此提高消费者对食品安全治理的参与度极其重要。

美国的《自由信息法》(Freedom of Information Act,简称 FOIA) 规定政府的信息公开义务,积极落实公众在制定法律中的参与权。《阳光下的政府法》(Government in the Sunshine Act of 1976)也明确规定了政府所召开的行政机关会议和国会委员会必须向社会公开,公众能够获取到会议相关信息、文件等,使得公众更加了解政府机构的决策过程,便于接受公众的监督。另外,公众也可以提出公益诉讼,通过司法手段来保证食品安全。

我国公众参与食品安全共治的程度不高,主要是由于以下几个原因:举报的方式过于复杂;对投诉举报的渠道不够了解;担心举报信息泄露遭受商家报复等。因此,首先要通过建立健全的食品安全投诉举报宣传教育体系来提升公众的社会责任意识,促进公众对食品安全投诉举报政策以及举报方式的了解和认知,让公众意识到食品安全监管不仅仅是政府的事,更是每个人应尽的责任。其次,要建立透明的举报案件处理信息平台,使公众能够及时获取食品安全违规行为的处理情况,让投诉者能够看到投诉举报的受理情况,更能激发公众对食品安全投诉的积极性。再次,要完善举报者的保护机制,保护举报者的隐私,加强对政府内部人员的监督,严惩泄露隐私的行为,打消举报人的顾虑,让公众敢于揭露食品安全问题。最后,消费者与行业专家之间的开放沟通也很重要,消费者可能很关心农药残留和食品添加剂的问题,而行业专家可能更关注生物污染物等问题。这就说明了有时消费者所关心的在食品供应链中的问题与专家对"关键问题"的理解和定义并不一致。不同群体的及时沟通有助于不同视角下人们的相互理解,也更有利于监管部门制定更合理的标准和规范。

3.4.4　第三方：食品安全治理的监督者

食品安全治理不仅需要政府、企业和消费者参与，第三方机构包括媒体、食品行业协会、研究机构（数据处理机构）、信息服务平台等等都需要参与进食品安全协同治理中来，真正地实现全员参与的社会共治。

美国的媒体部门发挥着传声筒的角色，为了确保公众能够参与进管理当中，管理机构在网络上公开发表他们的议案，并印刷法规议案来吸引公众的参与，美国的媒体和利益集团帮助管理机构发布相关法规议案。并且美国管理机构也经常通过媒体发布公开会议通告，让公众来参与食品安全治理。美国的食品机构有权参与进入法律法规制定，对政府的三个分支机构与公众负有极高的责任，为食品安全法规和其他管理活动都提供了很强的支持。美国鼓励社会公益组织参与食品安全监管治理，让政府监管机构与民间公益组织进行密切合作，例如 2010 年所成立的美国农产品安全联盟，受到美国农业部及食品药物监督局的资助，创立了首个工作委员会来关注特定农产品的食品安全问题，帮助政府推行农产品规范培训，督促监管部门制定更新更贴合实际的农产品安全政策。

媒体能够将公众与政府、社会组织、企业联合起来进行协同共治，发挥其纽带作用，其职责应该是协助公众建立食品企业监督机制，提高消费者与企业之间的沟通程度。媒体应当做好沟通的桥梁作用，应当保障消费者的知情权，促进消费者、媒体与企业之间的信息共享。另外，媒体还有义务将消费者的维权和投诉信息进行广泛传播，对不良企业的恶行勇于揭露，让造假售假与诚信缺失的企业不敢做出违法行为，建立良好的舆论环境，塑造食品安全市场的良性风气。企业也可通过媒体向公众公布产品的详细信息，以此为企业来打造良好信誉，使“良币驱逐恶币”。同时，有关食品安全的宣传报道真实公正性是新闻媒体对食品安全违法行为进行舆论监督时的首要原则，严格审核新闻素材，进行公布。

食品行业协会作为的社会团体，是促进食品产业发展，实施行业自律管理，保证食品安全的重要力量。食品行业协会应当依照相关法律法规来建立健全行业规范和奖惩机制，为食品安全监管提供信息技术等服务，引导和督促食品生产经营者进行合法的生产经营，充分发挥其在社会共治方面的重要作用。

消费者协会在保护消费者方面承担着广泛的社会责任，消费者协会和其他消费者组织也是维护食品安全、进行食品安全监管的重要主体之一，对与违反食品安全法规定，侵害消费者合法权益的行为，进行社会监督。充分发挥社会共治方面的重要作用。食品安全领域的专业技术人员应该对其行为负责。

食品检测检验等技术部门必须不断尝试创新,组织学习新的技术,提供科学的、客观的检验检疫报告,并保证所提供的报告的真实性和有效性,肩负起作为行业人员的职业道德责任。

3.4.5　社会共治:食品安全治理现代化的重要前提

美国在法律要求在制定法律法规时,需要充分地征询公众的意见与建议,允许社会公众、第三方等发表评论来作为决策的事实依据。政府依赖的信息完全透明,向社会大众公开,并通过媒体将背后的科学性给公众们解释清楚。并且通过《信息自由法》(Freedom of Information Act,简称 FOIA)来使公众能够有权获取大量的政府信息,以确保公众最大可能地参与活动。只有进一步拓宽群众参与监督的渠道才能使公众成为监管部门的重要延伸,激发全社会参与食品安全共治的积极性与主动性。

社会共治、协同治理的建立,需要一个政府、企业,消费者与第三方平等参与的治理体系,首先就要将以往政府"大包大揽"的监管者角色进行改变,变成市场的服务者和引导者角色,引导市场上其他主体公平有序参与食品安全社会共治。社会共治强调和重视社会分工,首先需要对各个监管主体进行充分地了解,认识到各监管主体的优势,其次需要拓宽各主体参与食品安全共治的渠道,促进日常交流机制的建立与健全,充分推进各方的信息交流与共享,激发食品安全共治主体相互协作的动力,促进其各自发挥自身的优势与作用。

食品安全作为一个重要的民生问题,始终备受我国政府重视,但是我国现在的食品安全社会共治仍然处于起步阶段,存在一些问题。政府在社会共治中应该是最重要的监督主体。然而当前政府仍总揽繁重的监管任务,监管效率却不高,政府仍然需要积极引导其他社会主体共同参与共治。企业作为食品安全的直接责任主体,应该对食品安全负首要责任,但是我国目前的相关制度依然存在不足,比如对于举报制度,存在奖励力度不足和保密失效等问题,阻碍了制度的执行和落实。消费者作为食品安全问题的受害者,对食品生产企业的监督制约积极性不足,所以还需加大力度引导群众发挥对食品安全问题的监督职能,激发消费者作为监督主体的积极作用。

在食品安全治理过程中各方监管主体的任务、作用、边界等需要进行明确,在多方监管的体系下,要保障各方监管主体之间的交流与信息共享,确保能够与政府部门的治理达成协调一致。与此同时，食品安全的法律体系应当根据现实情况与时俱进，充分地调动消费者在食品安全治理中的参与度，才能建立有效的食品安全共治体系，帮助解决食品安全问题。

3.5　发达国家食品安全案例研究

在以上部分，我们围绕不同国家之间的食品安全法律和标准进行了简要介绍和分析对比，并从监管层面对不同监管主体的功能和权责做了介绍和区分。在本节内容中，我们将以两个不同发达国家食品安全治理模式为例，对他们在食品安全治理发展中做出的尝试和现有的模式进行介绍。

3.5.1　新加坡的食品安全治理模式

从2017年开始，《经济学人智库》参考世界卫生组织、联合国卫生组织、联合国粮农组织等多方官方数据，对全球113个国家的食品安全进行评价排名。报告显示，新加坡的食品安全指数在全球参与调查的113个国家中在2017年和2018分别排名第三和第一。可以看出，新加坡的食品安全在世界范围内得到了广泛的认可，故我们从监管模式和法律制定两个角度观察新加坡的运行模式。

3.5.1.1　新加坡的食品安全监管方式

在对食品安全的监管方面，新加坡主要由两部门进行负责，新加坡食品农粮兽医局（Agri-Food and Veterinary Authority of Singapore，简称AVA）和新加坡国家环境局（National Environment Agency，简称NEA），前者主要负责食品进出口，商家的安全监管以及食品安全教育等，后者主要负责食品零售商贩和超市的食品安全监管，包括发送食品营业执照、监督日常卫生和违法处罚等工作。

1. 加强进口管理，从源头进行严格管制

由于新加坡国土面积狭小和自然资源匮乏，导致本地农业资源的稀缺，90%以上食物来源依靠进口，所以对于进口食品的安全管理就尤为重要。首先是对于进口食品设置了严格的准入机制。早在2003年，新加坡就很出台相关规定要求进口食品商家需要在AVA完成注册登记并提供尽量详细的食品信息，同时要求标注进口食品的产品特点和产地信息。AVA会对食品将进行抽样检查，对食品企业进行信用评估和定期检查。并且于2004年，新加坡耗资2 000万美元建立公共卫生检查中心为当地和周边国家提供食品安全检测服务。

2. 建立食阁管理制度,进行统一管理

新加坡政府对当地食品贩卖管理也做出了很多尝试。早在20世纪初,新加坡的商贩还是一种街头流动的模式,在交通和卫生上都造成了很多问题,于70年代开始,新加坡政府开始建设“食阁”(plaza)和其他小贩中心对街头小贩实行集中管理。政府统一制定小贩中心在供水,供电等方面的公共基础设施标准,并提供顾客用桌椅等配套设施;小贩中心对摊位的食品环境卫生进行管理,定期进行卫生清洁,从一定程度上起到了方便政府统一监管的作用,并且提高了卫生水平。现如今,新加坡这种小贩中心已经遍布全国,为市民的饮食提供了极大的便利。

3. 餐饮分级评级,针对加强检查力度

新加坡政府对国内的餐饮单位进行分级管理制度,对常规食品的零售管理分级分为A(优)B(良)C(中)D(差)四个等级,国家卫生局每年对餐饮单位进行一次检查,并用不同的醒目颜色制作成牌匾进行展示,引导消费者进行选择食品安全条件较好的餐饮场地,消费者也可以扫描餐饮许可证上的二维码对餐厅场地的卫生情况进行了解。国家卫生局根据每年评定的等级确定检查频率,对每次表现较差的餐厅会格外留意加并加强检验力度,其中A和B档的餐厅每年需要四次检查,而后者一年至少有8次检查。现如今新加坡已有超过八成的餐厅达到了B(良)的档次。在检查过程中,若发现餐馆业主售卖食品卫生和安全未达到标准,最高可处5 000新币的罚款,如有屡次再犯可判处以最高罚款1万新币,或判处监禁。

4. 采取违法扣分处罚,做到日常警示监督作用

新加坡从20世纪80年代末期开始采用违规计分制度,并对违法扣分行为归三档,A类为严重违规,B类为普通违规,C类为轻微违规,分别处以扣6分,扣4分和扣2分的处罚。A类违规包括售卖不洁、受污染食物,出现蟑螂、老鼠等七个方面;B类违规包括存储食物不当,使用肮脏餐具等25个方面;C类违规包括违规扩建摊位,未使用垃圾袋处理垃圾,未明显放置经营许可证三个方面。该扣分处罚方式可以类比驾照:首次在一年内违规达12分或以上,会处以强制餐饮单位停止营业2周;在第一次停止营业后的一年内再犯规累计12分或以上将停止营业4周;第三次在一年内违规12分或以上,将吊销餐饮单位许可执照。这种扣分惩罚机制也起到了一定的约束商家合理合规经营的作用。

3.5.1.2 新加坡的食品安全法律体系

除了政府对于食品商贩的监管措施,法律法规的完善对于促进食品安

全工作的进展也起到了重要的作用。新加坡的食品安全法律制度主要是《食品销售法》(Sale of Food Act)和《环境公共卫生法》(Environment Public Health Act)。

《食品销售法》作为新加坡食品安全的主法,于1973年根据第12号法律制定,并在1985年、2002年、2005年进行了修订。该法律的立法宗旨是"确保食品纯洁而有益于健康,确定此种标准避免销售处置和使用有害于或者危及健康的食品法律"。在2002年,该法律的附属条例《食品规则》《食品销售餐饮店条例》《食品销售刑罚条例》出台,两年后又相继出台了《食品销售餐饮店条例》《食品销售费用条例》。该法律和五个附属条例涵盖了尽可能全的食品销售范围,致力于确保食物的健康性和安全性,从而保证消费者的健康和利益不受到侵害。

其中《环境公共卫生法》根据第14号法令在1987年制定,由新加坡国家环境厅环境卫生局负责执行,共12章112条和4个附件,该法律旨在加强公共环境卫生和相关事宜。作为一部管理国家公共环境卫生的综合性法律,《环境公共卫生法》对具体食品以及商贩在市场上行为做出了一定的约束,给出了严格的市场准入体制,在管理餐饮商贩登记注册方面进行强化,并通过宣传制度提升餐饮业主题的安全责任意识,加强了消费环节的食品安全的保障。例如,在《环境公共卫生(食品卫生)条例》有规定要求所有商贩卖家注射伤寒预防针,同时年龄在45岁以上的商户必须排除结核病的隐患才可以经营。

3.5.1.3　新加坡食品安全的多方协助和宣传教育工作

除了行政管控和立法层约束这两点"直接"的管理方式之外,新加坡在关于对于食品安全这方面也广开言路,打通多种反映渠道,并提高宣传警示,做到自下而上的促进食品安全防范工作的展开。

在当前的网络信息媒体时代,新加坡更加主动地去承担收集食品安全信息的职责工作并将其置于更高的战略位置。政府赋予了民众更多的信息知情权,而不是让政府部门主导信息传播权利,让原有单一的信息传播方式改变成让民众掌握发言权并监督政府。新加坡政府在网络上接受民众对于食品安全的投诉后会第一时间联系相关部门处理并向相关的结果反馈给民众,若在一定时间内没有及时处理,相关部门会受到监管部门的问责。

除了使用网络媒体手段拓宽反映渠道,提高解决问题的效率之外,新加坡社会组织开展各种食品安全的宣传工作,在多个节假日,多种公共场合进行开展教育活动,同时积极组织餐饮工作者的培训工作。自2001年开始,环境局要求从业人员要进行基本的食品卫生课程培训,并在每个饮食从场所配备食物卫生员，社会组织这一活动提供良性互动渠道，减轻政府培训压力。新加坡行业协会主要推动企业内部的相互监督和做检查，并在疫情防护阶段起到了重要的防护和监管作用。社会组织、行业协会两者协作共同促进了食品安全宣传管理。

除此之外，加强基层民众的食品安全意识对于保障食品安全也起到至关重要的作用，从 2003 年开始，新加坡每年定期举办食品安全活动日，并使用多种通俗易懂的形式对于重要的食品安全知识进行展览宣传。例如新加坡推出“食品安全巴士”这一新型移动展厅，使用互动的方式教导公众如何正确地处理食物。体现了监管政府部门尝试使用多种方式促进食品安全知识深入人心的决心。

3.5.2　加拿大的食品安全治理模式

加拿大人口 4 000 多万（截至 2023 年底），地广人稀，农业资源堪称除石油之外的加拿大经济支柱。而加拿大人始终把食品安全放在国家信仰的高度，任何生鲜食品的外包装上如果印刷了加拿大枫叶，就是对品质的最高保障。根据英国《经济学人》杂志发布的《全球食品安全指数》（Global Food Security Index，简称 GFSI）年度报告显示，其依据可负担性、可利用性、质量和安全性以及一个国家的自然资源可持续性和复原力等问题，使用 68 项措施对 113 个国家进行评估，评选出了全球食品安全前十名国家，加拿大整体优良，位列第七。虽然从总体来看，加拿大与我国政治体制大不相同，但在食品安全方面却存在可以借鉴之处。因此，本节将对加拿大食品安全治理模式进行梳理分析。

3.5.2.1　加拿大食品安全监管体系

联邦、省和市三级行政管理体制构成了加拿大食品的安全监管体系。在国家层面，加拿大设立了加拿大食品监督署（Canadian Food Inspection Agency，简称 CFIA）、卫生部（Health Canada，简称 HC）、加拿大边境服务局（Canada Border Services Agency，简称 CBSA）、公共卫生署（Public Health Agency of Canada，简称 PHAC）等 4 个部门负责食品安全监管，而联邦一级的主要管理机构是卫生部和农业部下属的食品检验局。

卫生部负责制定所有国内出售的食品安全及营养质量标准，以及颁布一系列相关政策，而 CFIA 的主要任务则是实施法规、标准，同时对进出口食品和预包装食品的相关法规和标准执行情况进行监督，其中 CFIA 和 HC 是最为重要的两个部门。

在地方层面上，省级食品安全监管机构负责监督和检测辖区内食品生产加工企业的食品安全。而市级食品安全监管机构则主要负责提供公共健康标准给辖区内的众多食品经营者，并按要求对标准的执行情况予以监督。

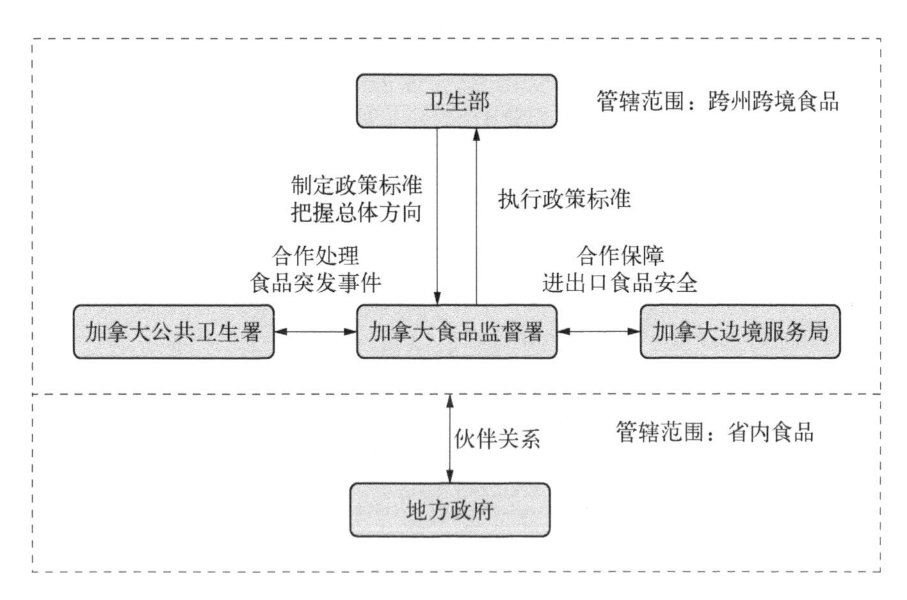

图3－5　加拿大“综合性”食品监管模式

3.5.2.2　加拿大食品安全治理举措

1. 注重进口食品安全，构建国际合作关系

为了促进各国之间的食品贸易往来，加拿大积极与国外政府和组织建立合作伙伴关系。不仅推出《加拿大安全食品法》和相关法律条例，加强对进口药品的监管，还将国际合作纳入了《2012—2016战略计划》和《食品和营养监管现代化战略》等食品安全战略中。在实施层面上，加拿大倡导建立多方信息交流平台，推广食品安全知识和科学方法，积极举办各种研讨会议，签署科学共享谅解备忘录等。例如，加拿大食品检验署（CFIA）与法国国家卫生组织于2011年共同签署了科学共享谅解备忘录，从而推动了两国实验室科学风险评估等方面的合作。通过这些信息研讨会以及跨国交流，加拿大更深入地认识到国外进口食品可能存在的风险，并使其他国家对加拿大的食品体系有了新的认知。

2. 实施专职培训，建立食品安全检查员制度体系

食品检查是保障食品安全的重要监管手段之一。加拿大在食品检查员制度体系上具有独特之处，专职食品检查员就是加拿大食品检验署（CFIA）最核心的工作执行者，在工作中主要负责执行食品抽样计划，监督检查食品生产企业，接收消费者投诉和举报，参与食品违法案件的调查以及安全事件

的处理,如食品封存和召回等。加拿大高度重视食品检查员制度,不仅在法律层面对检查员的职责权限进行明确,而且在机构层面采用法定机构治理模式,对检查员所要承担的职责进行了详细划分。此外,加拿大还建立了完善的食品检查员管理和教育培养体系。新任检查员在上岗前需要经过先决条件雇员计划,完成基础课程和业务课程两个阶段的培训。对食品安全检查的多方面重视有助于加拿大在食品安全领域保持领先地位。

3. 提升风险意识,建立食品安全风险监测计划

加拿大一直以来在食品安全综合管理方面处于世界领先地位。食品检查署(CFIA)制定的食品安全监测计划主要分为化学物和微生物的污染监测,并根据需要设立了针对性的监测点,以实现对食品生产、销售、进出口等环节的全链条监测。这样一来,单一政府部门就能够完成全面的监测工作。此外,在设定监测指标时,针对不同的样品制定了相应的指标,以体现差异性和全覆盖性。从监测指标的范围来看,加拿大在2015—2016年的化学物监测计划中采用了多种选择性高通量筛选方法,不仅提高了对食品中化学物的监测覆盖率,还为风险评估数据的积累提供了技术支持。最后,在实施上述食品安全监测计划时,CFIA还会根据卫生部和国际食品安全标准对样品进行风险评估。如果发现某种食品存在潜在的健康风险,CFIA将根据具体的风险程度,可能采取额外的检查、重新采样和检测、行政公告或者食品召回等执法措施。

4. 精准追踪溯源,启动食品召回监管制度

如果存在合理理由认为食品不安全或不符合联邦法规时,加拿大食品检验署会即刻启动调查程序,以判断是否需要进行食品召回。食品召回过程包括以下五个步骤：召回程序启动情形—食物安全性调查—风险评估—召回程序—召回食品追踪监督。在进行风险评估之后,如果发现需要召回具有风险的食品,CFIA会依照程序确定食品风险级别,具体分为三级,即高风险、中风险、低和无风险。之后,CFIA还会利用网站、电子邮件、RSS订阅、移动应用程序等多种媒体途径向社会发布食品安全警告,通报食品召回情况并及时更新现有信息,以便公众发现潜在的危险。最后,在召回结束后,CFIA还将进行后续追踪工作,对企业的相关情况进行监督,以避免类似事件再次发生。

3.5.3　对中国的启示

3.5.3.1　推进国际监管合作,保障进口食品安全

据统计,截至2022年我国进口食品规模为1 390.9亿美元,同比增长

2.9%。为确保进口食品安全问题，我国虽与美国、欧盟等签订合作协议，也出台了《进出口食品安全管理办法》，但依旧存在国际食品安全标准不够统一、国际合作机制有待完善等问题。

上文提到的加拿大和新加坡两个国家，都在进口食品管理方面做了比较严苛的标准制定和要求。在国内为尽力规避各类隐患，一方面，可以借鉴新加坡的审核模式建立完备的国外食品安全系统评估框架并定期对其进行审查、评估并定期实行食品安全的检测。另一方面，通过借鉴加拿大的方式，构建合作委员会监督合作计划的实施，促进食品安全信息的跨境共享和交流，尽早发现、预警、控制、处理国际食品可能出现的安全问题，进而保障消费者的食品安全健康问题。

3.5.3.2　拓宽召回主体范畴，完善食品安全风险评估系统

根据我国的《食品安全法》和《食品召回管理办法》，目前进行食品召回的主体主要包括食品生产者、食品经营者及县级以上食品监督管理部门。然而，在现实生活中，由于召回代价大的影响，少有企业主动召回食品。而加拿大的召回主体是十分多元的，日常消费者的投诉媒体相关报道都可以启动召回程序。因此，我国可以进一步拓宽召回主体范畴，制定便利召回启动程序，多角度保障消费者权益。

针对召回程序，在新加坡，农粮兽医局可以根据专门的产品图片对于一些未注明成分的食品登记通知并要求召回，设有“拒不召回不安全食品罪”，对于拒不召回的企业可处以永久吊销执照等处罚；在加拿大，食品召回警告制度是其一大特色，主要方法是通过对食品安全风险划分等级以确定后续的应对策略。

综上，我国可以借鉴学习新加坡、加拿大的经验，在过去经验与数据的基础上，进行生物学、食品学和统计学综合分析研判，依据结果将不同类别的食品特性划分为不同层级的风险因子和风险等级，视具体类别投入相应资源，从而进一步补足食品安全评估体系，同时加强对于召回食物的法律强度和惩罚力度，从法律层面加强食物企业对于食品的规范化标注和标准化处理。

3.5.3.3　建立人才储备系统，优化职业化检查队伍

食品安全管理是一个综合性较强的领域，涉及多个学科。它不仅需要了解食品质量安全的相关法律法规、安全标准、安全认证等知识，还需要掌握食品检验方面的基本知识技能。对于检查人员，我国应当建立食品检查员职业标准，严格人员资格准入和日常管理。同时，建立长期稳定的培训计划和一致的课程体系，明确培训所要求的目标、内容、考核要素等重点内容，

并不定期对现有师资进行统一培训，以确保检查员接受的培训质量。当然，更需与院校合作不断扩大食品安全相关专业人才数量，有计划、有重点地补足食品安全监管人才数量，提升食品安全监管综合化能力。

3.5.3.4 重视多方协同治理，发挥社会舆论监管作用

食品安全治理的主体复杂且多元化，从政府监管、立法、执法等部门，到各种相关企业、新闻媒体、社会组织、社区以及普通公民。应该在落实政府的监管责任的基础上，促进多方治理主体协同合作。中国可以借鉴学习新加坡的食品安全管理系统结构，多方个体贯穿食品销售生产全过程。政府主导监管和执法过程，普通消费者消费监督并做到主动反馈给相关政府监管部门，同时积极学习食品安全知识，新闻媒体参与曝光违法行为，社会组织和社区应该起到积极组织宣传开展宣传活动的作用，相关食品行业应该加强自身企业建设和食品检测，通过互相监督使相关行业保持整体的食品安全水准。做到从源头治理，在监管过程中治理。

3.6 本章小结

本章主题为中外食品安全治理经验的比较，首先对各国间的食品安全法律进行了对比，并进一步剖析了我国现有法律存在的不足之处，并提出我国还需进一步建立健全食品安全法律法规体系，完善智慧监管方式。其次，分析了国际标准，以及美国、欧盟等食品安全标准设立的基本原则及特点，并介绍了我国现行食品安全标准体系及相关内容；通过对比，发现国外众多国家大多有完整的标准体系与监管实施制度，这为我国食品安全治理提供了改进思路，在未来我们还需进一步推出多种措施，从统一食品安全标准，利用数字化手段推进食品安全标准数据库建设等角度，使我国食品安全标准建设更加完善。随着经济全球化的不断推进，食品种类呈现愈发多样化的特征，为管理带来了新的难题。在此背景下，明确食品安全治理过程中的监管主体及主要权责便显得尤为重要。因此，从政府、企业、消费者、第三方媒体等视角构建了协同治理新模式，力求以公平、合理的方式为消费者提供更安全的食品保障。最后，通过上文对众多国家法律及标准的归纳总结，举例分析了新加坡以及加拿大在食品安全治理模式的特色模式和经验，提出注重人才队伍建设、精准召回溯源、加强进口管理以及重视消费者意愿等治理举措，为我国食品安全的协同治理模式提出新的探索方向。

第4章　我国食品安全治理模式的回顾与前瞻

4.1　本章概要

溯源我国食品安全治理模式可以发现,我国真正建立食品安全治理体系是在改革开放之后。自新中国成立到20世纪80年代,我国食品因社会经济体制、食品工业技术等多方面影响是相对安全的,这一时期我国缺乏食品安全相关的法律法规,食品安全监管工作主要以行政管理为主,基本停留在事务管理的层面。随着改革开放后,市场经济发展,人民生活水平提高,食品安全也逐渐面临更多挑战,同时我国政府转变职能和善治理念的不断深化,我国食品安全治理模式从单中心治理逐渐向跨部门合作、大部门整合、协同治理发展,呈现出多元共治的局面。

本章详细回顾了改革开放之后我国食品安全治理模式,从单中心治理时期、跨部门合作时期、大部门整合时期、政府主导下的协同治理时期这四个阶段展开论述;在此基础上,根据我国食品安全现实情况,从社会总体食品安全治理、网络平台食品安全治理、新技术引发的治理模式变革等三方面提出社会总体食品安全治理的前瞻方向。

4.2　食品安全治理模式的回顾

经济不断发展的大背景下,人民生活水平不断提高,对生活的品质也更加注重,食品安全问题自然而然成为人们日益关注的热点问题。而随着食品安全事故的不断发生,消费者对食品安全的忧虑日益加剧。尽管政府对食品安全事故进行妥善处理,对食品行业进行整治管理,但食品行业仍具有较多食品质量安全隐患。在这大背景之下,更需对我国几十年食品安全治理模式变革进行回顾,结合时代背景分析各阶段各治理模式的优势与弊端,对适合我国的国情的食品安全治理模式进行探究,对未来食品安全治理模式的新发展进行预测。如图 4－1 所示。

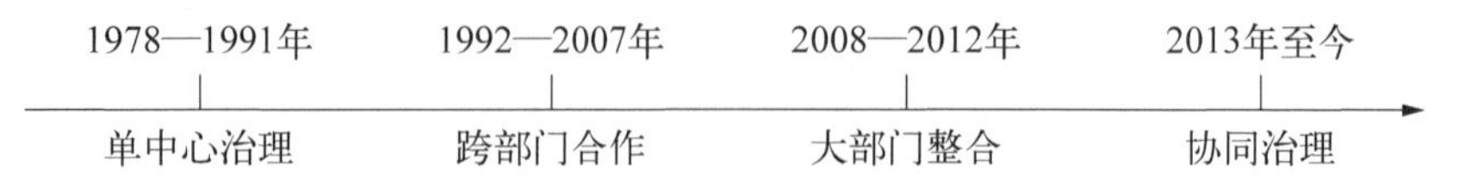

图 4－1　食品安全治理模式的变迁

4.2.1　单中心治理时期

1978—1991 年被看作食品安全治理的单中心治理时期。此时正处于改革开放初期,我国经济仍以计划经济为主,社会主义市场经济体系开始建立。在该时期,因商品经济发展水平较低,食品较多还根据票据进行分配,食品安全问题并不突出,食品造假成本也较高。因此,在社会改革开放初期阶段,我国针对食品安全的治理政策方略并不完善,更加注重食品的卫生治理与监管而非食品的质量管理,卫生部是主要的行动治理部门,负责卫生监管工作。有关食品安全治理的法律法规体系也处于建立初期,不足以支撑国家的食品安全治理。

改革开放初期,党提出将经济建设作为党和国家工作的重点。虽然计划经济背景下的国有食品经营企业仍然在行业内处于主导地位,但是食品行业由于其需求量大、成本低、门槛低等特点依然吸引了众多私营、合资、个体等的加入。并且随着经济的不断发展,人民对于食品的需求也不仅局限于满足温饱,在市场活力被不断激发的时代背景下,群众对于食品的质量开始提出更高的要求。

1983 年颁布的法案《食品安全法》中指出,卫生部仍是国家食品安全治理的主要监管部门、主要行动负责人。这也继续了 1949 年以来以单一行政部门为主要管理者的食品安全治理规定。为了在各个环节将食品安全治理落实到实处,地方政府的工商等部门协同卫生部门共同负责食品卫生监管工作。尽管卫生部门仍占据食品安全治理的主导地位,但随着中国政治经济的改革开放,其他部门的作用逐渐发挥出来,国家食品安全开始受到以卫生部为主的多个部门的协同模式的监管。

在法律体系建立方面,虽然仍不够完善,但是在该时期,跟随着改革开放的步伐,食品安全也得到了一些关注,有关食品安全治理的法律法规得到颁布与实施。《中华人民共和国食品卫生管理条例》于 1979 年由国务院颁布并在全国开始实施,这是改革开放后颁布的首个食品安全治理法律条例,开启了新时期我国加强食品安全治理力度与改善食品安全治理方式的新篇章。1983 年,《中华人民共和国食品卫生法(试行)》在全国人大常委会会议上通过并且正式颁布。这部法律是我国颁布的有关食品安全卫生的第一部专门的法律。该法律正式宣布实行食品卫生监督机制,并就食品卫生、食品添加剂卫生、禁止生产经营的产品等提出了具体的要求,同时对食品卫生管理做出了具体的指示。该试行法成为我国食品安全卫生治理走上法制化、规范化轨道的起点,为后续食品安全治理体系的完善与发展奠定一定的基础。法制建设的同时,在具体行动上,市场机制逐渐被应用到食品卫生治理上,如企业卫生等级评审制度建立,推动各企业加大对食品卫生监管力度。

该时期的食品卫生管理手段呈现了传统与现代交织的特点。食品卫生标准技术分委员会由卫生部于 1981 年成立,并委托了中国医学科学院卫生研究所制定了食品卫生标准研发五年规划,发布了包括包装材料、调味料、产品标准等 80 多项标准。同时,我国还积极参与国际事务,于 1984 年加入了国际食品法典委员会。1988 年《全国卫生防疫防治机构收费暂行办法》的发布,标志着食品检测与监督的成本由国家与消费者共同承担的开始。市场机制的蓬勃发展,使得卫生部开始利用市场机制规范企业行为,比如部分省市曾在“3.15”期间对部分企业组织抽检活动,并对不良企业进行曝光。

该时期,随着市场经济的发展,食品安全的需求不断增长,有关食品安全治理的行政部门、法律体系与治理模式不断革新,对当下都产生了一定影响。但同时,以卫生部门为主,领导多部门进行食品卫生治理的单中心治理模式对权力、职能进行了一定程度的分散,对相关工作的进行产生一定不利影响,易造成部门之间相互推卸责任的混乱局面。

4.2.2　跨部门合作时期

1992—2007 年是我国有关食品安全治理时期的跨部门合作阶段。该阶段,改革开放已进行到一定时期,改革开放成果显著,市场经济壮大,确立了社会主义市场经济体制,中国经济发展进入又一个蓬勃发展时期。以卫生部为中心的单部门的食品安全治理模式无法满足新时期食品经济的发展,跨部门合作的治理模式应运而生。

随着产业规模的扩大,食品企业的产品竞争日益激烈,食品生产经营方式的变化使得大量的新型食品不断涌现,食品行业出现了国有企业逐步减少,其他所有制企业不断增加的局面。由于食品安全卫生对经济社会发展、改革开放等影响深远,食品安全问题也随着人民生活水平的提高受到了群众的广泛重视。竞争激烈的多变的市场环境下,负责主管食品行业的部门也开始更新自身的管理模式,并尝试对管理权限进行下放。这虽然增强了食品从业人员的自主性,使得食品生产更加灵活,但也使得部分企业和部门在卫生方面疏于管理,进而造成更多的问题。一些省市的"地方保护主义"和"发展型地方主义"开始冒头,个别部门甚至将局部利益凌驾于集体利益之上,无视管理义务,甚至还扰乱食品监督部门的正常工作。面对这样的情况,政府出台了一系列打击地方保护、维护正常市场秩序的规定和措施。"改善和加强对市场的管理和监督,建立正常的市场进入、市场竞争和市场交易秩序,保证公平交易、平等竞争,保护经营者和消费者的合法权益",在1993年党的十四届三中全会被首次提出来。1997年发布的《关于卫生改革与发展的决定》也指出,需要"认真做好食品卫生、环境卫生、职业卫生、放射卫生和学校卫生工作"。

2001年,中国加入了世贸组织,这对中国食品领域带来的影响是巨大的。第一个表现为在进口食品大量涌入的刺激下,我国食品行业开始释放巨大的生产力,开始迈入全方位多层次宽领域的对外开放新阶段,显著提升了综合实力和竞争力。2007年中国食品工业的总产值已经达到32 665.8亿元,实现利税5 482亿元,其中利润2 355亿元。大米、食用植物油、小麦、方便面、啤酒等食物的产量已经位于世界前列。第二个表现在于我国的食品大量出口到海外,食品安全问题也开始具有政治意义,因为它不再仅局限于国内市场,甚至与外贸交易和外交关系都息息相关。

就该时期的食品安全治理,在经济发展的背景下,治理模式不得不顺应着时代的发展而改变。1992年,在国务院做出对轻工业部门等多个部门的撤销并提出建立起中国轻工总会的决定后,轻工业部门与食品行业等开始逐渐地分离。之后的相关部门的行政改革中,食品安全卫生的监管由原先的单一部门卫生部逐渐向其他监管部门迁移,食品安全治理的单中心治理模式开始向跨部门综合治理模式过渡。2003年,安徽阜阳的"毒奶粉"事件引起全国关注,劣质奶粉造成百余名儿童发育不良、疾病缠身甚至死亡,对当时中国国产乳业产生了巨大的不利影响。那时,刚刚成立的国家食品药品监督管理局立即对该重大食品安全事故进行调查,停止伪劣产品销售,责令涉事厂家停止生产,对相关责任人进行相应的严厉惩处。经过此事件,食品安全的重要性进一步得到相关部门、企业以及民众的重视。卫生部的监管工作逐渐分散转移,对食品安全的治理与监管主体逐渐增多,在2004年正式确立我国多部门跨越合作的食品安全治理模式,明确部门之间分工合作,加强食品安全监管。

1995 年的《中华人民共和国食品卫生法》、2004 年的《国务院关于进一步加强食品安全工作的决定》、2006 年的《中华人民共和国农产品质量安全法》等法律法案逐渐填补了该时期有关食品安全治理的法律体系的空缺,充分反映了经济快速发展带来的食品经济发展背景下食品安全的增长的需求。与此同时,在具体食品生产标准方面,我国也先后颁布相应法则,对食品安全生产标准及产品质量标准提出了具体要求,我国食品生产更加规范化与制度化,各方也更加关注食品的安全生产与质量控制。在社会的稳健发展背景下,一些食品生产企业、食品行业协会逐渐壮大,在食品安全治理中逐渐发挥特有的作用。企业也不断对自身食品生产加强管理,遵守生产准则,严守道德准线。行业协会逐步制定相应行业规范,要求食品行业各主体严格执行。

该时期,"食品安全"的理念被提出,新型的政策工具也逐渐发展并被使用。国家立法、行政执法等工作继续被卫生部门贯彻落实,科学宣传、质量认证等新兴的监督管理工具也开始逐渐走入群众的视野。食品卫生宣传教育活动在全国各地广泛开展,比如开展"全国食品卫生法宣传周"这类食品宣传教育活动。政府始终坚持发动全民参与食品卫生社会监督工作,并定期向社会公布食品卫生信息,致力于做到信息的更新及时和公开透明。截至 1998 年底,共 236 项食品卫生国家标准、227 项标准检验方法、18 项行业标准被制定并颁布,这也意味着国家食品卫生标准体系的基本建成。另外,与《食品卫生法》相关的配套规章制度被接连制定,其管理的范围包括了食品原料、包装材料、食品卫生监督处罚等各个方面。

随着市场的不断扩大和食品产业的不断发展,先前的管理模式已经不再适应复杂的监管对象。2000 年在世界卫生大会上通过的《食品安全决议》也指出,食品安全需要被列入公共卫生的优先领域。我国也据此采取行动,从农产品养殖、农副产品加工、食品的生产流通销售等整个产业链中的多个维度加强管理。该时期的监管体制发生了重大变革,国家技术监督局更名为国家质量技术监督局,原卫生部卫生检疫局、原农业部动植物检疫局和原国家进出口商品检验局组建成为国家出入境检验检疫局,原国家技术监督局和国家出入境检验检疫局合并成立了国家质量监督检验检疫总局。众多食品安全监管部门按照职能进行了合并,而这些监管体制上的改革也为后来的分段监管体制奠定了基础。

在该时期,食品安全治理模式发生较大变化,单一部门的治理模式转变为多部门合作治理模式,参与食品安全治理的主体更加多元,社会的监督作用逐渐发挥出来。一方面，经济发展带动食品经济；另一方面，食品安全重大事件给社会带来巨大冲击。食品安全治理模式必须以革新顺应发展，满足治理需求。跨部门的合作治理模式较单中心治理职能分工更加明确，监管力度更强，但仍具有职能作用分散、责任无法确切落实的弊端。

4.2.3 大部门整合时期

2008—2012 年是我国食品安全治理大部门整合时期。我国市场经济已经打下坚固基础，经济发展进入更加繁荣的阶段，食品经济市场规模也不断扩大。由于 2008 年重大食品安全事故“三聚氰胺奶粉”事件的发生，食品安全治理模式被迫快速革新，以缓解该事件对我国食品经济带来的不利影响。

2008 年 9 月，媒体报道甘肃省有十几名婴幼儿相继患有肾结石疾病，后续发现该现象蔓延全国。经调查，婴幼儿患有该病症由所食用的奶粉引起。该奶粉原料掺有化工原料——三聚氰胺，导致奶粉受到污染，引起婴幼儿疾病。继 2003 年安徽阜阳的“毒奶粉”事件，时隔五年，有关奶粉的食品重安全事故再度发生。并且，该事件相较于 2003 年的事件，涉及范围更广，劣质食品生产规模更大，受害婴幼儿更多，不利影响程度更深。为及时有效处理类似危机事件，我国对食品安全治理部门实施改革，于 2010 年成立国务院食品安全委员会，取缔了原有的多部门结构，成为更高层次的食品安全治理机构，以便进行相关议事协调，重点负责对食品安全的社会形势进行分析，统筹安排食品安全治理工作，并加强对食品安全的监督管理与责任落实。食品安全委员会以明确的目标、高效的行动对我国食品行业进行精准整治，将原有的较为分散的跨部门合作治理模式转变成相对更加集中的治理模式，各个相关部门委员会的负责人在该机构中合理分配工作职责并对食品委员会的开展负有责任。食品安全委员会吸取奶粉事件的经验教训，对有关食品安全的社会热点问题进行全方位关注与积极处理，坚决打击食品安全违法犯罪行为，坚决保障民众的食品安全健康。

以高效的行政改革手段治理食品安全的同时，法律的颁布为食品安全治理的建设添砖加瓦。《食品安全法》于 2009 年颁布，对食品的安全进行风险监测与评估，并以此为基础建立管理体系，以结果作为食品安全的标准制定的依据，对食品安全进行更加科学化的治理。同时，《关键控制点(HACCP)体系认证实施规则(试行)》开始实施，以提高 HACCP 体系的相关认证机构进行工作的规范化程度，促进食品安全的有效治理。

在该时期，迫于安全事故的重大危害性，食品安全治理模式由跨部门合作模式走向更为集中化的大部门整合模式，一定程度改善了原有模式的弊端,对食品安全治理工作的高效开展与责任落实发挥了重要作用。HACCP体系的建立与完善也成为关键性的节点,推动食品企业的自我监督与管理,并为之提供了相应的标准,发挥了指导作用。然而在食品安全监管过程中仍有职能交叉、分散监管的问题,改革对食品安全治理模式没有根本上的革新。随着社会的发展,食品安全问题依旧不断发生。我国食品安全治理模式仍需不断完善。

4.2.4　政府主导下的协同治理时期

2013 年至今是食品安全问题在政府主导下的协同治理时期。在新时代的中国特色社会主义的建设中,我国经济、政治快速发展,并逐渐强调发展质量与发展速度并行。即使国家有关食品安全治理的机构体制、政策体系不断完善,但食品安全事故仍不断上演,说明食品安全问题仍未得到妥善解决,食品安全仍未得到有效监管。我国食品安全治理模式仍需改革,以适应新时代的发展。

对于新时代的中国食品安全问题,人们逐渐意识到,食品安全不仅需要政府的监督管理,还需要社会各方共治的引导,以达到质量保证和产业发展的融合。食品安全首先是“管”出来的,同时也是“产”出来的。食品安全状况受到多个因素的影响。第一是“产”的影响,即食品安全的第一责任人是食品生产经营者。同发达国家相比,我国的产业基础还比较薄弱,且产业素质不高,作为生产者还需要加强自身的诚信意识和职业道德素养。第二是“管”的影响,产业的发展是需要以有效的监管作为支撑的。目前中国的监管体系存在着人员不足、执法成本过高等问题。在有限的监管资源条件下,主要监管仍通过静态审批而不是动态检查等手段完成的,可能难以达到令人满意的监管效果。在安全问题日益复杂的现代风险社会中,解决问题的途径从过去的政府一家“单打独斗”转变为需要消费者参与、企业自律、媒体监督等多方共同努力,只有建立起严密高效的社会共治食品安全治理体系,才能让人民吃得安心、吃得放心。

食品安全治理的主体不断增加,走向多元化。国家食品药品监督管理局于 2013 年正式更名成为国家食品药品监督管理总局,对食品生产的质量与安全进行监控与保障。同时,农业部与卫生部各司其职,负责农产品的安全生产与食品安全治理的风险检测管控与标准制定工作。以此逐渐形成“三位一体”协同治理模式。2018 年后,国家市场监督管理总局正式建立,成为国务院的直属机构,对多个管理总的职责进行整合统一,对食品安全监管以及应急体系实施建设,并针对未来相对重大的食品安全事故设置相应的应对措施。农业农村部与国家卫生健康委员会接管农业部与卫生与计划生育委员会的工作。国家机构的不断建立与革新,印证着食品安全管理模式不断发展与创新。就此,具有一定分散弊端的食品安全治理模式宣告结束,以政府主导的多元协同治理模式逐渐建立与完善。

2015 年,《食品安全法》再次修订,严格指出对食品的有关责任人的责任必须得到落实与严厉处罚。同时,《食品安全抽样检验管理办法》等规定和条例也一一由政府颁布,不断推动完善食品安全生产的监管系统,加大食品安全违法犯罪行为的打击力度,减少食品安全问题的产生。2018 年修订的《中华人民共和国食品安全法》顺应时代发展,对网络中的食品交易主体的责任如何进行明确与追究做出了具体说明,同时规定安全追溯体系每一食品生产经营者以及有关行政部门都需要建立追溯协作机制。2021 年再次修正的《食品安全法》全面加大了处罚力度,提高违法成本,严厉的法律责任、重罚治乱是其一个重大思路。力求在新法的执行之下,减少违法行为,推动食品安全化发展。《食品安全法》为新时期食品经济的发展提供了强有力的法律保护,以更严厉的法律准则与要求进行食品安全治理。除去政府主体,社会其他主体在食品安全监管中也发挥了重要作用。消费者权利意识的不断提高,有关食品安全的举报维权制度也因此建立与推广,在食品安全的监管中增加了消费者主体。同时,第三方机构、食品生产企业等主体都积极参与食品安全治理工作中。

当然,挑战也广泛存在食品安全监管工作中。构建统一、权威、专业的食品药品监管体制是改革的目标。但是对于“统一”的理解也不应仅停留在其浅层的字面含义上,“统一”不仅指的是一致的机构设置,还需要使用更加科学合理的监管手段,令监管资源得到更为充分的调动。无论是中央还是地方,都需要各个监管部门通力合作,做到综合执法。目前的监管体制依然存在一些问题,比如说基层的食药监部门机构设置不合理,导致公用经费、综合整治等协调问题依然存在。部分食药监部门人员由于深度陷入其他与食品安全监管不相关的乡镇基层管理事务中,使得政策落实存在问题。另外由于监管事权划分体系缺乏科学依据,部分乡镇监管机构不具备处理专业监管事务的能力,缺乏统筹规划和科学引领,也增加了监管人员在实践中的难度。因此后续的政策落地应该注意科学划分事权,因地制宜地进行改革,并努力保障监管人员的积极性,尤其是要关注基层一线的监管执法人员的困难和利益,只有这样才能真正做到治理的有效性。

在该时期,以政府为主导的多元协同治理模式逐渐显现,政府发挥主导与引领作用,其他主体发挥相应的辅助作用,治理职能呈现集中化的发展趋势，但仍具有多元化主体的特点。但随着时代的发展，该食品安全治理模式能否满足社会食品安全发展的需要仍是未知。因此，食品安全治理模式应当不断革新，以解决未来可能层出不穷的食品安全问题。

4.3　食品安全治理模式的前瞻

4.3.1　社会总体食品安全治理

进入 21 世纪，得益于前沿技术的迅速发展，我国进入科技发展新时代，步入数字化中国建设征程。数字化政府、数字化城市、数字化学校等，数字化生活、数字化生产制造、数字化服务等，都在数字化建设大计中。《十四五规划》对十四五时期的数字化建设做出了明确指示与部署，提出建立健全更加规范化有序化的数字发展体系①。就此，以数字化改革切入，将数字化引入食品安全治理，我国积极探索数字化背景下更高效、创新的食品安全治理模式，如食品生产智慧监控系统，利用数字化技术对食品生产全过程进行实时监管等等。顺应数字化的发展趋势，食品安全治理需改变传统观念，利用新兴技术，打造食品安全线上监管平台，形成“互联网+食品安全治理”模式。“互联网+食品安全”模式将互联网技术融入监管、服务、共治等功能模块中，提高食品监管技术手段，推动食品安全治理方式及观念从传统转向现代。同时，该模式的社会辐射面积不断扩大，加强了不同地区的信息交流，实现不同区域食品安全信息零边界、实时共享，为监管主体提供良好治理条件，促进食品安全治理更加高效、精准。

面对类似食品安全的公共事务治理，并非只有“市场派”与“政府派”两种方法。“市场派”给予市场最大自由而反对政府的干预，“政府派”在事务管理中进行主导与控制而不愿放任市场。但二者均存在致命缺陷，前者易导致市场出现市场调节失灵的混乱局面，后者决策不当会降低市场运行效率而无法满足发展需求等。因此，在食品安全治理中，需要“市场派”与“政府派”相结合，采取“多中心理论”。公共事务的治理，需要充分发挥多元主体协同合作的作用，包括政府、市场、社会等，从而单一主体治理模式的弊端才能够得到避免，治理模式的作用得以体现。而食品安全的治理模式中，需

---

① 中华人民共和国国务院.中华人民共和国国民经济和社会发展第十四个五年规划和 2035 年远景目标纲要[M].北京：人民出版社，2021.

要有政府、企业、第三方机构、消费者、社会媒体等诸多利益主体共同参与治理,加强对食品安全的监管,多元协同,相辅相成,高效治理。在食品安全治理中,市场主体受利益驱使有可能使得食品生产质量安全不达标,产生食品安全问题。政府决策实施不到位,政策存在不足也有可能导致食品安全得不到监管,食品行业局面混乱。因此,为避免食品安全单独主体治理中存在的市场调节与政府管控失灵的情况,需从单独主体治理向多中心治理理论观念转变,建立起多元协同食品安全治理模式,其中政府发挥引领作用。同时,随着消费者对切身利益的更加重视,其对食品质量安全也更加重视。在多元治理模式中,消费者对食品安全治理的参与提高了消费者对政府及其他主体的信任,只有各方团结一心,才能建立起高效完善的多中心食品安全治理模式。

在新的发展时期,采取新的治理模式。数字化、互联网与食品安全治理的结合,顺应了数字化建设的发展要求与趋势。多中心治理建立在几十年食品安全治理的经验与教训的基础上,能够满足新时代的发展需求。因此,数字化多中心食品安全治理模式产生于时代不断进步的需求中,将有效服务于未来复杂多变的社会食品行业。

4.3.2　网络平台食品安全治理

互联网的发展及线上支付技术的应用,网络食品交易不断增长,包括网络食品零售与餐饮外卖,现已成为食品行业重要组成部分,为食品经济发展带来巨大影响,同时也带来巨大就业机会。网络食品行业的快速发展也引起政府、消费者等主体对网络食品安全的高度关注。自网络平台食品交易不断扩大销售规模,网络平台的食品安全治理也成了一个难题。由于网络平台对食物展示的局限性以及互联网具有一定的欺骗性,网络平台的事物的生产环境是否卫生具有不确定性,食物是否安全健康也具有不确定性,因此消费者在消费时需要承担较大的风险。尽管相关监管政策不断发布并且政府也在加大监管力度,网络平台食品安全事故依然频频发生,对现有的经济秩序产生了一定程度的干扰影响,同时对消费者的合法权益具有一定程度的威胁。

发展永不停息。关于网络平台食品安全治理模式的创新以适应新时期网络食品行业的发展也具有一定的迫切性。传统的政府对网络食品安全单一的监管方式已不能满足现有网络食品安全治理的需要,需要有网络平台参与政府监管的模式已成为网络平台食品安全治理模式发展的主要方向。而网络食品经济中主体众多,食品企业或商家、消费者、行业协会及新媒体等都需要积极参与网络食品安全治理的工作。在网络平台食品安全的治理中,食品企业、平台不仅是需要被监管的主体,同时也扮演着食品安全监管主体的重要角色。因此,网络平台食品安全治理逐渐形成多元协同、共同监督、长效治理的模式。各方进行信息交流与共享,主要协调政府、网络平台与食品企业三方利益,提高政府监管效率,促进平台主动监管,激励企业自我监管意愿,以保障网络食品安全,维护消费者权益。作为协同治理模式中重要主体,政府需转变职能,强化监管相关职能针对性,积极建立与平台信息共享桥梁以及对网络食品企业的信用评估、风险预警等系统,并利用前沿技术如大数据、物联网、云计算及人工智能等对网络平台食品安全进行智能的数字化的精准、动态的监管,实现对网络平台食品安全的有效监管。

综上,对党的十九大提出的“打造共建共治共享的社会治理格局”的号召做出积极响应,不断建立健全网络平台食品安全治理法律体系与机制保障,完善各方责任界定机制,利用科学技术,形成数字化社会多元共治模式,是网络平台食品安全治理模式的发展走向。

4.3.3　新技术引发的治理模式变革

新一轮科技革命和产业变革的推进,加快了我国社会治理的转变,由国家一元管理向多元社会主体共建共治共享。党的十九大报告提出,“推动互联网、大数据、人工智能和实体经济深度融合”。随着云计算、大数据、物联网、人工智能等技术的蓬勃发展,新兴技术与餐饮融合推动了食品生产、销售新业态的产生与发展,也给我国的食品安全治理既提供了新的思路,同时也带来了新的挑战。

在之前,根据我国食品安全保障体系曾提出通过发展危险性评估技术和建立食品污染监控计划,建立和完善食品监管机制,开展研发新技术、新工艺,从而提高食品保障体系中的预警技术和危险性评估能力。在当前数字化背景之下,各种新技术应运而生,例如目前基于区块链技术的食品安全追溯系统,就是在政府、企业、消费者之间打破信息不对称的影响,建立一种去中心化的风险管控模式,可以让政府、企业、消费者等社会多方监督力量有机结合在一起,实现新形势下的多元共治、协同安全监管。一旦发生任何问题,可以及时进行源头追踪,找到问题所在,对症下药解决问题。

从政府角度来讲,信息技术的提升为政务服务和社会治理提供了一些新的思路,智能化治理成了新的方向。从社会角度来说,随着先进技术的发展,公众通过线上线下相结合的方式参与社会治理的可能性逐渐增大,带来了新的变化。近年来,除了网络订餐之外,类似于无人售卖机等智能设备的流行使得食品行业出现了新业态，目前总共有五种类型：体验型（让消费者了解制作全过程）、快捷型（无人售货机）、分享型（共享餐厅）、外卖型、综合型，它们完美结合了互联网新技术的优势，同时对监管模式也提出了新的挑战，更要求在此等条件之下，合理利用大数据技术进行新的开发。当出现食品质量不过关、运输途中被污染等食品安全问题时，更要求全社会专业化的分工以及部门协作，及时共享数据，进行综合研判，推动高新技术与社会治理的有机结合，提高社会综合治理水平。

当然，我们目前对于此类新模式的监管机制以及法律制度还不够完善，更要加快建立网络综合治理体系，推进依法治网。面对当前因虚拟社会所带来的一些负面效应，必须要通过网络这类虚拟方式来进行管理，通过完善网络综合治理体系，合法、高效、综合治网管网。并不断地健全网络配套法律和制度，通过进一步完善、优化的食品安全管理体系来推进技术和设备升级，提升消费者的餐饮服务消费体验，同时确保消费者的知情权和监督权。

4.4　本章小结

本章主要对我国食品安全治理模式进行回顾。结合时代发展背景，分析改革开放之后我国从单中心治理、跨部门合作、大部门整合到政府主导下的协同治理时期等不同食品安全治理模式的实施特点以及其优势与弊端。在此基础上，提出了社会总体食品安全治理的前瞻方向，形成社会总体食品安全治理并完善数字化多中心食品安全治理模式。同时，构建网络平台食品安全治理法律体系与保障机制，充分利用新一代信息技术，加快建立网络综合治理体系，不断完善监管机制，为消费者带来全新的服务体验。

第 5 章　数字化改革背景下的食品安全治理

5.1　本 章 概 要

2017 年《"十三五"国家食品安全规划》中明确指出，要利用"互联网+"、大数据等对食品安全进行在线智慧监管，强化食品安全的全过程监管，严格落实食品药品的生产、经营、使用、检测、监管等各个环节的安全责任，使广大群众能够安心消费食品药品。如今互联网便利了我们购买食品药品的方式，通过手指点一点就能够让外卖员将食品、商品送到我们手中，那么我们能否利用这些新兴技术来减少网络食品安全隐患呢?

本章将从数字化转型的现状、推动主体、现实意义等方面系统探讨数字化食品安全监管的实施过程。推动食品安全进行数字化转型，离不开数字化技术的发展和运用。本章还将结合实际案例梳理区块链、大数据、物联网以及在线直播等新兴技术在食品安全领域的应用。并提出食品安全溯源框架，以大数据、区块链和物联网等技术架构为核心，以网络食品供应链为基础，体现网络食品安全追踪与溯源的科学体系结构。

5.2　食品安全的数字化转型

5.2.1　数字化转型的推进现状

2020 年 10 月 29 日，《中共中央关于制定国民经济和社会发展第十四个五年规划和二〇三五年远景目标纲要》发布，作为国家新征程的第一个五年计划，该纲要在市场监管以及数字化改革方面提出要求：健全市场体系基础制度，坚持平等准入、公正监管、开放有序、诚信守法，形成高效规范、公平竞争的国内统一市场；加大数字经济的投入，推进数字产业化和产业数字化，推动数字经济和实体经济的深度融合，打造具有国际竞争力的数字产业集群。2021年6月8日，上海发布《上海市市场监管现代化“十四五”规划》，提出了进一步完善市场监管机制的期望：统筹完成信息化系统架构，建成市、区两级事中事后综合监管平台，推动市场监管由信息化向数字化转型。因此可见，从中央政府到各地方政府都在积极地推动市场监管体系向数字化时代转型。

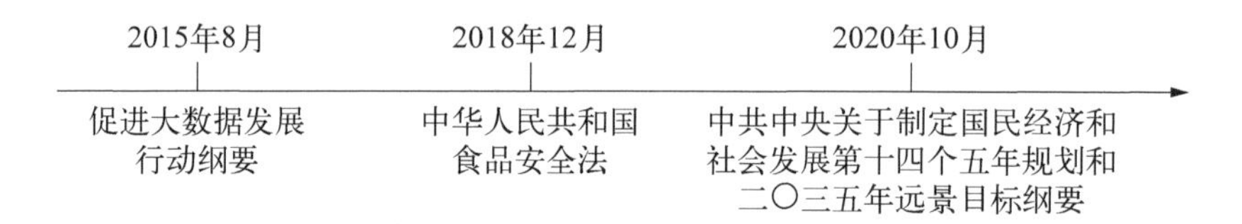

图 5-1　数字化转型的推进

同时，2020 年以来，新冠肺炎疫情的肆虐，迅速改变了全世界人民日常工作和生活的方式，并且至今疫情仍是笼罩全世界的阴影，如何在后疫情时代把握机会推动数字化改革，是政府和企业需要考虑的问题。一方面，我们可以发现政府为了应对疫情危机而推动自身的数字化转型的进程。行程码、健康码等数字技术的开发应用不仅在防控抗疫方面起到了关键作用，也对简化政府工作流程、提高服务效率发挥指导作用。另一方面，受疫情的影响，线下餐饮店的运营受阻，外卖和网上购物等线上购物形式对人民日常生活产生越来越多的影响。但是由于缺乏一套完善的线上食品质量安全监管体系以及原有的食品监管机制存在不足，政府和市场难以保证人民在后疫情时代的饮食安全。

2022 年央视的“315 晚会”揭露了许多享誉全国的企业存在严重的食品安全问题，例如老坛酸菜中的小料包中的酸菜采用“土坑酸菜”的方法制作，工人光脚踩在酸菜上，并且直接把烟头扔在酸菜上，同时企业从来不对酸菜的卫生指标进行检查并且还会加入超额的防腐剂。据推测，夏天酸菜中的防腐剂含量一般超标两到十倍。作为禹州名特产的红薯粉丝不仅生产车间简陋、生产环境脏乱、工人的服装要求不达标，并且采用木薯粉、玉米淀粉生产红薯粉丝，存在严重食品质量问题的同时，还有欺瞒消费者的行为，严重危害了消费者的利益。“315 晚会”揭示了如今全国食品企业普遍存在质量不达标的问题和现象，也在一定程度上向我们展示了数字化方法对食品市场质量监管方面的积极作用。

推动食品安全进行数字化转型，离不开数字技术的发展和运用。区块链、大数据技术、物联网技术以及在线直播等数字技术在多个领域已经得到普遍应用,并且已经有一些经济发达地区将这些数字技术运用到食品安全方面,并取得了不错的成果。

5.2.2　推行食品安全数字化转型的主要力量

上海市食品监管部门根据《上海市食品安全条例》的要求积极推动区块链技术在食品领域的应用,推进"食安上码"行动,追溯食品原材料源头以及落实进货查验记录制度,并且将食品安全码信息展示给广大消费者,不仅更好地保证了食品质量安全,而且还保障了群众对于食品质量信息的知情权。相较于原有的"食品安全监督信息公示栏",食安码在原有监察信息的基础上,增加了原材料公示溯源、餐厨废弃油脂回收数据、相关人员信息等内容并且可以及时地更新信息的动态变化。在这套数据信息系统的广泛使用后,消费者可以直接通过"微信""QQ"等常用的智能 APP 上的"扫一扫"功能扫描食品安全码后,就可以快速获取该食品的历史信息以及食品原料、企业食品质量标准变化的动态信息,使得消费者能够更方便、更直观地获取食品的质量信息和安全状况,同时也进一步推进社会共治的目标的实现。

并且,越来越多地区的食品监管局结合如今江浙沪推行的"食安封签"工作,将食品安全码应用到外卖签上,一方面约束外卖商家向着正规化和标准化改革,另一方面也为外卖消费者提供了一个获取商家食品质量信息的途径,让消费者吃得放心。消费者可以通过食品安全码可以对该商家、食品进行评论评价,这些信息不仅可以共享给其他消费者,政府也可以根据这些信息对更有可能存在质量安全问题的商家进行针对性检查监督,推动食品商家企业履行社会责任,主动接受社会监督。"食安上码"工作的推进,标志着食品安全监管体系从单纯地政府监督抽查向多维的社会共同监督治理转变,信息传递公布方式从传统的线下证件证明向线上信息动态变化溯源升级,真正地实现"一码在手,信息全有"的设想,保障消费者的食品安全,提高消费者的饮食满意度。

浙江岱山县将物联网技术和大数据信息系统技术结合,建设食品安全远程智慧监管体系。以农村家宴放心厨房建设作为出发点,根据县市监局联合多科所进行专业指导,对放心厨房的选址、基础设施布局以及管理制度等方面的建设提出多种可行设计方案,少走弯路并且减少建设中的浪费,同时还结合教育部门,对多家学校食堂开展"阳光厨房"的智能建设,将原有的一般封闭式厨房进行后厨可视化更新改进,实现食品制作现场"可感知、可监控、可识别、可抓拍、可示警"的五可共进,实现了校园食品安全管理的智能化和标准化。阳光厨房的建设进一步推动了食品监管、食品安全朝着"数据集成,一网共享"的方向前进。

同时，上海市政府在《上海市建设市民满意的食品安全城市行动方案》也提出了采用物联网技术进一步规范基层食品质量安全监管建设的想法：基层市场监管所全覆盖、标准化配备基本执法装备，并充分利用技术手段来加强监管，例如现场监管执法记录仪、移动执法、远程视频监控等。上海市场监管局对企业工厂集中食堂、农村会所以及校园教育机构食堂启动远程食品监控项目，搭建专用网络，借助视频监控终端，通过电脑、手机等智能设备远程查看食品生产视频，并可将视频记录存储以方便未来需要时重新观看。在第一期项目实施中，上海食品监管相关部门通过视频监控发现部分商家存在食品安全隐患并纠正566项次，发现食品安全问题并立案处罚15户次，相较于原来的商家抽样调查，通过视频远程监控的监管方式明显提高了监管效率。同时，能够及时检查到问题，当商家、食堂发生可能的食品安全问题时，通过回溯处理食品加工处理录像回放，也能为食品质量安全案件的查办提供了第一手强有力的证据。并且在第二期项目的启动后，在原有的监管平台的基础上，还结合人工智能、数据挖掘等数字化技术建立智能化可视化监管平台，实现智能AI自动识别食品操作现场的违规行为，实行截图存储入档，并自动根据相关制度对相关人员进行警告惩处，在一定程度上减小了员工人工检查视频和录像的低效监督行为的影响，使得监督查处更为高效。通过物联网等技术实现的远程视频监控，使得监督查处行为不受时间、空间等因素的限制，同时也解放了监管人员的劳动力，能够更合理地配置人力资源，对食品加工操作全过程进行记录监控，相对于抽查，可以更全面地发现问题及隐患，减少盲区。

2015年，国务院发布的《促进大数据发展行动纲要》特别指出，为了推动进行数据的汇聚整合与关联分析，提高食品安全等领域监管和服务的针对性、有效性。2017年，前瞻产业研究院发布的《中国食品安全大数据行业发展前景与应用市场战略分析报告》统计数据显示，从2014年到2017年中国食品安全大数据行业市场规模迅速增长，到2017年，大数据行业在食品安全领域的市场规模达到了约14亿元。因此可见，目前大数据技术已经在食品安全领域的方方面面得到了广泛的应用，从食品的生产、加工、运输、包装、储存乃至食品最后送上消费者的餐桌，通过大数据技术我们可以实现对食品整个流程的全面监督监控，同时大数据技术也可以在食品安全分析过程中对风险分析、评估乃至管理提供建议。

利用手机、电脑等智能终端，也可以更方便市场监管人员和食品加工操作人员的培训考核。《中华人民共和国食品安全法》第一章第10条规定："各级人民政府应当加强食品安全的宣传教育，普及食品安全知识，鼓励社会组织、基层群众性自治组织、食品生产经营者开展食品安全法律、法规以及食品安全标准和知识的普及工作。”此后,各地地方政府也结合当地实际情况推出了最低培训时间、线下抽查考核等从业人员培训考核制度。但是,受新冠肺炎疫情影响,线下考核难以稳定进行,而疫情形势下对食品安全又提出了更高的要求,因此推动人员考核向线上、数字化发展是时代的必然趋势。同时,线上考核的方式也有利于掌握整体区域人员相关知识的实际掌握情况,排除了原有的线下培训考核造成的培训滞后、学习碎片化等问题。并且通过第三方学习平台为相关人员提供学习途径,可以让培训和考察突破时间和空间的限制,从业人员可以随时随地地对相关问题进行系统化地学习和复习,并且平台可以及时更新新的制度和学习内容,使得相关人员能够更迅速地获得相关信息。

除了政府外,不少企业也意识到了后疫情时期的食品商家面临的机遇和挑战,并采取了相对应的措施,根据相关行业的统计数据显示,受新冠肺炎疫情的影响,很多商家的线下门店数量都有相当程度的下降,甚至有部分商家的下降速度是近年来的最高水平,取而代之的是线上门店和进口冷链食品的份额持续上升,如何加强冷链食品和线上食品安全监管是如今食品生产经营者所面临的问题。阿里本地生活副总裁王培宇在《网络餐饮食品安全数智化实践》中提到要充分利用平台大数据、云计算、新技术等优势,打造精准、高效、闭环、有温度的“数字食安管理体系”,建立智能食安风险感知能力、基于大数据监测的商户食安档案和管控机制,在行业内首推透明餐厅。

5.2.3　实现数字化食品安全监管的意义

食品安全监督是一个长期的动态行为,从食品原材料的来源到食品的加工生产乃至最后送至消费者的手上,只要一个阶段出现问题,最后都会导致食品质量难以达标,这也为传统的食品安全监管提出了挑战,而食品安全监管体系进行数字化转型后,食品监管从传统的单方政府监督转向多方共同监督,这对多个社会主体都有意义。

对于消费者来说,数字化的市场监管体系使得消费者也能方便地获取商家食品质量的相关信息,并可以根据这些食品质量信息选择是否购买商品,让消费者吃的放心,同时,消费者也可以根据自己对购买后的商品的实际体验进行评论,并分享给其他消费者和相关监督部门,为其他消费者和监察部门的决定提供意见,达到社会共治的目标。

对于食品生产经营者来说,一个更加全面的市场监管体系会督促他们推行标准化生产,而不是为了蝇头小利而欺瞒乃至伤害消费者。保证食品安全,离不开食品生产经营者的努力,这要求企业主动承担相应的社会责任,加强完善企业内部的管理制度，落实食品质量底线，不断提高自身的食品安全要求，定期开展食品安全自查行动，及时发现并处理食品安全隐患和问题。

对于市场监管部门乃至社会管理的角度上来说，食品安全监管的数字化转型使得监管形势从传统的线下单一监督方式，完全依靠相关部门进行上门抽查对食品安全情况进行检验，转移到数字化模式下多维度、多视角的监督模式，使得对食品质量的监督超越了时间和空间的束缚，再进一步结合区块链、大数据分析和物联网技术，真正地实现了有针对性地、不间断地实时监督，确保了食品质量的真实可控。同时，消费者在数字化食品安全监管模式下起到了监督治理的作用，这也符合我国一向坚持的人民当家做主的政治理念，也响应了近年来消费者对于食品安全愈发高涨的关注热情，达到了人人参与、全民共治的目标，也有利于重拾消费者对于我国食品质量的信心。

5.3　新兴技术在食品安全领域的应用

中国工程院院士陈君石表示，随着大数据、人工智能、物联网、区块链等技术地发展，人们的认知范围正不断得到刷新，而这些技术必将成为政府监管、企业内控和社会监督的重要工具，从而推动整个食品行业的升级和发展①。当前我国消费者对食品安全的信任度较差，而区块链等技术在向消费者传递正确信息的方面具有很大优势，通过这类新兴技术可以来增强消费者对食品供应的信心，提升消费者对食品安全的认识，传递正确的食品安全信息和理念。

5.3.1　区块链技术

我国食品安全监管涉及多个执法主体，包括监督、工商、卫生等，采取“一个监管环节由一个部门监管”的原则，这种“分段监管为主，品种监管为辅”的方式。由于多个监管主体的分段监管方式，会在出现食品安全问题时，存在职责不清、管理重叠等等状况，各个部门也存在信息不对称的问题。因此在出现食品安全问题时，难以溯源。从源头解决问题，可溯源是食品安全品质保障的一个有力手段，而区块链技术所具有追溯源头的功能能够进一步提高食品安全的可追溯性和食品供应链的透明度。

对于消费者来说，区块链上储存的信息是完全透明公开的，在对食品的

① 人民网.陈君石：科技创新驱动健康食品产业发展[EB/OL].[2024-02-27].https://baijiahao.baidu.com/s?id=1792046673977858960&wfr=spider&for=pc.

产地、运输、检测等环节进行记录，当消费者在购买这些物品时这些信息就能够被消费者所获取，并且区块链还拥有去中心化和不可篡改的特性，能够保障信息在记录时的准确性。对于政府来说，通过区块链，各监管主体部门也能够避免信息不对称的状况，实现数据共享，减少监管难度和成本，对食品从生产到销售的全过程进行追踪。对于企业来说，区块链溯源能够对食品进行全程溯源，记录生产工序、流通行为以及销售情况，能够完整地生成端对端流通建立，为企业积累生产过程大数据，提供科学的决策依据，提升企业竞争力。Tian(2017)构建了一个基于 HACCP、区块链和物联网和食品供应链的实时追溯系统，从区块链和分布式数据库的角度寻找解决方案，为食品供应链成员提供一个开放、透明、中立、可靠安全的信息平台，让食品从“农场到餐桌”的可追溯性成为现实，重建公众食品供应链的信心。Nir(2019)指出区块链系统能够提高食品供应链透明度并且能够完善问责制，商家能够通过区块链大大提高顾客忠诚度和销售量，在遇到食品危机时也能及时处理，因此区块链系统以追踪食品的全球经济和健康效益非常高。事实上，区块链已经被应用于食品安全溯源中，法国零售巨头家乐福将区块链应用于生鲜产品的溯源上，顾客能够通过扫码来追溯该食品从农场到超市的全过程，并且明显提高了产品的销售量。图 5－2 为区块链在外卖食品供应链中的应用。

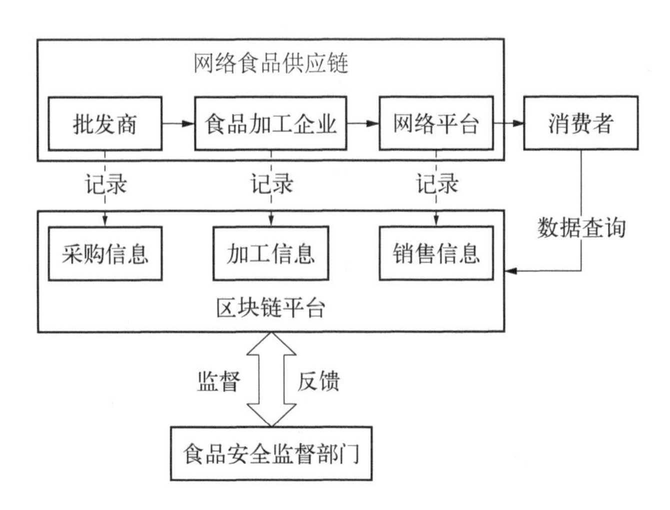

图 5－2　区块链在网络食品供应链中的应用

5.3.2　大数据技术

在互联网时代，大数据技术应用于我们生活中的各个领域，食品产业中所涉及的主体数量之多、涉及领域之广、生产环节之多、从业人员之杂，与其他产业形成鲜明对比，也导致其产品信息呈现指数增长态势，数据纷繁复杂，但传统食品产业对海量的数据无法消化，往往导致漏洞频出，问题多发。根据我国《网络餐饮服务食品安全监督管理办法》中的规定，入网餐饮服务经营者必须具有实体店和食品经营许可证，第三方平台必须对入网经营者的许可证、实体店地址等信息进行审查。中国科学院李国杰院士提出当前大数据研究应该要与国计民生紧密相关，将大数据应用于科学决策、金融工程、环境与社会管理、应急管理（如食品安全与疾病防治）等相关领域。Marvin 等（2017）指出通过大数据来处理食品安全问题已经成为一种不可逆的趋势，政府应该发布相关政策来提高大数据技术在食品安全领域的应用，重视社交媒体对食品安全问题预警的作用。大数据在网络食品安全领域的应用也早有实践，美团、百度外卖等第三方平台来利用大数据加强对线上商家的审核，例如美团的“天网”系统，将入网的商户信息录入食品安全档案系统，与各地食品监管部门的监管数据进行对接。在商家想要入驻平台时，通过大数据能够很快地实现信息审核，了解商家的从业资质、违法情况等等，还能对消费者的评价进行大数据分析，了解食品安全整体趋势，在面对突发安全事故时能够及时预见，有效地提升政府的监管效率。

随着食品安全监管步入了大数据的时代，在大量的食品安全数据上，我们的监管方式也往智能化方向发展。2021 年 3 月 15 日，“浙食链”系统正式上线运行，浙江省食品安全进入了全程监管的新阶段。“浙食链”即浙江省食品安全追溯闭环管理系统，通过收集从田头（车间）到餐桌生产流通过程中的所有数据，并整合了原有食品安全综合治理数字化协同应用，建立了预包装食品与食用农产品的全链条闭环管理体系。将食品追溯链条清晰化，食品供应链记录全程电子化。“浙食链”与传统分段监管模式不同，以数字化改革实现了监管流程再造、系统性重塑和社会共治，让各方面都参与食品安全治理，分享改革红利，推动了食品安全治理体系建设和治理能力现代化的进程。目前“浙食链”上链企业数达到 7 287 家；阳光厨房数量达到 2.7 万；农产品检测数量达到 36.4 万；浙产农产品赋码数达到 56.5 万；扫码流转数 16.4 万；追溯查询次数为 5 700 次；努力做到厂厂阳光、批批检测、样样赋码、件件扫码，时时追溯、事事倒查 6 个运用环节；实现一码统管、一库集中、一链存证、一键追溯、一扫查询、一体监管 6 项功能①。

消费者可以通过支付宝或者微信扫描食品包装上的标注了“浙食链”的

---

① 中国新闻网.浙江上线“浙食链系统”，实现从田间到餐桌的全流程监管[EB/OL].[2021－03－15].https://baijiahao.baidu.com/s?id=1694302391899983162&wfr=spider&for=pc.

二维码,能够了解该食品基本信息、批次信息、加工企业信息、检测信息等。具体信息如图 5 - 3 所示。

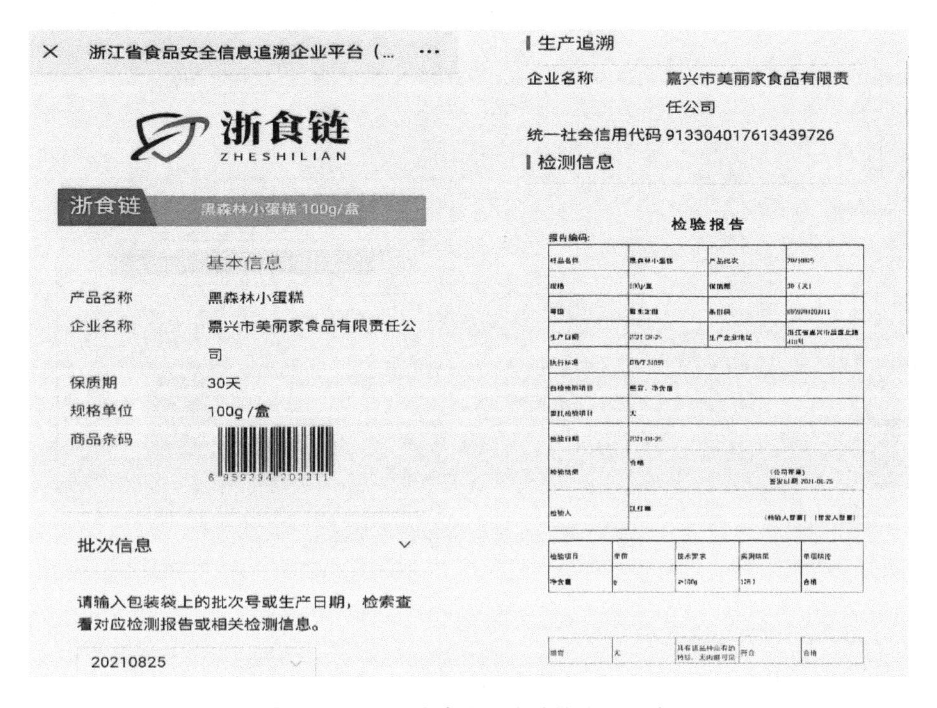

图 5 - 3　浙江省食品安全追溯企业平台

若在抽检过程被判定为不合格,监管部门可以通过“浙食链”系统召回该批次产品,避免消费者食用。消费者还可以通过浙食链系统进行追溯维权,当遇到所购买的食品有质量瑕疵,采购票据丢失的情况下,监管部门可追溯食品流通链路来确定出售的商家,帮助消费者维权。在食品流转过程中,生产流通企业可以通过扫取追溯码来进行出入库管理,作为流通环节交易凭证等。执法人员可以通过扫描追溯码完成票证检查、流通链路追溯以及食品安全风险处置等工作。

随着智慧化建设成为行业热门趋势,越来越多的企业都投身到供应链与智慧化的建设当中,通过食品安全大数据,不仅能够让消费者放心,提升政府的治理能力,同样也能提高企业效率,提升企业的品牌形象。深圳市德保膳食管理有限公司为保障食品安全和各部门防疫工作的有效落实,研发并上线了“德保集团数字化疫情防控与食品安全追溯管理平台”,截至 2020 年 6 月德保已投入 50 个标准数字化管理驾驶舱,对疫情防控进行定期的检查并且进行全程数字化追踪,已实现数字化、精细化、实时化疫情防控与食品安全保障。下图为德保在亚迪学校中应用的食品安全管理驾驶舱,其中记录了食品供应商的信息、原材料信息、疫情防控信息、每日的例行记录等等。

图 5－4　食品安全管理驾驶舱①

5.3.3　物联网技术

物联网技术能够借助二维码识别设备、红外感应器、射频识别(Radio Frequency Identification，简称 RFID)、全球定位系统(Global Positioning System，简称 GPS)等等信息传感设备，将商品与互联网连接，把产品信息与数据中心相连接，来实现智能化地识别、定位、跟踪、监控与管理，为食品安全的溯源提供了技术支持。

曾小青等(2018)提出建立物联网+区块链的食品安全追溯系统架构，使用物联网技术(RFID 无线射频识别技术、WSN 无线传感网、GPS 卫星定位系统)来收集和传递食品供应链中的相关数据，追溯系统通过产品电子码 EPC 系统对附有 RFID 芯片的食品信息进行跟踪。在数据采集方面，充分发挥物联网技术的优势，通过传感器等机器将物理世界与信息世界相连接，再利用区块链的去中心化、防篡改的特点来保证信息的准确性。物联网技术正在成为智能化管理的重要手段，今后势必能够引领新的一轮技术变革与产业变革，推动信息化的建设。

上海食品安全信息追溯平台于 2015 年 10 月正式实施，食品溯源企业

---

① 德保膳食 DEBO.食品安全保障，德保开启了数字化时代！[EB/OL].[2020－06－01]. https://www.sohu.com/a/398994813_120557416.

云赛智联股份有限公司与政府监管部门建立长期战略合作，打造基于物联网技术的“INESA 食品安全信息追溯系统平台”，该平台覆盖了种植养殖、生产制造、经营销售、仓储物流、检验检测、消费、政府监管、企业管理等食品流通全生命周期。为政府、企业、消费者提供产品相关信息，利用一系列的科学检测仪器设备和智能标签（RFID），并利用高等级的数据中心中云计算、云存储、云安全等服务为该追溯平台提供支持，图 5－5 为上海食品安全信息追溯系统平台整体架构。

图 5－5　INESA 食品安全信息追溯系统平台①

---

① 上海仪电.食品安全信息追溯平台[EB/OL].https://www.inesa.com/shinesazthjgspaq/List/index.htm.

图 5－6 为上海市食品安全信息追溯平台，消费者可以通过输入商品的追溯码、条码、品名、企业、产品等信息来对所购买的食品进行溯源。能够获取到商品的品名、保质期、规格、厂商甚至是贮存条件等等信息。

图 5－6　上海市食品安全信息追溯平台界面

5.3.4　在线直播技术

2014 年 2 月，国家食药监总局开始在全国各地的餐饮业开展部署“明厨亮灶”工作，2015 年进入了全国正式推广阶段，鼓励餐饮服务者通过透明玻璃、视频直播、开放式厨房等等方式将食品加工过程进行公开，让社会大众进行监督。如今随着直播技术不断地发展，越来越多的餐饮企业参与“明厨亮灶”活动，消费者们可以通过手机和外面公示的显示屏来观察到厨房的作业情况。当前有许多平台为餐饮商家提供免费的智能摄像

图 5－7　“明厨亮灶”视频直播平台

机用来直播,鼓励商家在直播中介绍本餐厅的特色菜肴、为餐厅做免费宣传和促销等等,还可以在直播间与网友进行互动,通过回复网友的提问评论,来让消费者进一步了解商家信息。下图为明厨亮灶直播平台的内容展示。

5.4　网络食品安全溯源框架设计

新兴技术赋能网络食品供应链的食品追溯模式总体框架是以大数据、区块链和物联网等等技术架构为核心,以网络食品供应链为基础,来体现网络食品追踪与溯源的体系结构,主要由感知层、业务层、数据层与应用层构成如图 5 - 8 所示。

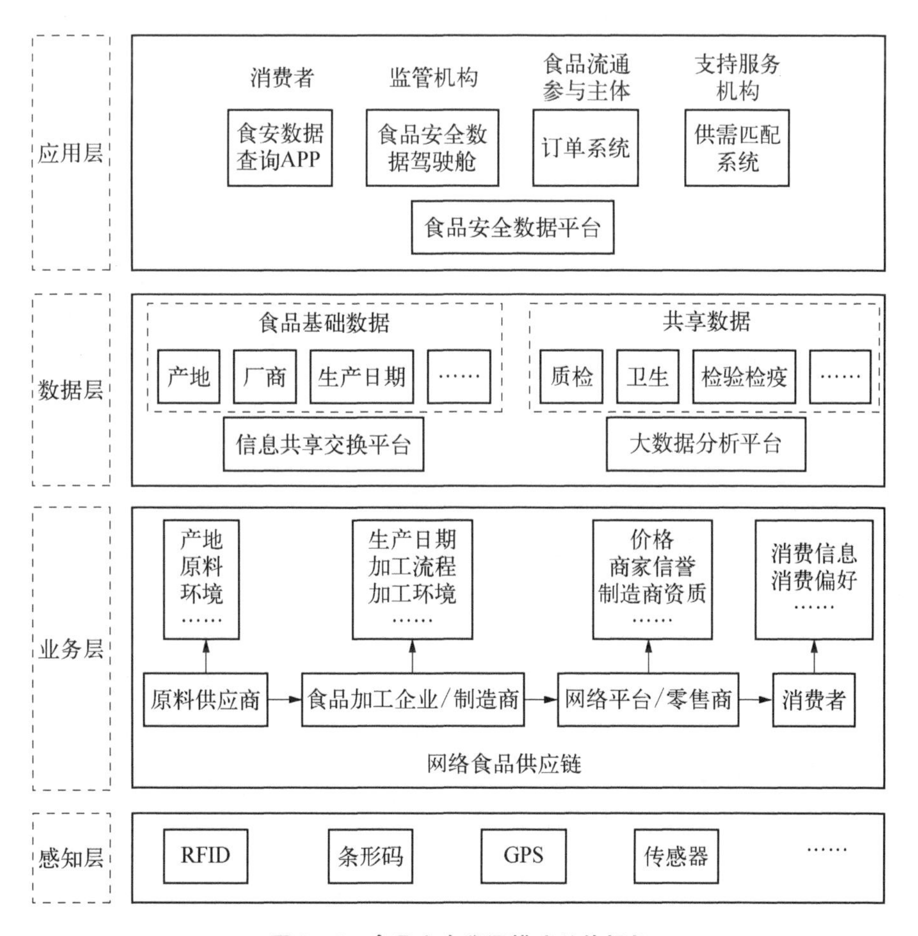

图 5 - 8　食品安全溯源模式总体框架

感知层通过物联网等信息技术，通过各类射频识别技术、视频监控、传感器、条形码技术等等来采集网络食品的原料采购、仓储、加工、消费等环节的溯源数据。

业务层通过网络食品供应链，记录食品“从农田到餐桌”每一个环节信息，实现了食品原材料的信息，生产加工信息、平台交易信息、商家信息等等保障食品源头查询过程不断链。利用区块链去中心化分布式存储的属性使得食品追溯全过程数据的更新与维护由全部参与主体共同完成，以确保追溯信息的完整性与可靠性。

数据层依托区块链核心技术来对网络食品供应链的信息进行分布式存储和传输，并利用大数据、云计算等技术来对所获取的数据进行定量分析。为上层的展示提供数据支持。

展示层建立了食品安全数据平台，消费者、监管机构、食品流通参与主体、支持服务机构等等可以通过该数据展示平台来查询到相关的食品数据信息。

5.5　本 章 小 结

本章首先对新时代数字化转型背景下如何实施食品安全治理改革进行了阐述，强调政府应以数字化改革为抓手，提出目前食品安全迫切需要推进数字化转型升级。并以上海、浙江等省市为例，说明政府充分发挥主力军角色，利用数字化设备对食品安全进行执法、监控，提高食品安全领域监管的针对性和有效性。在多方数字化食品安全监管的共同努力下，可以使生产经营者用心、市场监管部门上心，消费者安心，实现多方利益相关体的共赢。

其次，由于信息技术的不断发展，使得食品安全监管的手段技术不断升级。文章通过详细列举区块链、大数据、物联网、在线直播技术等四项技术的智能化场景应用，阐述了各种信息数据在食品安全治理过程中是如何做到流通、溯源以及有效监管，尽可能通过这类新兴技术增强消费者对食品供应的信心，提升消费者对食品安全的认知。

最后，本章提出应当如何设计食品安全的溯源框架，主张以大数据、区块链和物联网等技术架构为核心，由感知层、业务层、数据层与应用层四层组成，构建食品安全溯源框架。实现从原材料加工到数据共享再到各相关主体应用，全方位实时查询食品信息的功能，记录“从农田到餐桌”的每个环节，建立网络食品追踪与溯源的安全体系架构。

第 6 章　网络食品安全整体态势研究

6.1　本 章 概 要

当今经济全球化与信息化相促进，互联网的渗透率不断提高和宅经济的快速发展，对人们的生活和生产方式的改变产生了巨大的影响。中国互联网络信息中心发布的第 49 次《中国互联网络发展状况统计报告》数据显示，截至 2021 年 12 月，我国网民规模达到 10.32 亿，较 2020 年 12 月新增网民 4 296 万，互联网普及率达 73.0%，较 2020 年 12 月提升 2.6 个百分点。此时网络食品应运而生，消费者对网络食品的需求呈增长态势，网络食品市场成了行业的一个新兴势力。据国家统计局官网，2023 年社会消费品零售总额 471 495 亿元，比上年增长 7.2%。全国网上零售额 154 264 亿元，比上年增长 11.0%。其中，实物商品网上零售额 130 174 亿元，增长 8.4%，占社会消费品零售总额的比重为 27.7%。在实物商品中，吃类、穿类、用类商品网上零售额分别增长 11.2%、10.8%、7.1%。网络食品已经成为大多数消费者日常生活的一部分，然而网络食品所涉及的安全问题却屡屡发生，如何构建完善的网络食品市场监管机制，进行妥善和有效的管理，促进市场的健康有序的发展，受到了社会的广泛关注。本章从市场主体的关系出发，以网络食品市场为切入点，将网络食品市场按照电子商务经营模式划分为三类：企业对企业（B2B）、企业对消费者（B2C）、消费者对消费者（C2C）。从交易的跨区域性、虚拟性、便利性、低廉性等方面分析了网络食品的市场特征，以及网上购物、社区团购和外卖行业等交易模式。在此基础上，本章还剖析了网络食品安全存在的问题、危害及其成因。

6.2 网络食品市场总览

6.2.1 网络食品与网络食品市场

随着新时代互联网的发展和应用,食品的生产经营销售与互联网、大数据等新一代信息技术相融合,衍生出如今我们所说的"网络食品"。网络食品与普通食品没有本质区别,它的不同之处在于为了迎合消费者不断变化的购物习惯,借助虚拟的网络交易市场来完成交易。通俗来讲,网络食品是指通过互联网这一渠道进行销售的食品。网络食品通过网络市场进行销售,网络食品市场是以新一代信息技术作为基础支撑点,将网络虚拟平台作为载体,消费者通过人机界面进行筛选和交易食品的场所。在网络食品市场当中,信息实时快速的传播共享,食品生产者、经营者和消费者通过互联网进行食品交易行为。

6.2.2 网络食品市场的主体划分

结合市场主体关系、电子商务经营模式,网络食品市场主体可以分为企业对企业(B2B)、企业对消费者(B2C)、消费者对消费者(C2C)这三类。

6.2.2.1 B2B 网络结构

B2B(Business to Business)是指企业与企业之间通过网络,把企业的相关产品或服务等数据信息进行传递、交换,进而开展交易活动的一种商业模式。在网络食品市场中 B2B 模式是指企业作为进行网络食品交易的双方主体,他们使用了互联网的技术或者网络平台来完成交易过程。典型的食品行业中 B2B 案例有: ① 中国食品招商网。作为食品行业的 B2B 交易平台,中国食品招商网为生产商、批发商和零售商等提供了一个在线交流与交易的场所,帮助商家扩大市场覆盖,提高交易效率。② 深圳食品 B2B 订货系统。这个系统是一个集合了供应商、采购商、物流公司的线上交易平台,专注于深圳食品市场的数字化转型,提高了食品采购的效率和安全性。③ 数商云 B2B 系统: 数商云为食品企业提供定制化的 B2B 电商系统,不仅提供信息服务、交易服务,还涵盖了物流、金融、售后等多方面,助力企业实现营销升级和供应链优化。这些 B2B 平台和系统通过整合食品供应链上下游资源,降低了交易成本,提高了行业效率,同时也促进了信息的透明化和交易的安全性,是食品行业数字化转型的重要推手。

美菜网作为餐厅食材 B2B 电商的头部企业成立于 2014 年,前期以中小型餐食品行业中的 B2B 例子饮商户为切入点，专注为全国近百万家餐厅提供一站式、全品类且更低价、更新鲜的餐饮原材料采购服务。为客户提供省时省力、省钱省心的原材料，实现全程无忧的采购。通过对采购、质检、仓储、物流等流程科学精细化的管理，解决农民农产品滞销问题。其在全国 40 多个城市设立子公司及其仓储中心，仓库面积近 44 万平方米，配送车辆 1 万余辆，日包裹处理量超过 200 万件。近年来，积极服务于国家脱贫攻坚战略，实施了“美菜 SOS 精准扶贫全国采购计划”、最美菜公益基金、美菜 SOS 精准扶贫专区、“一村一品”扶贫活动等系列行动，得到了各地政府、企业、农民合作社和种植大户的广泛认可。图 6－1 即美菜网“两端（供应商和餐厅）一链（自有物流供应链）一平台（美菜网）”的商业模式。

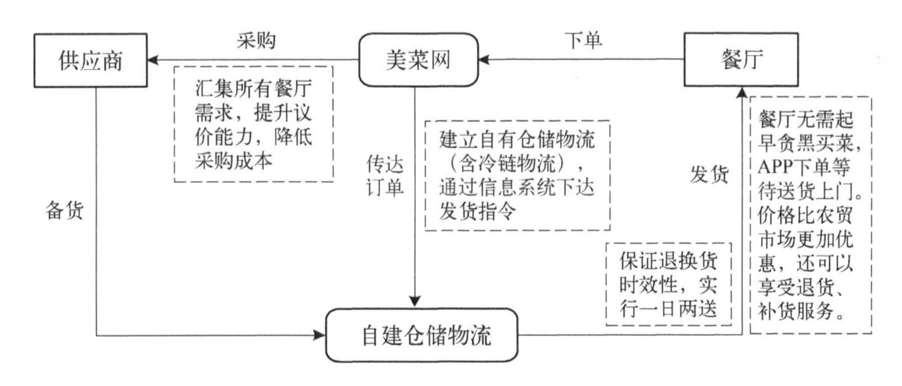

图 6－1　美菜网“两端一链一平台”的商业模式

6.2.2.2　B2C 网络结构

B2C（Business to Customer）是指企业针对个人开展的电子商务活动的总称。网络食品市场中的 B2C（Business-to-Consumer）模式是指企业直接向消费者销售食品的电子商务形式。卖家可以在这个平台中售卖各类网络食品，就和现实生活中的大型商场一样，但其中的商家需要遵循食品安全相应的规章制度，不能违规售卖。而个人可以在这个平台上购买自己所需的食品。一个好的食品销售 B2C 网站可以让顾客在其中尽情搜索自己需要的东西，了解其价格、品质以及合理的配送方式，甚至是相关的评论等等，但其也存在一定的弊端，例如农产品的易腐性导致供应的不确定、信用机制建立不够完善等等，这都需要后续的不断改进与完善。

一些典型的网络食品行业 B2C 模式案例如下：① 京东超市。京东超市设有专门的食品饮料频道，销售包括休闲零食、粮油调味、进口食品、新鲜果蔬、乳品烘焙等多种类别的食品，直接面向终端消费者，是 B2C 模式的典型代表。② 天猫超市。作为阿里巴巴旗下的 B2C 平台，天猫超市同样拥有广泛的食品类别，提供品牌直供的食品，从日常的米面油盐到高端的进口美食，满足不同消费者需求。③ 盒马鲜生。虽然盒马鲜生以线上线下融合的新零售模式著称，但其线上平台同样体现了 B2C 特性，消费者可以在线下单购买新鲜食材、预制菜、海鲜等，享受快速配送服务。④ 每日优鲜。专注于生鲜电商的每日优鲜，通过自建的冷链物流体系，直接向消费者提供新鲜水果、蔬菜、肉禽蛋奶以及各种加工食品，强调品质与便捷性。⑤ 美团买菜、饿了么买菜等。这些平台虽然以即时配送服务为主，但也直接销售食品，从新鲜食材到半成品菜，满足消费者即时消费的需求，体现了 B2C 的即时性特征。⑥ 良品铺子。作为一个知名的休闲零食品牌，良品铺子通过官方网站及第三方电商平台的旗舰店，销售各类休闲食品，直接服务于终端消费者。

这些例子展示了网络食品行业 B2C 模式的多样性，从传统电商平台到垂直细分领域，再到即时配送服务，都是直接连接品牌或生产商与消费者的商业模式。

6.2.2.3　C2C 网络结构

C2C（Customer to Customer）是指消费者与消费者之间的网络交易，简单来说就是卖家可以在网站上发布其想出售商品的相关信息，买家就可以在当中挑选并购买自己所需要的物品。网络食品市场中的 C2C 模式，指的是个人消费者之间通过电子商务平台进行食品交易的模式。这种模式下，个人卖家可以直接向其他消费者出售自制食品、特色农产品、进口零食等商品。以下是一些网络食品行业 C2C 模式的典型案例：① 淘宝网的特色食品店铺。淘宝平台上有很多个人开设的店铺专门销售家乡土特产、手工糕点、自制酱料等食品，这些店铺往往由个人或小团体运营，直接面向终端消费者，体现了典型的 C2C 交易模式。② 微信朋友圈营销。许多个人通过微信朋友圈售卖自制烘焙品、私房菜、健康代餐等，利用社交网络的人脉关系进行推广和销售，这也是 C2C 模式的一个体现，尽管微信平台本身不是专门的 C2C 电商平台，但其社交属性为个人食品销售提供了便利。社区团购也是其中一种形式。③ 闲鱼上的食品转卖。虽然闲鱼主要是一个二手交易平台，但也有人在上面出售未开封的食品、进口零食或是自家多余的土特产等，这也构成了食品行业的 C2C 交易实例。④ 拼多多的拼团模式。虽然拼多多主要是 B2C 平台，但它也允许个人通过“多多果园”等游戏化的功能获得农产品，然后可以选择自行销售，形成一种特殊的 C2C 形式。⑤ 抖音、快手等短视频平台的小店。这些平台上的个人用户可以通过直播或短视频的形式展示和销售自家制作或代理的食品，利用平台的流量优势直接触达消费者，实现了 C2C 的交易。

需要注意的是，由于食品安全的特殊性，个人在进行 C2C 食品交易时，需要遵守相关的食品安全法规，确保所售食品的安全与卫生。同时，平台通常也会设定相应的规则和监管措施来保障消费者权益。

6.3　网络食品市场分析

6.3.1　网络食品市场的特征

6.3.1.1　跨地域性

网络创造了一个全球的交易市场，消除了地域之间的时间差别，国内和国际市场的界限不再明显，消费者通过网络随时就可以买到国内外的各种食品，商家也可以在全球范围内经营自己的食品。这种网络的特性使得消费者可以从全国各地甚至世界各地的食品中进行选择，不再局限于本地市场提供的产品种类，能够轻松尝试和购买到具有地域特色的食品，满足了消费者对多样化、个性化食品的需求。并且，购买食品时无需考虑国界和区域限制，各国的传统美食和特色食品得以在线上展示，促进了文化交流，增加了消费者对不同地域饮食文化的认识和欣赏。但同时网络食品交易也增加了食品安全的风险性和不确定性。

6.3.1.2　虚拟性

网络食品市场最为显著的特点是其交易方式必须通过网络，网络交易实现了买卖过程当中的电子化、数字化和网络化，同时也增加了交易的虚拟性和隐蔽性。与传统的实体店铺不同，网络虚拟商铺不需要店面、装潢、物品摆放、服务人员的招聘等等，只需要通过互联网这一媒介公布店铺和所卖食品的相关信息，买卖双方达成意向之后就可以进行付款交易，通过物流或者外卖的形式把食品送到买家的手中。这种模式不仅为卖家节省了店面等的各种开销，还为消费者节约了时间，提供了更加便捷的购买方式。但同时在遇到食品安全问题后也存在追责困难的问题。

6.3.1.3　便利性

网络食品以其无可比拟的便利性，已经成为现代生活中不可或缺的一部分，深刻影响了人们的日常生活和消费习惯。首先，由于网络商铺可以不受营业时间的限制，全天都可以进行营业，为经营主体延长了营业时间，增加了收益。同时，消费者无论身处何地，只要有网络连接，就可以通过手机应用、网站等在线平台随时随地浏览和订购食品，不受时间和地点的限制。并且，随着物流技术的发展，很多网络食品平台承诺快速配送，有的甚至提供即时配送服务，使得消费者能够在短时间内收到订购的食品，大大缩短了等待时间。其次，在线支付系统的集成使得支付过程变得简单快捷，消费者无需现金交易，通过银行卡、电子钱包等方式即可完成支付，提高了交易的安全性和便利性。再次，网络平台上的用户评价系统为消费者提供了选择依据，可以参考他人的真实反馈来决定是否购买。同时，基于算法的个性化推荐系统也能根据用户的购买历史和偏好推送相关产品，节省了搜寻时间。此外，不少网络食品商家提供订阅服务，如定期配送的生鲜蔬果箱、咖啡包、健康餐盒等，为追求生活规律或特定饮食计划的消费者提供了极大的便利。最后，网络食品交易方便追踪订单状态，从下单到配送的全过程，消费者通常可以通过手机应用实时查看订单状态，了解预计送达时间，增加了购物的透明度和控制感。节省时间和精力，避免了传统购物中寻找停车位、排队等候等问题，尤其是对于忙碌的城市居民来说，网络食品的便利性极大地节约了宝贵的时间和精力。

6.3.1.4　低廉性

由于虚拟商铺减少了店面租金、装潢、雇佣销售人员、水电费等开销，使得分摊到食品的成本较低，所以展现给消费者的食品价格也比较低。据统计，网络食品的价格比实体店商铺所卖相同食品的价格要便宜10%到30%，而消费者选择网络食品的一个首要原因是，网上食品的售价相对于市面上同品质商品的价格来说比较便宜。从整体上看，随着互联网的普及和信息技术的飞速发展，我国的网络食品市场与以前传统的、单一的食品交易对比，交易模式和经营模式都有了很大的改变。这几年来，网络食品市场的规模变化迅速，但由于网络食品的经营地点不明确、准入门槛较低、缺乏正规手续，市场上不断出现了大量假冒伪劣产品和“三无产品”，网络食品的质量遭到了质疑并且影响了消费者的身心健康。

6.3.2　网络食品市场的交易模式

随着互联网技术的发展，当今社会涌现出各式各样的网络食品交易模式，通过查阅相关资料，可以将现有的交易模式分为三类，分别是网上购物、社区团购和外卖行业。

6.3.2.1　网上购物

网上购物是最普遍的一种交易模式，消费者利用互联网检索网络食品的信息，将电子订购单上传至商家进行需求信息的发送，然后通过绑定的私人帐号或银行卡的号码，商家通过自营物流的方式发货，或是通过第三方快递公司送货上门。同时根据互联网的“互动性”“即时性”“便捷性”特点，消费者可以了解食品的评价和真实情况，在网上购买食品也日益成为一种趋势。

6.3.2.2 社区团购

社区团购交易模式在2020年新冠疫情暴发以来飞速发展，它是指达到一定数量的居民凭借社区或社会中的一些提供社区团购的组织机构，从网上统一购买一种商品，这些商品的价格往往很低。社区团购服务需要在社区或指定地点设立服务部，消费者可在服务平台交付钱款，平台将会提供售后保障等。在我国具有代表性的机构有“橙心优选”“美团优选”“多多买菜”等。

6.3.2.3 网络外卖

外卖行业随着人们生活方式的改变得到了较大的普及和发展，成了人们生活当中的一部分。它是指商家通过网络平台来销售自己的商品（多为餐饮类）给消费者。与网络购物不同，外卖行业围绕着本地生活服务平台将线上和线下的消费场景连通，在线上实现交易闭环，在线下即时的配送来完成交易履约，从而为更多消费者提供短时快速的一站式服务。我国典型的外卖平台有美团、饿了么等。

6.4 网络食品当前存在的安全问题与成因

自从2020年疫情暴发之后，人们对于食品安全的关注程度显著提升，而当今人们更多的倾向于选择利用网络平台来购买食品，通过无接触配送来降低疫情传播率，但是在让消费者体验便利的同时，网络食品存在明显的遮蔽性，顾客只能在网上以照片、评论、商家介绍等的形式来了解所购买的食品，所以消费者的购买风险大大提高，而近年来的网络食品安全问题也层出不穷，社会也更加关注这方面的问题。

6.4.1 网络食品安全问题危害性

食品安全涉及范围有食品数量安全、食品质量安全和食品卫生安全，网络食品安全也同样包含这三个方面。但是通过网络进行销售会提高监管的难度，存在监管的盲点，所以网购的食品极大可能会存在比较多的问题。而由于网络的虚拟性、隐蔽性、不可靠性和信息不对称性等，部分商家利用以上网络特性以自身利益最大化为目的，做出一些违法行为。目前我国政府在网络食品从进货、存储到销售等环节的渠道暂时无法得到有效全面的监管。网购食品相比于线下购买食品有很大的不同，网络食品安全问题的危害性可以总结为以下几点。

6.4.1.1 社会危害性大

一方面，网络食品的销售过程灵活性强、监管难度大并且商家的违法成本相对来说比较低，当顾客发现销售的食品出现了问题时，一些违法的商家往往会选择频繁地更换地址、故意拖延时间或者以不承认的态度来作出回应。据最近新闻报道的母婴门店的“庞氏骗局”，此次事件中，某母婴店以线上的形式，招揽大量的小红书素人博主进行推广吸引流量，让全国各地消费者竞相订购，在收取货款之后，在最开始会按时给消费者发出奶粉并附送赠品，而消费者二次或多次下单后，便会通过找借口、不发货等方式进行拖延，最终门店相关负责人失联，将消费者的钱财一并卷跑。另一方面，网络食品的售卖并不是以面对面的形式，而是通过物流等远距离配送的方式，导致消费者的维权得不到保障，违法商家只需“改头换面”，就可以继续进行产品的销售，损害了更多消费者的健康，并且对一些不法商贩起到了不好的带头作用，让他们在网络食品销售中抓住“商机”，进行欺诈消费者的交易行为。不利于对社会良好风气的形成，对社会危害极大。又或是一些网络商家遇到质量问题时，便给予红包福利，要求消费者点满五星好评，编造虚假的评论，而众多消费者也会在这种措施之下选择妥协，这不仅与消费者的价值观产生了一定偏差，也导致越来越多的消费者购买此类不良商品。这在一定程度上对社会风气造成了不良影响，形成不正之风。

6.4.1.2 食品质量较难保证

由于网络的虚拟性、隐蔽性、不可靠性和信息不对称性，人们在网络上购买食品时，不能通过自身的感知来进行食物的评价，只能通过商家对所卖食品的相关描述和介绍、网友的评论、店铺的打分等等来对食品进行了解，有些消费者收到货之后发现与商家所描述的食品差别过大，有些食品甚至会对消费者的健康造成影响，这其中就存在了信息不对称现象。2022 年被 3.15 曝光的湖南省华容县的插旗菜业，曾为例如康师傅、统一等多家知名企业，进行代加工酸菜制品，号称老坛工艺，足时发酵。其生产的酸菜是用外面收购的三无产品“土坑酸菜”，除了虚假宣传外，制作现场更是脏、乱、差。如今点外卖已经成为城市生活中不可或缺的一部分，在外卖平台上商家往往把自己的食物描述的美味可口，但是其制作环境有可能让人看的触目惊心。据报道外卖行业存在一些“幽灵外卖”，他们没有营业执照，没有餐饮服务许可证,也没有实体店,却能通过外卖点餐平台出售外卖,存在极大的食品安全隐患。

6.4.1.3　食品标识不规范

据统计,2021 年第三季度,全国食品市场检出不合格样品 63611 批次,总体不合格率为 2.59%。食品标识是消费者作出是否购买决定的基础信息支持,是消费者获得网络食品的相关信息最便捷和最重要的途径。但是在网络食品市场当中经常存在无证生产、非法添加、掺杂使假等违法的食品生产行为。由于网络交易的特性,消费者进行网购时,一些商家所展露的食品信息并不真实,特别是一些进口食品却没有合格的中文标签,存在故意隐瞒消费者的现象。这样的进口食品来源不明确,没有经过正规的检查和防疫流程,导致疫情在供应链中传播对消费者的身体健康造成威胁。

近年来,随着全国人民对健康意识的提高,商家纷纷宣传自己的食品"零添加""无添加",以此来吸引消费者购买,但其本质只是商家用来欺骗消费者的手段,很多包装食品之所以可以保存很久,就是因为食品当中存在添加剂。例如号称销售第一、丁香医生推荐的'田园主义'全麦面包,实测能量高出宣传 40%,碳水化合物比标称多出约 16%,涉嫌营养成分虚标。又例如,倍恩喜对外宣称其全系列产品都不添加香兰素或其他食用香精,但是今日它的一段婴儿配方羊奶粉中被检测出了违禁物香兰素。这种食品标识不规范的现象在网络食品市场当中屡见不鲜,这种行为无疑构成对消费者的欺骗或误导。

6.4.1.4　维权成本大

网络交易过程具有一定的虚拟性和不确定性的特点,并且网络违法成本比较低,商家比较容易利用网络的特点来进行一些违法行为。并且很多线上商铺并没有实体店,网络食品销售的门槛较低,许多商铺没有规范的生产经营许可的证件,缺少相关食品部门、监管部门的许可,不主动提供开具发票的服务,大多数消费者也没有索要发票的习惯。网络食品在运输过程当中的环境与食品级环境存在差异,很容易发生食品交叉污染现象,一旦发生了网络食品安全事故,消费者因为缺少相关的凭证而导致维权困难,同时商家也可以利用网络技术来进行自身地址、产品信息等相关数据的篡改,使得消费者的举证更加困难,无形之中就增加了消费者的风险成本。甚至有一些"无赖商家"根据食品本身的特殊性,会以消费者自己没有妥善保管好食品或者物流过程中损坏等为理由,拒绝赔偿。甚至有的网络经营者做出虚假承诺,承诺假一赔十、假一赔万,而当消费者付钱购买商品以后,如果发现食品出现无法食用的情况,没有合理的维权渠道,面对这种情况,消费者只能会选择沉默、自认倒霉、不了了之，除了丢弃掉变质食品别无他法。上述种种现象和原因造成了消费者维权费时费力，成本过大。

现实当中，有居民举报外卖有异物的问题，向外卖平台进行自身权益的维护，但是该外卖平台认为投诉人诉求过高，协商未果，拒绝进一步调解，故依法终止调解，最终向法院起诉才得以维权。作为网络食品的消费者在自身权益受到侵害时，想要维权却频频受阻，或者需要耗费大量的精力财力来进行维权，所以很多消费者经常采取“自认倒霉”的方法逃避问题，造成了网络食品市场不良风气的盛行。

6.4.1.5 社会组织失灵

正是由于政府和市场的局限性，社会组织因此而出现，力图弥补其存在的不足。但某些社会组织偏离了其原本的性质，而以功利化为主，给消费者带来了负面的影响。例如，食品行业协会在我国虽然数量很多，但却没有发挥出应有的作用。它在很大程度上只代表了一些国企的利益，忽视了小企业的生存，况且它所掌握的信息并不充足，难以发挥其综合性的效用。在执行相关问题时，可能无法做到公平公正；再谈到媒体责任，现如今信息传播的力量正在悄然发生变化，有效的信息传播可以为经济发展做出贡献。但从“三鹿奶粉”这一事件中我们可以看到媒体并没有发挥其应有的价值，面对企业早期的过失行为未能采取纠偏行动，导致企业依旧我行我素，另外媒体对于消费者的舆论引导、监督作用并不到位，这也是导致食品安全问题愈演愈烈的因素。

6.4.2 网络食品安全问题分类

网络食品的种类繁多，管理比较复杂，其中生鲜食品属于人们生活必需品，但它周转时间短、运输条件严格，具有易腐性等特点，在销售过程中更容易产生食品安全问题。而保健品作为一种特殊的“保健食品”，其质量要求更为严格，但在网络途径下销售的保健品很难达到标准，有些保健品非但不能达到保健效果反而可能会导致中毒或者其他副作用，对社会危害极大。因此选取了生鲜食品和保健品等为例来对网络食品安全问题展开具体分析。

6.4.2.1 网络生鲜食品安全问题

生鲜食品一般而言指的是“生鲜三品”，即果蔬、肉类和水产品，和普通食品相比，生鲜食品需要进行保鲜处理，保质期一般比较短，并且属于无条码的商品。随着互联网的普及，网络生鲜食品的规模逐渐扩大，与此同时，网络生鲜食品的质量和安全问题也层出不穷，成为行业当中比较棘手的问题。在生产过程当中,一些销售生鲜食品的经营者利用网络的隐蔽性,可能会采取降低食品安全的投入力度,甚至掺假或者售卖过期的生鲜食品,以此来谋取更大利益。在销售过程中,消费者因为网络的虚拟性和不确定性,往往只能看到经营者展示的图片和相关信息来选择是否购买。在监管过程当中,由于存在很大的信息不对称性,网络生鲜食品的监管者也无法把控生鲜食品流通的整个过程,在生产和运输的过程中无法及时发现问题,最终导致危害了消费者健康并且带来了不好的社会舆论影响。

6.4.2.2　网络销售保健食品安全问题

保健食品是一种可以调节人体的机能,适于特定人群食用,但不能治疗疾病的食品。与一般食品相比,它的食品标志更为严格,其包装必须注明适宜人群、执行标准、保健食品生产企业名称及地址、卫生许可证号等信息,并且禁止宣传功效。在网络销售过程当中,我国的保健食品安全性评价仍然存在很多局限。保健食品的原料广泛,来源复杂,食品的质量缺乏一定的标准。而且,由于网络的虚拟性,经营者在网络中展示的食品标志和批文很可能是盗用或冒用,甚至一些经营者在生产过程中添加了一些生长激素等违法成分。在销售过程当中,一些经营者夸大保健食品的功效,在网络上利用专家和消费者形象来宣传效用,使用绝对化术语来吸引消费者,一些安全意识淡薄的网民购买该类食品,最终损害了身体健康。在监管方面,由于网络的隐蔽性和不确定性,经营者送检食品和上报的食品标识很可能与真实情况不符,监管部门不能够及时的发现,造成了监管效率低下的问题。

6.4.2.3　直播带货食品安全问题

在当下,随着短视频的兴起,直播带货由于其特有的性质可以更为直观的让消费者感受到美食的诱惑,以此来带动产品的销售。但是由于直播市场良莠不齐,存在着大量不同的问题,一是产品来源不明与质量难以保证。部分直播带货的商品,尤其是食品,可能存在来源渠道不明、生产资质不全的情况,导致食品安全无法得到有效保障。消费者很难追溯食品的生产源头和流通环节,存在假冒伪劣产品的风险。二是虚假宣传与夸大效果。为了吸引观众购买,一些主播可能会对食品的功效进行夸大宣传,比如声称具有未经证实的保健功能,误导消费者,这违反了广告法和食品安全法的相关规定。三是存储与运输风险。直播带货的食品在运输过程中,如果缺乏适当的冷藏或保温措施,容易导致食品变质。特别是对于易腐食品,如新鲜果蔬、肉类、乳制品等,不当的储存和运输条件会直接影响食品安全。四是售后服务缺失。相较于传统购物渠道,直播带货的售后服务体系有时不够健全,一旦消费者购买到问题食品,退换货流程可能较为烦琐,维权难度大。

五是监管难度加大。直播带货的即时性、去中心化等特点给监管部门带来了新的挑战。快速变化的直播场景和庞大的商品量使得监管部门难以做到实时、全面的监控,存在一定的监管盲区。六是主播责任意识淡薄。部分主播缺乏对食品安全法律法规的了解,仅关注销量而忽视了对所售商品质量的审核,未能承担起应有的社会责任和法律责任。针对上述问题,国家已经采取了一系列措施,如加强法律法规建设、提高监管力度、开展专项整治行动等,以期规范直播带货行业,保护消费者权益,确保食品安全。最高检等机构也对直播带货等新业态涉及的食品安全问题展开了专项监督,强调无论销售途径如何新颖,食品安全底线不容触碰。同时,也鼓励和要求直播平台、主播、商家共同参与食品安全风险防控,加强自律,提升整个行业的规范化水平。

6.4.3　网络食品安全问题成因分析

6.4.3.1　法律体系仍不完善

食品安全的法律体系仍不完善,主要体现为:相关的法律法规配套不充分,监管空白和盲区现象仍然普遍存在。近年来,我国虽然不断在修订法律,《食品安全法》中也补充了相关的条例,但有关具体细节的法律条文还不够明晰。此外,食品安全法律体系的内容相对来说不够充实,缺乏一系列关键制度来保障食品安全,如食品安全应急处理机制、食品安全风险评估制度、食品安全信用制度以及食品安全信息发布制度等。例如外卖行业,对于从业人员、厨房管理、配送包装等方面都缺乏统一的标准条件,致使部分商家贪图便宜省钱,在食品加工、制作、配送等方面偷工减料,影响食品安全问题。

6.4.3.2　监管主体难以确定

网络食品交易存在虚拟性,与传统的实体商铺交易不一样,网上交易属于远程交易,这种自愿登记注册的要求使得商家的信息并非真实,有一些信息例如商家真实地址、店铺的仓库、商家的个人真实信息等,只有商家自己清楚,具有交易行为不透明、交易信息不对称的特点。还一些网络店铺的经营者经常更换平台,使得平台的服务方向上级汇报资料时不能够完全反映一些经营者的真实信息。实际上很多网络食品经营主体没有进行工商注册登记及食品经营许可,监管部门因为找不到真实的违法经营商,而无法对违法现象进行有效监管。

6.4.3.3　违法行为发现难

网络经营的隐蔽性,导致违法行为查处难度大。网络平台在网络食品监管中也有一定的审核作用，但是许多大型的电商平台为吸引流量，放宽了对网络经营者的质量审核，出现了一些违法的商家在平台上进行食品销售。一些网络的经营商所卖的食品属于假冒食品，但是价格要远远低于正牌食品，消费者和经营者对于这样的交易都是认可的。对消费者而言，他们愿意去购买这样的食品，自然很少有人去举报。这样的网络食品交易过程，如果没有人揭发，对于监管部门来说是很难发现的。

6.4.3.4　违法行为查处难

首先，由于网络交易突破了地域限制，违法行为的发生地点、途经地点、结果损害地点都不相同，往往涉及多个城市，这种跨越地域的网络违法经营行为对于监管部门的取件调查带来了一定难度。部分食品经营者没有固定的经营地点，这就造成即使他们做了违法的事情，他们因此承担的违法成本相对较低，只要更换地址后依旧可以继续营业。其次，一些不法分子利用网络的隐蔽性，发布虚假食品信息，销售不合法的食品。而违法地点不能确定，同时缺乏实证，造成监管部门的取件调查困难。况且，网络市场的监管工作与一些视频、音频、网页等资料息息相关，并不需要任何纸质的文件，但这些资料很容易被篡改。即使是监管部门发现了经营者的违法行为，经营者也可以进行身份和地址的更换，导致监管部门无法找到被执行者而造成查处困难。最后，开展网络调查工作会涉及电子音频的证据，但电子证据很容易被改动或毁坏，造成监管部门确认违法证据资料时的困难。

6.4.3.5　建立长效机制难

首先由于网络食品的经营主体无证、缺证现象较为普遍，经营商家较难确定。其次，在网络食品经营过程中，存在经营人员的食品安全意识和质量意识淡薄，食品的生产环境卫生差，造成食品质量不达标的现象。经营人员从源头上缺乏对加强网络食品安全把控的意识。最后，由于网络食品销售的入准资格比较宽松，许多网络食品的来源渠道、生产过程、食品标识等情况模糊不清，并且，一旦出现网络食品安全问题，监管部门只能“对症下药”，无法从根本上进行整治，造成难以建立长效机制的困难。

6.4.3.6　执法过程难

在食品生产、制造、再到食用过程中，涉及工商、质检、卫生等多个部门。虽然各部门有其固定职责，但当各部门协调不到位时，极易出现监管空白情况。当前，我国执法部门人力和设备有限，而食品安全问题又多种多样，在面临较为复杂的食品安全问题时，难以调配合适的人力和信息资源保证执法的顺利实施。同时，部分执法人员的自身能力有限，相关的专业人才又较为稀缺，这就导致对于大数据信息的使用存在难点，因此在执法过程中难免出现问题,使执法人员力不从心。

6.5 本章小结

由于“互联网+”和宅经济的不断发展,《中国互联网络发展状况统计报告》显示,消费者对网络食品的需求逐年上涨。本章基于这一现象对网络食品安全整体态势进行研究,从网络食品的市场现状和当前存在的安全问题两个角度进行探析。

第一,对网络食品市场进行了界定:网络食品市场是以新一代信息技术作为基础支撑点,将网络虚拟平台作为载体,消费者通过人机界面进行筛选和交易食品的场所。并根据市场主体关系出发将网络食品市场划分为企业对企业(B2B)、企业对消费者(B2C)、消费者对消费者(C2C)三类模式。

第二,对网络食品市场具有跨区域性、虚拟性、便利性、低廉性四种特征进行介绍,提出了现有的三类交易模式:网上购物、社区团购和外卖行业。它们都以其独特的优势占据了市场中的重要部分。

然而,网络食品市场虽然为消费者提供了便利,但也不可避免的存在低价次品、假冒伪劣的不良情况。面对食品质量难以保证、食品标识不规范、维权成本大等安全问题,本章还列举了网络销售生鲜食品、网络销售保健品以及直播带货食品三种常见网络食品种类下的食品安全问题,阐述其虚假信息、标识不当、追溯困难等对社会可能存在的危害性。并在此基础上对网络食品安全问题成因进行分析归类,提出法律体系不完善、监管主体难以确定、违法行为发现难等原因都会对其产生阻碍。因此,更需格外注重食品安全制度建设,通过多种方式建立长效机制,为消费者获得安全可靠的食品来源。

第7章　我国外卖食品安全的基本态势研究

7.1　本章概要

目前餐饮外卖行业发展迅猛，截至2023年12月，我国网上外卖用户规模达5.45亿人，较2022年12月增长2 338万人，占网民整体的49.9%（如图7－1）。我国外卖用户增长速度趋向稳定，但市场仍未饱和，线上外卖的发展也促进了线下餐厅的食品加工和供给能力的提升。2021年网络外卖用户规模同比增速达29.9%，用户规模增长12 533万；根据美团、饿了么的数据报告，2021年第三季度其增长率同比增长29.5%、日均交易笔数同比增长24.9%。饿了么订单量同比增长超过30%。配送新技术研发应用也在不断推进，各个企业的无人配送车都相继落地，美团探索建设

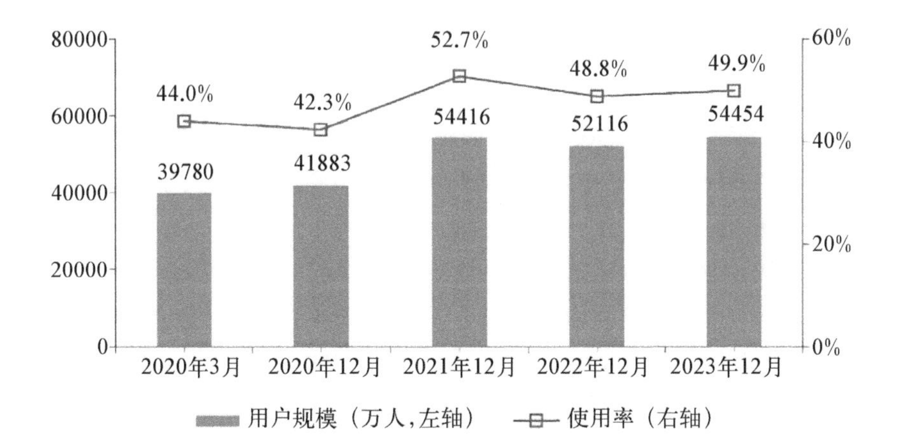

图7－1　截至2023年12月网上外卖用户规模①

① 中国互联网络信息中心.第53次中国互联网络发展状况统计报告[R/OL].[2024－04－02].https://cnnic.cn/n4/2024/0321/c208-10962.html.

城市无人机低空配送网络，并在 2021 年 6 月已经实现了超 22 万架次的飞行测试。

美团作为中国领先的本地生活服务电子商务平台，特别是在外卖服务领域，一直致力于提升食品安全监管水平，采取了一系列措施确保消费者能够享用到安全、卫生的餐饮产品。以下是美团在食品安全监管上采取的一些关键措施：① 美团建立了系统的食品安全管理制度，包括严格的商家资质审核、日常食安巡检抽查、消费者权益保障机制等，确保合作商家符合食品安全标准。② 美团外卖自 2017 年起就推行了外卖封签，即在商户出餐后使用统一的封签包装，确保餐品在配送过程中的密封性，避免食品在途中被打开，保护了餐品的完整性和安全性。③ 美团对外卖平台上的餐饮商户进行严格的资质审核，确保所有上线商家合法经营，持有有效的食品经营许可证，并对在网商家进行持续的资质复查和动态管理。④ 美团对平台上的商家进行食品安全知识培训，提升商家的食品安全意识和操作规范，同时通过线上教育平台和线下培训活动，增强商家的食品安全管理能力。⑤ 利用大数据、AI 技术等手段，建立食品安全预警系统，实时监测和识别食品安全风险，提高监管效率和精确度。⑥ 美团外卖骑手可以对入网商户的各种证件等进行核验，支持外卖骑手、餐饮行业人员对于违反食品安全相关法律法规或无营业执照的行为进行举报，完善和落实投诉举报处理及奖励机制。配送人员在日常工作中可以通过美团外卖的 App 举报环境卫生状况差的商户，平台核实后会第一时间对问题商户做出处理。

外卖平台在食品安全管控方面，尽管采取了多种措施，但仍存在它的局限性，主要表现在以下几个方面：一是信息真实性审核困难，虽然外卖平台要求商家上传相关证照，但在实际操作中，存在商家提供虚假或过期证件的情况，平台的审核机制可能无法完全排除这些违规行为，尤其是在商家数量庞大时，审核的准确性与效率面临挑战。二是线下监管难以触及，外卖平台的监管主要集中在平台层面，而对于商家的厨房卫生、食材来源、加工过程等线下环节的直接监控有限。尽管有“互联网+阳光厨房”等概念推广，但全面实施仍有难度。三是动态监管不足，商家的食品安全状况是动态变化的，平台难以实时监控商家是否持续遵守食品安全标准，特别是在高峰时段，厨房卫生、食材新鲜度等可能因压力而下降。四是消费者反馈滞后，当消费者发现问题后，往往通过投诉或差评的方式反馈，这种反馈机制相对滞后，且依赖于消费者的主动报告，很多食品安全问题可能未被及时发现和处理。五是法律法规执行具有差异性，不同地区对于食品安全的监管要求和执行力度存在差异,外卖平台在全国范围内运营时,统一执行高标准食品安全管控存在困难。六是责任界定复杂,一旦发生食品安全事件,责任界定较为复杂。平台、商家、配送环节等多方可能牵涉其中,界定责任归属和赔偿问题时存在法律和实践上的挑战。七是技术和人力资源投入压力不断加大,加强食品安全管控需要大量的技术投入和人力资源,包括但不限于开发先进的监控系统、增加实地审核人员等,这对平台而言是不小的经济负担。八是消费者教育与意识不足,部分消费者对于食品安全的认识不足,可能在选择外卖时过于注重价格或口味,而忽视了食品安全的重要性,这也在一定程度上减少了对平台食品安全标准提升的压力。因此,外卖平台在食品安全管控方面还需持续优化监管机制。

外卖食品安全存在的主要问题有: 商家卫生不达标;外卖平台监管力度不够;政府监督执行力度有限、监督机制缺乏等等。各种监督手段和惩罚条例实行的现今,仍然有许多不良商家为了谋取私利降低菜品质量,严重危害消费者权益。因此,研究外卖食品安全,挖掘出能够改善外卖食品安全的信息很有必要。

本章将利用政府公开数据集、外卖平台订单数据和消费者问卷数据,来发掘用户画像并针对性提供个性化服务;分析影响商家评分因素,调整销售和服务策略来提高好评率;适当调整骑手配送时间,规划更加安全合理的配送路线;调整商家备菜时间和搭配套餐售卖;分析消费者对外卖食品安全关注度;并构建外卖食品公私协同治理的评价体系与预测机制,从以上多方面提升外卖供应链的服务质量和满意度并在一定程度上减少食品安全事件发生。综上所述,本章通过分析网络平台外卖食品安全现状,指出目前外卖行业所面临的痛点问题,然后通过数据分析来为后文提供研究方向。

7.2　当前外卖食品安全的主要问题分析

据国家信息中心发布的《中国共享经济发展年度报告(2023)》统计,2022年在线外卖收入占全国餐饮业收入比重约为25.4%,占比较2022年提高4个百分点,在线外卖市场成为餐饮业中日益重要的新业态。《中国在线外卖商业模式与投资战略规划分析报告》数据显示,2015—2018年中国在线外卖收入年均增速约为117.5%,但行业爆炸式发展背后的乱象频频被曝光,食品安全隐患凸显,网络餐饮成为政府食品安全监管的痛点。本章提出的外卖食品安全管理体系主要针对目前蓬勃发展的外卖产业，通过分析与外卖产业直接相关的四大主体：政府、平台、商家和用户，以及影响他们之间关系的纷繁复杂的因素（如图7－2所示），明确四者在产业内的不同目标，发现商家和外卖平台追求以最低的成本达到利益最大化，与政府和部分消费者相对更为关注的食品安全问题有着本质性矛盾。针对外卖食品安全方面的痛点，本节将各食品安全问题按主体进行了分类。

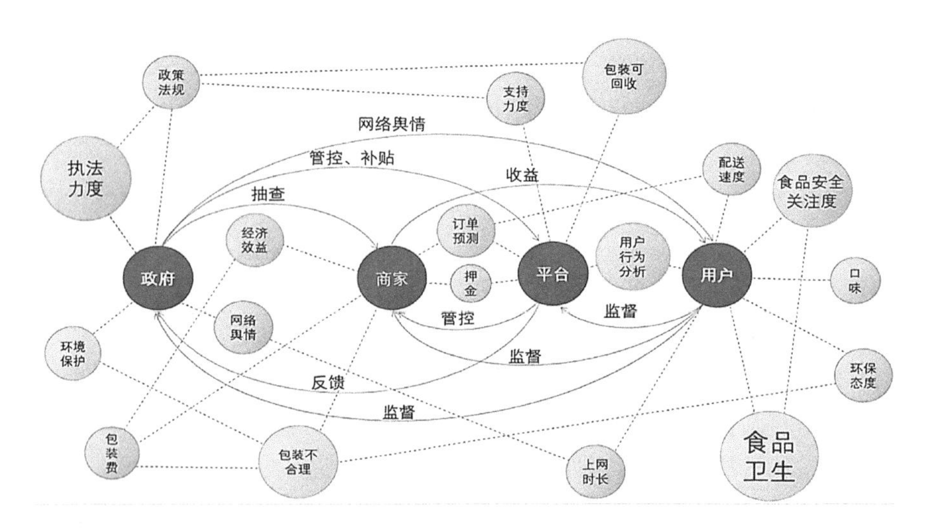

图7－2 外卖食品安全影响因素关系图

7.2.1 政府面临的问题

痛点一：政府检测机构分布不平衡，检测体系不完善

根据各省、自治区、直辖市市场监督管理局官方网站相关资料，从实现营业收入的区域占比的角度来看，全国六大区域食品检验检测机构2020年区域营业占比分别为：华东地区37.12%，华北地区15.96%，中南地区27.12%，西南地区9.80%，东北地区4.19%，西北地区5.75%。在华东、中南地区布局的食品检验检测机构占全国总量的64.30%；分区域来看，2020年国内六大区域检验检测机构规模占比分别为华东30.65%，中南24.21%，华北14.25%，西南12.37%，西北9.55%，东北8.96%。其中，华东、华北、中南地区占全国检验检测机构总量的69.12%。截至2019年底，微型和小型机构占据检测机构的96.49%，可见检验检测服务业中小微型企业仍然占据行业的主体。检测机构的小散弱，导致检测全面性无法保证。同时政府检测体系不完善，依靠更多人力进行检测，导致检测频

率的下降,更容易诱发食品安全问题。如图7－3所示。

痛点二:"地摊经济"潮流涌起,产生新的食品安全未知数

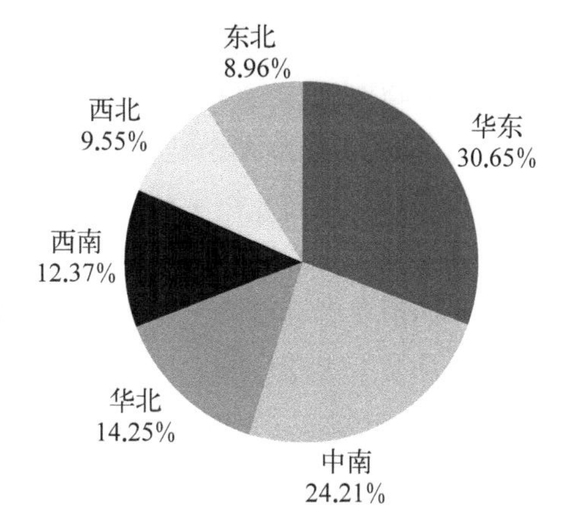

图7－3　2020年全国食品检测机构规模分布

2020年,针对两会上有代表提出要发展地摊经济,如何保障地摊经济的食品安全成为食品安全领域的一个新的挑战。目前对于地摊的处理方式比较僵化,对于一些卫生状况良好,各方面指标合格,仅仅只是没有经营许可证的地摊商家,大多还是被勒令整改。在我国的监管和抽检上,地摊经济仍存在着盲区,这些流动性、不规律的食品销售行为,面临的食品安全问题更大,微生物污染、食品添加剂的滥用、农兽药残留超标等等,并且这类商户流动性强,管理起来难度大,尤其容易引起食品安全问题。在曾经监管难的情况下,对没有经营许可证的商家勒令整改方式的确最为合适,但随着各项技术的发展和时代的推进,"一刀切"的政策也显现出了弹性不足。

7.2.2　平台面临的问题

痛点一:外卖平台扣点较高,存在商家降低卫生程度维持利润的现象

目前,在我国外卖市场上有两家头部的平台企业,一个是饿了么,另一个则是美团。双方在初期为了争夺市场往往采取高补贴的方式来吸引商家入驻,当两家平台占据市场大部分份额后基本取消了补贴并提高了抽成,提升商家的佣金和用户外卖配送费。外卖平台从商家获取的收益主要依靠每单的扣点,商家的利润也直接取决于平台对其扣点的比例,随着平台扣点的比例逐年提高,两大主体的直接利益产生了冲突。如果平台降低扣点,则容易造成巨大的亏损;平台提高扣点,商家的直接利润则会下降,商家的利润下降,就容易导致商家降低食品安全等级来减少成本从而维持利润的行为产生。两者在这方面很难找到一个协调的可以互利共赢的解决方案。

痛点二:虚假经营现象频发,黑作坊食品安全状况堪忧

2019年央视3·15晚会曝光,饿了么外卖平台中存在多家入驻餐饮店涉嫌无证经营,通过中介等制造虚假证件以及信息。外卖平台中还出现了

多个盗用证件的行为，商家通过盗用真实商户的实体店位置、食品经营许可证和营业执照，或者直接伪造相关证件，在外卖平台上跨城接单，再转单给附近商户，从中赚取差价，到手的产品质量、卫生难以保障。这从侧面体现出外卖平台作为产业链中监管者角色的弊端。

痛点三：服务标准单一，不利于开发新用户消费积极性

不同消费者有着多样化的饮食习惯和偏好，而外卖平台单一的服务标准难以满足所有用户的个性化需求，如对特定食材的忌口、对健康饮食的追求、对餐食份量的不同要求等，这可能导致用户因为找不到符合自己需求的服务而转向其他平台。并且，服务模式的同质化会减少消费者尝试新事物的兴趣，缺乏差异化和创新的服务难以激发新用户的探索欲和好奇心，降低了首次尝试的意愿。而且，当服务不能持续提供超出用户预期的体验时，用户的忠诚度难以建立。同时，新用户的初次体验往往会影响其是否愿意推荐给他人，单一的服务标准限制了正面口碑的生成，减少了通过口碑营销吸引新用户的潜力。以上状况都会造成客户群体流失，获得新用户困难的问题。

7.2.3 商家面临的痛点

痛点一：外卖平台对高销量商家实施平台垄断，间接影响食品安全状况

根据美团2021年财报，全年营收达到了1 791亿元，同比增长56%，在外卖市场份额达到将近七成，形成了一家独大的局面。部分外卖平台通过强行下架、缩小配送范围、提高佣金费率等手段，来要挟商户与平台签订“独家协议”，给许多中小餐饮企业带来巨大的压力，外卖订单减少，经营状况堪忧。因此，平台容易利用垄断条件通过提高对这些商家的提成来获得更大收益，导致商家成本提高，加之平台打折销售吞噬商家的利润，容易诱发商家外卖餐饮质量下降，食品安全堪忧。2020年新冠疫情的爆发，餐饮行业遭受严重的冲击，众多餐饮企业纷纷转向线上，关闭堂食，外卖成为餐饮行业唯一的收入来源，美团外卖业务也逆势增长，同时疫情期间美团也大涨佣金，垄断经营，商家更是苦不堪言。

痛点二：外卖包装盒规格混乱，卫生状况良莠不齐

根据我们的问卷调查和实际走访，目前市场上外卖包装盒规格种类较多，卫生情况优劣差距较大。劣质包装盒本身不利于食品安全，同时各种规格的包装盒也造成了大量的包装浪费不利于外卖包装盒的运输和回收，且不统一化的外卖包装盒无形间增大了外卖包装盒的成本，增大商家

压力。另外,国家发改委联合生态环境部于2020年1月16日发布《关于进一步加强塑料污染治理的意见》,我国"限塑令"升级为"禁塑令",对塑料包装的流通、消费、回收、处置等环节进行重点关注,这也给企业带来了巨大挑战。浙江省发展改革委、省生态环境厅等9部门联合发布《关于进一步加强塑料污染治理的实施办法》要求,在2020年底,杭州市外卖服务和各类展会活动,禁止使用不可降解塑料袋,全省餐饮企业禁止使用不可降解一次性塑料吸管,在外卖领域推广可降解塑料制品、秸秆覆膜餐盒等生物基产品来替代传统塑料制品。这无疑增加了商家的成本,各大外卖平台上打包费用也显著增加。进一步引发商家降低食品安全等级来减少成本的想法。

痛点三:订餐高峰期用户订餐量与骑手数量不匹配,导致餐品配送时间过长和外卖做菜时间缩短,引起食品安全问题

从外卖的流程来看,用户在外卖平台上下单,外卖骑手会收到订餐信息,然后由外卖骑手完成配送任务。在极端恶劣天气或者用餐高峰期,外卖系统会将巨量的外卖订单分配给各个骑手,根据调查显示,一个骑手在最高峰期同时背负着26个订单,一个配送站的30多个骑手,在三个小时内需要消化1 000份订单。虽然外卖骑手极度短缺,但是鉴于人力成本较高,外卖平台不可能放弃盈利而雇更多的骑手来给用户提供极致的服务体验,给商家提供最快的配送速度。由此产生了外卖送餐员与用户、商家供需不匹配的矛盾。所以在用餐高峰期,不少商家往往会因为提前备单过多而导致餐品口感下降,甚至产生食品安全问题。

7.2.4　消费者面临的痛点

痛点一:消费者点单参考数据少,难以发挥市场调节,不利于商家主动改善食品安全状况

目前消费者在平台上只能看见其他用户对某商铺的评分和评价。虽然具有一定参考性,但由于商家间恶意竞争,互刷差评的现象存在,评分容易造成消费者的误判,从而不能很好的起到市场调节的作用。再加上在外卖平台上消费者能看到的仅仅只是食品的示例图片,食品的生产过程、成品的真正外观都难以真正的被消费者知道,让食品安全状况差的商家更难被消费者辨认。

痛点二:用户个人隐私保护与渴望得到更好服务之间存在矛盾

平台需要收集用户订单信息来刻画用户画像提高服务质量,政府可以通过分析从平台数据库中得到的用户反馈信息进行更有效地市场监管,并

提供更加公开透明的反馈渠道,给消费者提供一个更安全的食品安全环境。但是订单信息中往往又包含很多用户的个人隐私数据,消费者会担心自己的隐私泄漏而降低反馈的积极性。消费者一方面渴望通过反馈的数据能得到更好的服务体验,但另一方面又担忧自身信息泄露所带来的风险,这两方面所存在的矛盾冲突也是未来急需解决的问题。

7.3　数据来源与整理

7.3.1　数据来源与分析

本章数据来源于2020年浙江数据开放创新应用大赛中政府开放数据源、某知名外卖平台的订单数据以及自行调查的问卷数据。笔者使用的外卖平台数据是经过脱敏处理的,并且笔者通过自行调查得到的问卷数据也不涉及消费者个人隐私,都是可公开的,不存在隐私安全问题。政府开放数据来源于浙江食品药品监督管理局数据开放平台(如表7-1所示)。

表7-1　浙江省食品药品监督管理局开放平台数据

表　名	名　　称	描　　述	来　源
食品安全评级(公开)	评价结果	A、B、C(优、良、中)	浙江食品药品监督管理局数据开放平台
	评价时间	2014/7/14	
	企业ID	企业注册编号	
	评价依据	体系建设依据	
食品监督抽查不合格信息(公开)	分类	糖果制品	
	生产企业统一社会信用代码	91330201577548521N	
	不合格项目	食品标签	
社会信用代码信息(公开)	统一社会信用代码	91330424569351980F	
	标准化等级	一级、二级、三级	

（续表）

表 名	名 称	描 述	来 源
食品安全违规信息(公开)	统一社会信用代码	92330421MA2EUPL92Y	浙江食品药品监督管理局数据开放平台
	单位名称	西塘大健康性保健用品商店	
	法定代表人姓名	/	
食品经营许可信息(公开)	法定代表人(负责人)	/	
	经营项目	热食类食品制售;普通类	
	许可证编号	JY13301030102054	

外卖平台的订单数据共有3个表格，累计56 748条记录，共有23个字段，记录了关于订单、餐馆、菜品的三方面信息(如表7-2所示)：

(1) 菜品表格属性：食物id、餐厅id、价格、销量、评分等。

(2) 订单表格属性：订单id、订餐日期、纬度、经度、预定送达时间、餐厅id、菜品id、总价、配送费、最终送达时间等。

(3) 餐馆表格属性：餐厅id、品类、累积销量、评价数、最低起送价、平均配送时长、纬度、经度等。

上述订单数据中的重要信息包括以下内容：

(1) 订单的送达时间包括预定送达时间、最终送达时间。通过对比可以发现：若订单的最终送达时间早于预定送达时间，则该订单为准时送达；反之，该订单存在超时现象。

(2) 一个订单的配送时间与订单的订餐时间、预定送达时间有关，即平台为骑手分配的时间。

(3) 订单数据中与餐馆有关的属性有：餐厅id、订单目的地经纬度、餐厅经纬度。根据该经纬度可以得到实际配送时间。此处利用地图爬虫技术，从百度地图得到了两点之间骑行所需的时间。

表7-2 外卖平台订单数据

表 名	名 称	描 述	来 源
菜 品	食物id	106699256	外卖平台
	餐厅id	1001025	

（续表）

表　名	名　称	描　述	来　源
菜　品	价格	元	外卖平台
	评分	5 分制	
	销量	件	
订　单	订单 id	1008517	
	时间	年月日	
	纬度	0—90 度	
	经度	0—180 度	
	预计送达时间	小时分秒	
	餐厅 id	240656	
	菜品 id	101976983	
	实际送达时间	小时分秒	
	总价	元	
	配送费	元	
餐　厅	餐厅 id	1001025	
	累计销量	件	
	最低起送价	元	
	是否加盟	1 是,0 否	
	纬度	0—90 度	
	经度	0—180 度	

另外,本章共设计了 9 项调查问题,利用“问卷星”网站进行互联网问卷调查,最终回收问卷共 193 份,排除答卷时间不及 30 秒的问卷(其中 30 秒是研究团队随机邀请 10 名测试者的最短答卷时间)及无效问卷,统计获得有效问卷共 193 份,问卷有效率为 100%。问卷数据部分情况如表 7 - 3 所示。

表 7 - 3　消费者调查问卷数据统计

名　称	描　述	人　数	百分比	来　源
性　别	男	66	34.20%	互联网问卷调查
	女	127	65.80%	
使用手机网络时长	不上网	0	0.00%	
	0—1 小时	8	4.15%	
	1—5 小时	106	54.92%	
	5 小时以上	79	40.93%	
收　入	2 000 元以下	10	5.18%	
	2 001—4 000 元	22	11.40%	
	4 001—6 000 元	24	12.44%	
	6 001—8 000 元	27	13.99%	
	8 001—10 000 元	38	19.69%	
	10 001 以上	72	37.31%	
受教育程度	小学及其以下	3	1.55%	
	初中	6	3.11%	
	高中	5	2.59%	
	大学	127	65.80%	
	研究生	57	29.53%	
定外卖次数	基本不点外卖	79	40.93%	
	一周 1—2 次	65	33.68%	
	一周 3—5 次	36	18.65%	
	一周 5 次以上	17	8.81%	

7.3.2　数据清洗与统计

在正式对数据进行分析之前，首先进行以下数据清洗操作：

(1) 剔除订单表中"预定送达时间"或"最终送达时间"为空的数据,分析平台对订单配送时间的分配与这两者送达时间具有很大的联系,因此为空的数据将被视为残缺记录,在此删去这样的记录。

(2) 通过餐厅 id(唯一标识符)将餐厅表与订单表进行连接。餐厅表中有餐厅的位置信息、订单表中有配送目的地位置信息。

(3) 剔除订单表中总价为空的记录。订单总价作为顾客满意度分析的重要影响因素,侧面可以反映出服务质量的程度,因此此处剔除缺失数值记录。

(4) 剔除餐厅表中没有订单的记录。

7.4　数据分析

商家、网络平台与消费者作为外卖供应链中的三大主体,互相独立又具有很强的相关性。本章从外卖供应链中的商家、外卖平台、消费者三方视角出发,构建外卖平台与消费者、商家之间的关系模型,如图 7－4 所示。

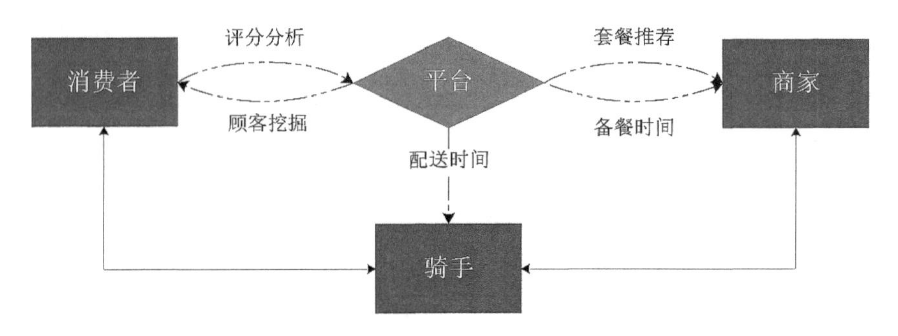

图 7－4　外卖供应链中的三大主体关系模型图

本章通过获取的外卖订单数据和消费者问卷数据,对当前订单进行统计分析,主要采用知识发现(Knowledge Discovery in Database,简称 KDD)算法对数据进一步挖掘。

KDD 算法作为数据挖掘中一种有效的数据分析方法,在本书中也经常被使用到。KDD 算法主要指的是从多样繁杂的信息中获得有意义且简洁的知识的过程。知识发现涵盖了知识分类、聚类分析、关联和相关性分析、顺序发现和时间序列分析等基本任务,包括了问题定义、收集并清理数据集、数据工程、算法选择和结果评价等多个操作步骤。由于 KDD 需要使用数据挖掘算法并从数据中提取识别知识,所以,本章将集合介绍 k-means、

Apriori、Naive Bayes 等数据挖掘算法的逻辑过程和算法步骤。表7－4为各算法简要介绍。

表7－4　KDD算法介绍

	K-means算法	Naive Bayes算法	Apriori算法	SOM算法	SGD-SVM算法
算法介绍	无监督聚类算法	统计学分类方法	关联规则算法	无监督学习算法	无监督学习算法
算法优点	可处理大数据集、可解释度较强	逻辑简单、算法稳定、易于实现、执行效率高	算法简单明了、易于实现	可视化、具有降维功能	泛化性好、收敛速度快
本章中的应用	消费者画像分析,从顾客中挖掘出重要服务对象	分析影响消费者对商家菜品的评分高低的因素	挖掘出菜品之间的相关性,做好菜品的套餐搭配	进行消费者分类、找到对食品安全问题关注度较高的消费者	设计外卖食品安全协同治理评价体系

7.4.1　消费者行为分析

外卖平台作为典型的服务业,对顾客忠诚度的研究尤为关键。研究发现,忠诚的顾客是企业生存和发展的基础,随着服务业的迅速发展,也要求业界和学界深入了解服务业顾客忠诚的确切含义、构成及其决定因素。因此各大平台都致力于充分地利用手头所有的消费者信息来分析消费者的消费偏好等。

消费者画像在数字化时代应用十分普遍,即企业通过搜寻社会媒体的大数据信息进行数据分析,对消费者的行为进行追踪和记录,对消费者的特征、偏好等信息进行更加细致的调查。消费者画像将划分为人口学特征、生活方式特征、线上行为、社交行为特征等等,来把握消费者特征,给企业带来巨大的商业价值。针对用户画像的大数据技术能够多层次、多维度对客户的特征进行精准描述,有效识别出会对自己产品、品牌感兴趣的客户,将有限的预算和时间放在目标客户身上,提升对客户的服务质量。另外,能了解用户偏爱的产品特征、购买动机、以及顾客的需求和期待,并对自己的产品进行调整和规划。

2021年8月20日,十三届全国人大常委会第三十次会议表决所通过的《中华人民共和国个人信息保护法》明确提出不得过度收集个人信息、大数据杀熟等行为,对人脸信息等敏感个人信息的处理也作出相关规制。明确提出处理个人信息应当具有明确、合理的目的,并应当与处理目的直接相关,采取对个人权益影响最小的方式。个人信息处理者利用个人信息进行自动化决策,应当保证决策的透明度和结果公平、公正,不得对个人在交易价格等交易条件上实行不合理的差别待遇。该法还为当前社会关注的数据隐私问题提供了有力的法律保障,完善了个人信息保护。

"大数据杀熟",即互联网平台通过数据分析,来对用户进行画像分析,对其购买能力、购买习惯、购买意愿等进行预测,进而实施差异化定价的行为。在中消协的相关投诉和调查发现,"大数据杀熟"的表现形式分为推荐算法、价格算法、评价算法、排名算法、概率算法、流量算法。"精准推荐"也被部分平台和消费者纳入大数据杀熟当中,"精准推荐"是根据消费者的浏览记录以及购买记录等对消费者的偏好进行预测,并推送认为消费者感兴趣的商品,促进消费者的购买,实际上这种行为严重地局限了消费者的选择及存在误导消费者的可能。据电子商务法规定,行业经营者有责任对商品和服务信息进行全面、准确、及时、真实的发布,也应该客观全面的向消费者推荐商品服务,给消费者足够的选择。因此,网络平台在对消费者信息进行分析时,需要注意相关的限制,避免触碰法律的底线。网络平台应当注重算法的公开、透明、公正性,确保算法应用的可解释、可验证、可追责。

本章主要是使用 K 均值(K-means)算法对消费者画像进行聚类分析,聚类分析是应用于数据挖掘的一项常用技术,主要是将对象通过分类的方法分成多个不同的子集,且经过分类后的同一子集内应该具有相似的特性。K-means 是一种无监督的聚类算法,在 1967 年由 J.B.MacQueen 提出,被广泛应用与科学研究和数据挖掘领域。K-means 算法的核心思想是通过迭代方法对给定的样本集,按照样本之间的距离大小,将样本集划分为 K 个簇。要求使得簇内的点尽量紧密的连在一起,而让簇间的距离尽量的大。

已知有样本集 $D=(x_1, x_2, \cdots, x_n)$, K-means 算法需要将这 n 个样本划分到 $(C_1, C_2, \cdots, C_k)$ 即 k 个聚类中。算法的优化目标函数为:

$$SSE = \sum_{i=1}^{k} \sum_{x \in C_i} | x - m_i |^2 \tag{7-1}$$

其中 SSE 为样本集中所有样本的均方差之和。

x 为样本集中的一个样本。

m_i 为聚类 C_i 的均值,也可以被称为质心,表达式为:

$$u_i = \frac{1}{| C_i |} \sum_{x \in C_i} x \tag{7-2}$$

聚类流程如下：

输入：样本集 D，簇的数目 k，最大迭代次数 N。

输出：簇划分(k 个簇，使平方误差最小)。

算法步骤：

(1) 给每个聚类确定初始聚类中心。

(2) 将样本集按照最小距离原则分配到最邻近聚类。

(3) 使用每个聚类的样本均值更新聚类中心。

(4) 重复步骤(2)、(3)，直到聚类中心不再发生变化。

(5) 输出最终的聚类中心和 k 个簇划分。

K-means 算法的优点是可以处理大数据集，可解释度较强，该算法是相对可伸缩的和高效率的。本书将利用该算法用于消费者行为分析，从顾客中挖掘出更重要的服务对象。

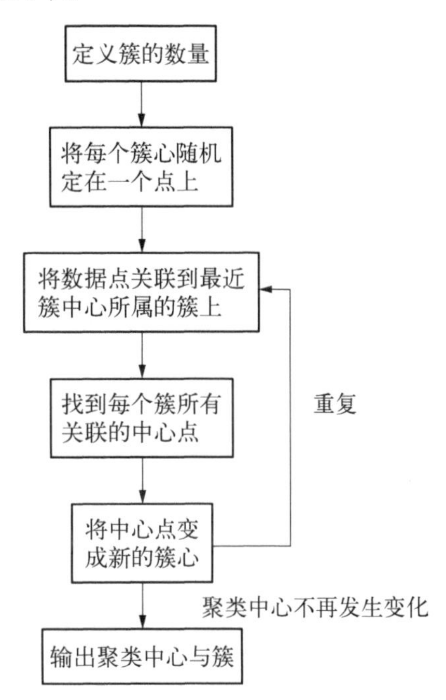

图 7－5　K－Means 算法步骤

基于上文所介绍的 KDD 研究算法，使用问卷数据(表 7－3)对消费者收入、受教育程度、使用手机上网时间这三项指标进行聚类，找出周订餐次数最多的人群，并对消费者进行画像。对于原始三项指标数据初步分类：定义收入在 0—4 000 元为低收入，4 000—8 000 元为中收入，8 000—10 000 元为高收入；使用手机时长 0—1 小时为短，1—5 小时为中，5 小时为长；受教育程度初中及其以下为低，高中为中，大学-研究生为高。

为了确定聚类簇数，采用手肘法，可以得到簇数小于 3 时，簇内误差方差(Sum of the Squared Errors，简称 SEE)下降比较快，而大于 3 时，SEE 下降变缓，因此确定聚类簇数为 3。聚类结果如图 7－6 所示。

从图 7－6 可以看出，使用手机上网时间长、受教育程度高、收入高的消费人群周订餐次数最多，例如上班族，学生党。而手机上网时间短、受教育程度低、收入低的消费人群周订餐次数最低，例如外来务工人员，农民。这项研究能够帮助我们准确了解外卖食品消费的用户群体，是帮助平台为消费者推荐更满意的商家，提供更安全的餐品，以及更好用户体验的基础。

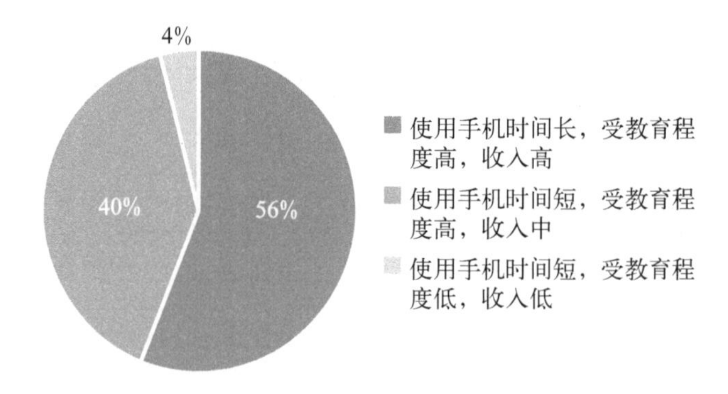

图 7-6　订餐人群分析图

7.4.2　评分影响因素分析

外卖平台的顾客在选餐过程中更倾向于查看历史点评记录,且在订购外卖时往往对评分较高的商家有更强烈的消费欲望。本章节对影响商家的评分因素进行分析,是为提升商家的服务质量、餐品质量、提高顾客的满意度具有重要价值。

该部分使用的贝叶斯分类(Naive Bayes)算法,是一类利用概率统计知识进行分类的算法。贝叶斯定理提供了一种计算假设概率的方法,首先是基于假设的先验概率,给定假设下观察到的不同数据的概率以及观察到的数据本身。其公式如下:

设 $A_1, A_2, \cdots, A_n \in R$, 两两不相容, $P(A) \geqslant 0$, $i = 1, 2, \cdots, n$, 则对于任何满足 $P(B) \geqslant 0$, $B \in R$, 有:

$$P(A_i \mid B) = \frac{P(B \mid A_i)P(A_i)}{\sum_{j=1}^{n} P(B \mid A_j)P(A_j)} \tag{7-3}$$

其中 $A_1, A_2, \cdots, A_n$ 是 R 中的两两不相容的事件。

$P(A)$ 称为事件 A 的概率。

$P(B \mid A)$ 称为 A 发生时 B 的条件概率。

Naive Bayes 流程如下:

输入:样本集 D。

输出:样本划分结果。

算法步骤:

(1)设 $x = a_1, a_2, \cdots, a_m$ 为待分类项,其中 a 为 x 的一个特征属性。

(2) 设类别集合 $C = y_1, y_2, \cdots, y_n$ 。

(3) 采用贝叶斯公式,分别计算 $P(y_1 \mid x)$, $P(y_2 \mid x)$, …, $P(y_n \mid x)$ 的值。

(4) 如果 $P(y_k \mid x) = max\{P(y_1 \mid x), P(y_2 \mid x), \cdots, P(y_n \mid x)\}$,那么 x 属于 y_n 类别。

其中,第(3)步的条件概率可根据以下公式计算:

各个特征属性在不同类别下的条件概率估计可以记为,此处我们认为各个特征属性条件独立,则有 $P(a_1 \mid y_1)$, $P(a_2 \mid y_1)$, …, $P(a_m \mid y_1)$; …; $P(a_1 \mid y_n)$, $P(a_2 \mid y_n)$, …, $P(a_m \mid y_n)$,又因为对于所有类别来说,分母为常数,此时最大化分子,可得 $P(y_i \mid x) = \frac{P(x \mid y_i)P(y_i)}{P(x_i)}$,因此对于 $P(y_i \mid x)$ 的计算可以直接转化为计算 $P(x \mid y_i)P(y_i)$。

算法流程如图 7-7 所示:

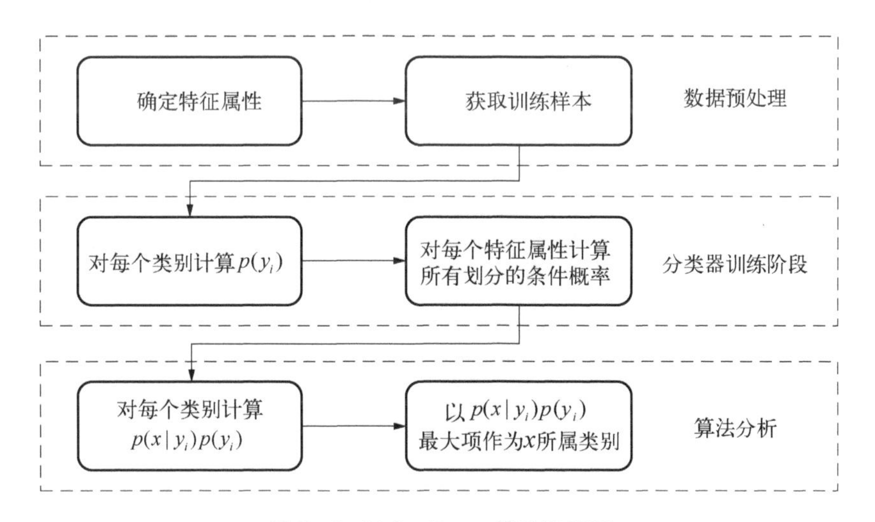

图 7-7　Naive Bayes 算法流程图

贝叶斯模型算法逻辑简单且算法稳定,易于实现,且执行效率很高。本书将基于该贝叶斯原理,用于分析影响消费者对商家菜品的评分高低的因素。

外卖的评分一共有三个流程,顾客留评-平台审核-展示评价,顾客可以对整体评分星级,对口味、包装、配送满意度分别打分,使用图片和文字相结合的形势编辑评价内容,平台对每条顾客的评价进行审核,将一些恶意刷差评、虚假刷好评和相关违规行为进行处理,最后为了保护客户隐私,平台会在每天在用户端 APP 和商家端 APP 更新显示前一天评价内容。

根据数据显示,浏览评价的用户比只浏览商品的用户下单转化率平均高出 25%,那么在每一百个顾客中有 25 个顾客通过看过往用户评价信息来判断是否选择该商家下单，所以评论信息对提高下单率十分重要。

第一，店铺评分在很大程度上是影响新用户在本店下单的转化率，一般新客户在考虑一家之前没有购买过产品的商家时，首先就会考虑到参考过往用户的评价信息，对于差评过多的商家一般不予考虑。第二，店铺评分也会影响到在平台上的排名情况，评分的降低，商家的曝光率也会随之降低。

因此，本章通过参考几大知名外卖平台给消费者推荐餐厅的排名规则，并结合清洗后的数据，提取出总价、配送耗时、配送距离这三项指标对外卖订单的评分进行分析。其具体影响程度如图 7－8 所示：

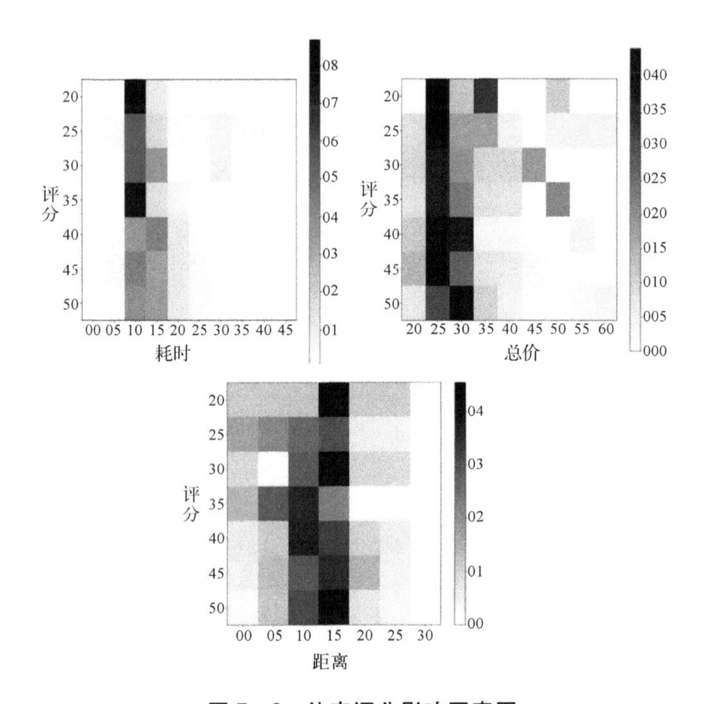

图 7－8　外卖评分影响因素图

从图 7－8 可以看出各评分的订单量峰值主要集中订餐总价 25 到 30 元，配送耗时为 1 小时左右，配送距离大约 1.5 公里的区间，说明该价格区间为消费者主要的选购区间。随着订单价格的增加，订单量显著减少，说明订单价格在差评订单中为截断性影响因素，因为价格的高低往往被认为是直接影响商家对消费者的服务水平。当订单价格在 40 至 50 元的价格区间，订单的热度出现增加现象，说明订单价格在 45 至 50 元的区间内会出现为追求高质量的餐品对价格不敏感的消费人群，这部分消费者在外卖当中较注重菜品品质，对菜品的食用满意度有较高诉求。从评分与耗时、评分与配送距离的热力图中发现，评分的消费者集中分布于配送时间约为 1 小时左右，配送距离为 1.5 公里区间内。当配送时间超过 1.5 小时左右，配送距离大于 2 公里时，几乎没有订单量。产生这种现象是源于消费者对外卖食品的期待感，配送时间过长或距离太远，让消费者等待时间过长，会导致体验较差；而距离太近又会使得消费者对商家和平台提供的配送服务体验感不佳。

综上分析可知，平台和商家要想吸引更多潜在消费者，需要在保证“热度居中”的消费者满意度的前提下，提高对“热度强烈”高消费人群的服务水平，才能获得更多好评订单。

7.4.3　商家决策优化分析

7.4.3.1　商家提前备菜

对于商家来说，店铺出餐速度的快慢和餐品质量、服务体验一样，都是竞争制胜的关键，尤其在用餐高峰期，出餐慢会导致一系列连锁反应，骑手顾客催单，店里人员手忙脚乱，更有可能出现退单、差评等等情况，对店铺的经营造成负面影响。从更深层次来看，合理安排提前备餐时间，也能有效帮助商家提升餐品的质量安全。因此，分析商家提前备菜时间是提高商家服务质量的关键。

1. 菜品选择

外卖与堂食不同，外卖的食品相对简便，对出餐时间要求更高，并且餐品的口感要经得起配送途中的颠簸与时间的考验，因此在菜品选择上要进行精简化操作，选择出餐快，加工工序少的菜品，长时间保温对口感无明显影响的菜品。

2. 精简菜单

外卖店的菜品过多，在用餐高峰期会大大地增加厨师的工作量，也更容易导致出餐错误，因此在菜单的设置上一定要注意精简原则，秉持效率优先。

3. 出餐流程标准化

店内工作人员具体职能需要明确细化，以提高每个人的工作效率，明确各岗位的职责，后厨备菜、烹饪和前台打包作业要紧密连接，流水线作业，以提高每个员工的效率，避免高峰期手忙脚乱。

4. 打包过程精细化

由于现在很多菜品都是汤类易泼洒，对保温效果要求也较高，所以更应选择合适的打包餐盒和保温材料，确保运输过程中菜品的口感和体验感。同时也可以对各个餐品标记清晰，方便骑手取餐，节约时间。

本节通过对订单数据进行统计处理，以时间为序列分析每日用餐高峰期，为商家提前备餐提供依据。对每天 24 个小时之内的订单数量进行统计，按时间顺序呈现结果如图 7－9 所示：

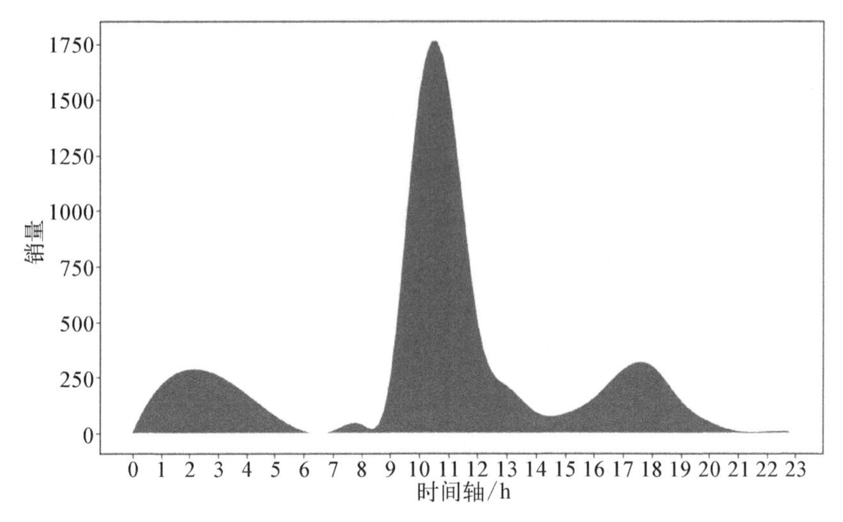

图 7－9　2019 年 5—10 月杭州市某外卖平台各小时订单数量面积图

上图的横轴为一天的时间轴,深色区域代表着各个时间内所有日期的订单数量。分析上图可知,一天中出现了三个明显的销量高峰段: 0 时至 5 时、9 时至 13 时和 16 时至 20 时,我们将其称为凌晨高峰期、午间高峰期和夜间高峰期,而且可以明显地观测到午间高峰期订单量总值高于晚间高峰期和凌晨高峰期,且波动的程度也显著高于另外两个高峰期。对比其他时间段的订单量,总体数值低于晚间高峰期,且其波动幅度较小。而在凌晨高峰期、午间高峰期与夜间高峰期,高峰期的订单会对平台的运营效率提出较高要求,如果没有提前合理相关资源进行分配,有可能会导致顾客满意度下降,从而对外卖平台的服务质量产生质疑。因此,合理应对高峰时段的订单对平台、商家而言具有很重要的意义。平台可以从不同商家出发,对每个商家每个时间段的订单量做统计。商家可以通过平台给予数据支持,根据时间段与销量的关系,在订餐高峰期来临前提前备菜,以免高峰期的订单量的流失。商家也会因为做菜时间更加充裕,从而降低食品质量出现问题概率。

7.4.3.2　套餐式营销

套餐式营销(Packaged Marketing)是指商家在营销过程中以主产品带动附属配套产品或者是通过主品牌来带动附属品牌、通过以销售产品为核心,附加其他的增值服务,使其组合成“一套商品”的一种异业联盟营销活动。这种营销模式抓住消费者的消费心理,满足消费者“趋利避害”的心理而提高下单率。

套餐式消费对于消费者而言,具有更高的性价比优惠,从而产生更多的消费者剩余,另外减少了消费者在点餐过程中的纠结,帮助他们进行选择。对于商家而言,做好套餐搭配能够有效缩短用户点餐思考时间,让用户快速下单,提高下单转化率。套餐搭配合适,还会让用户对单个商品价格敏感度降低,能够有效提高客单价。另外,通过爆款+新品的搭配方式,用爆款商品为新品引流,提高新品的知名度。套餐搭配还可以选择毛利高的商品,可以提前进行配餐,降低食材成本,增加商品的总毛利。

本部分应用的算法为 Apriori 算法,它是第一个也是最经典的关联规则算法。关联分析是在数据集中寻找相互关系的任务。这些关系可以有两种形式:第一种形式是频繁项集,指的是常常在一起出现的物品的集合;另一种是关联规则,即两种物品之间可能存在强关系。我们通常会使用 Apriori 算法找出数据集中出现最频繁的数据集合,这些数据的发现和挖掘可以作为依据帮助我们进行一些决策。其核心观点是由候选集生成与情节的向下封闭检测这两个阶段来挖掘频繁项集(Frequent Item Sets)。挖掘步骤为:先根据支持度找到所有频繁项集,再依据置信度产生关联规则(Association Rules)。

常用的频繁项集的评价指标有支持度、置信度和提升度。其中置信度指的是关联性的数据在总数据集中出现的概率。对于待分析关联性数据 X 和 Y,对应的计算公式为:

$$Support(X,\ Y) = P(X,\ Y) = \frac{number(XY)}{number(AllSamples)} \tag{7-4}$$

置信度指的是 X 在 Y 出现情况下的条件概率,对应的计算公式为:

$$Confidence(X \Leftarrow Y) = P(X \mid Y) = \frac{P(XY)}{P(Y)} \tag{7-5}$$

提升度指的是 X 在 Y 出现情况下的条件概率与 X 出现概率的比值,对应的计算公式为:

$$Lift(X \Leftarrow Y) = \frac{P(X \mid Y)}{P(X)} = \frac{Confidence(X \Leftarrow Y)}{P(X)} \tag{7-6}$$

挖掘流程如下:

输入:数据集 D,支持度阈值 s,最小置信度 c。

输出:最大的频繁 k 项集。

算法步骤:

(1) 扫描整个数据集,得到所有出现过的数据,作为候选频繁 1 项集。

k = 1，频繁 0 项集为空集。

（2）挖掘频繁 k 项集。

a）扫描数据计算候选频繁 k 项集的支持度。

b）去除候选频繁 k 项集中支持度低于阈值的数据集，得到频繁 k 项集。如果得到的频繁 k 项集为空，则直接返回频繁 k−1 项集的集合作为算法结果，算法结束。如果得到的频繁 k 项集只有一项，则直接返回频繁 k 项集的集合作为算法结果，算法结束。

c）基于频繁 k 项集，连接生成候选频繁 k+1 项集。

（3）令 k = k+1，转入步骤 2。

Apriori 算法基于一个先验，即若某个项集是频繁的，则它的所有子集也是频繁的，其中频繁指的是支持度大于阈值。也就是说，若某个候选的非空子集不是频繁的，那么该候选集一定不是频繁的。因此在计算候选频繁 k 项集时，若当前候选项集有子集不在频繁 k−1 项集中，那么这个候选项集就不再需要参与同支持度的判断，可以直接被删除。在 Apriori 算法中有两个重要的步骤，分别为如下内容：① 连接：为找 F_k，其中 F_k 表示所有的频繁 k 项集的集合，通过 F_(k−1) 与自己连接生成候选 k 项集。该项集的集合记作 L_k。设 F_1 和 F_2 是 F_(k−1) 中的项集，执行 F_(k−1) 自连接操作，其中 F_(k−1) 的元素 F_1 和 F_2 是可以连接的。② 剪枝：L_k 的成员不一定都是频繁的，所有的频繁 k 项集都包含在 L_k 中。扫描数据库，确定 L_k 中每个候选集计数，并利用 F_(k−1) 剪掉 L_k 中的非频繁项，从而确定 F_k。

算法流程如图 7 − 10 所示：

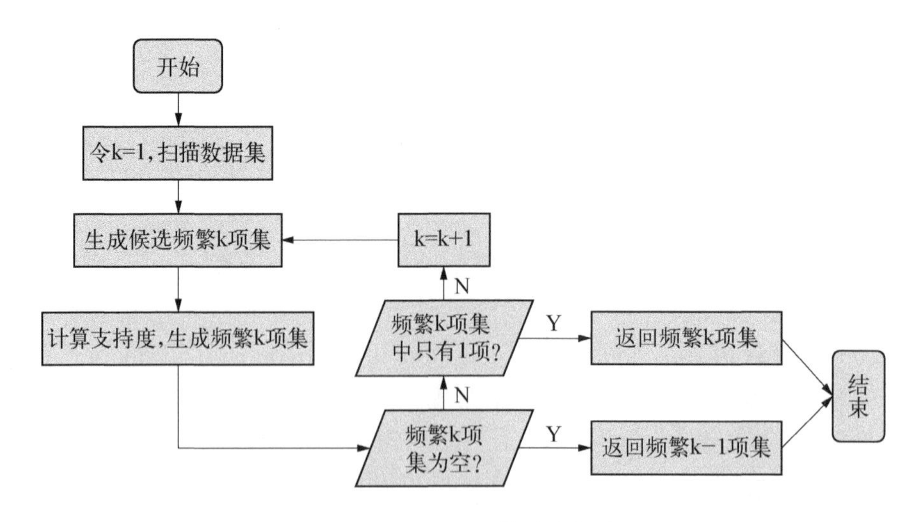

图 7 − 10　Apriori 算法流程图

Apriori 算法是基于用户感兴趣项集和项集重要性的方法，在较少数据集中挖掘事物之间的关联度具有很高的效率。考虑到要分析的菜品之间的关联度是针对单个商家，而一家店铺在外卖中提供的菜品数量是可观的，因此在对订单表依据商店进行分类，对每个商家拥有的菜品订单数据进行集合时，我们会利用 Apriori 算法进行分析，挖掘出菜品之间的相关性，从而为菜品的套餐售卖做好铺垫。

基于 Apriori 算法，选取其中一家商店的消费记录进行分析，其中每一笔订单当作一个项集，订单中的菜品作为项目，研究菜品之间的关联度从而给出菜品推荐成为套餐，套餐结果可视化结果如图 7－11 所示。

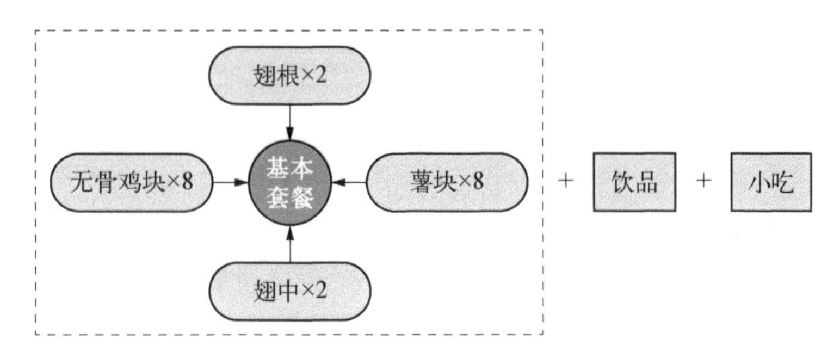

图 7－11　基于 Apriori 算法的套餐推荐结果展示图

7.4.4　平台骑手时间分析

来自美团公布的财报显示，2021 年共有 527 万骑手在美团平台上获得收入，而饿了么蜂鸟即配官网显示 2021 年共有 114 万外卖小哥在饿了么平台获得稳定收入，这么看来，全国至少有超 600 万外卖骑手，目前平台竞争加剧，商户盈利空间收窄，外卖生态圈的一个主要组成部分——外卖小哥的生存状况也引起了大家的重视。“快”是外卖行业的立身之本，因此对速度的要求越来越苛刻，随之而来的送餐时间链条上的不确定因素和风险也会进一步加大，这些变量都会对配送员的速度有所影响。送餐平台的时间限制愈发严格，一名外卖员透露，从最初 75 分钟送达，降到 45 分钟，再到现在 30 分钟送达，每天都会出现因为超时配送而被扣费的情况。系统给外卖员预留了超时范围，将其划分为普通超时和严重超时，严重超时会扣掉 2 块钱，普通超时不扣钱。如果碰到超时，顾客有意刁难的情况，一天就等于白干了。根据美团所公布的数据显示，美团在 2021 年全年营收 1 791 亿元，创下历史新高，其中外卖业务收入同比增长 45.3%。在平台巨额盈利背后，是骑手个人收入的减少，骑手要在自身安全和收入之间进行衡量，外卖平台追逐利益最大化而不在乎由此所带来的风险，最终风险就转移给了没有议价能力的骑手身上。由于配送时长的压力，外卖骑手只能通过超速、闯红灯、逆行等铤而走险的方式，来与交警“斗智斗勇”，无疑增加了道路交通安全风险。中国社科院研究员孙萍说，这些外卖骑手挑战交通规则的举动是一种逆算法，是骑手们长期在系统算法控制与规训下做出的不得已的劳动实践，这种逆算法的直接后果则是——外卖员遭遇交通事故的数量急剧上升。根据上海公安局交通总队数据显示，2017 年上半年，在上海平均每 2.5 天就有一名外卖骑手伤亡，同年，深圳 3 个月内有 12 个骑手发生交通事故。2018 年，成都交警 7 个月间查处骑手违法近万次，事故 196 件，伤亡人数 155 人次，平均下来每天就会有一个外卖骑手因违反交通规则而造成伤亡。①

新京报智库发布的《外卖骑手职业可持续发展调查报告》显示，外卖骑手职业面临诸多挑战，其中交通安全问题、恶劣的天气和工作强度大是外卖骑手面临的主要风险。多数外卖骑手认为餐饮商家出餐较慢占用了他们的配送时间，是导致他们出现交通安全问题的主要原因，同时他们希望获得更好的社会保障和权益保障。对于外卖骑手安全问题，陈福祥等人提出外卖平台应该针对道路交通事故发生的影响因素采取干预措施，以提升外卖骑手的道路交通安全水平。

本章对预期配送时间与实际配送时间数据进行分析，具体如图 7－12 所示：

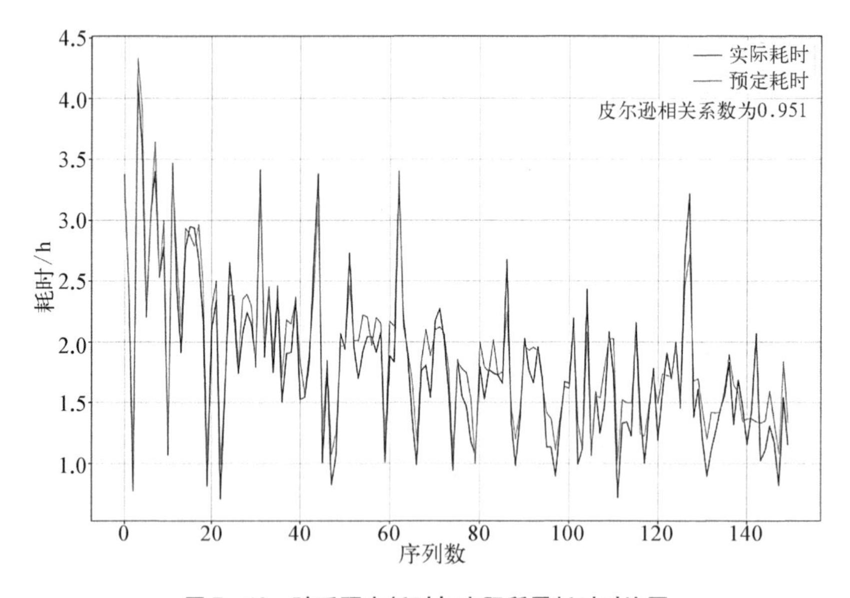

图 7－12　骑手预定耗时与实际所需耗时对比图

① 人物.外卖骑手，困在系统里 | 百家故事［EB/OL］.［2020－09－08］.https://baijiahao.baidu.com/s?id=1677231323622016633&wfr=spider&for=pc.

研究显示,预定耗时与实际耗时的波动趋势相似,其 Pearson 相关系数高达 0.951,但仍旧存在大量实际耗时高于预定耗时的情况。由此说明预定耗时可以大致说明到达需要的时间,但没有考虑路况信息。从骑手角度而言,这无形中增加了外卖超时的心理压力,在取餐和送餐过程中因过失或意外而发生碰撞的概率将大大提升。为适当减少外卖骑手的安全隐患,本章利用梯度下降法的最小二乘思想将预计耗时提升 6 分钟左右的时间,最后的结果与实际耗时 Pearson 系数可以达到 0.989。

因此,调整骑手的预计配送时间,一方面可以更好地保障骑手的安全,减少事故发生率;另一方面是为了给消费者提供更好的服务,保证菜品的完整性和使用满意感,从而提高对商家、平台的信任度。

7.4.5　消费者对外卖食品安全关注度分析

2019 年 8 月,上海市质协用户评价中心发布了《上海外卖食品安全社会调查报告》,调查发现受访者对“食品安全”问题最为关注,关注度占比达 78.7%,其次是占比为 77.1%的外卖口味。“非常关注”食品安全问题的人群,占比为 37.7%,“比较关注”食品安全问题的人群占比为 51.2%,关注度累计占比达 88.9%。这些数据表明受访者对外卖食品安全关注度较高,并且调查中有近三成的受访者表示曾收到有食品安全问题的外卖,食品安全问题类型中,受访者对“过度添加”“食品超过保质期”和“食源性疾病”三类食品安全问题的关注度最高。①

本章节将使用自组织映射(Self-organizing Maps,简称 SOM)算法来分析消费者对于外卖食品安全的关注程度。SOM 算法模仿人脑神经元的相关属性,属于无监督的神经网络算法。它的主要优点在于通过神经网络的学习训练,提取出许多数据之间的共性,将相邻关系强加在簇质心上,因此互为邻居的簇之间比非邻居的簇之间更相关。这种联系对于聚类结果的解释和可视化有利。多层神经网络大多通过梯度下降法最小化损失函数的方式更新参数,然而与多层神经网络不同,竞争型网络结构的输出层神经元之间会为了被激活而相互竞争,因此每个时刻会有一个获胜的神经元被激活,其他神经元的状态则会被抑制。

自组织映射的过程主要包含四个步骤:

(1) 初始化,即初始化权向量并对其和样本进行归一化。

(2) 寻找获胜神经元,即神经元分别计算其与输入内容之间的距离,具

---

① 上海外卖食品安全社会调查报告[J].上海质量,2019,(07):42－47.

有最小距离的神经元被认为是获胜神经元，即优胜节点。距离最小，即归一化后的权向量与输入样本向量的内积最大。

（3）确定优胜领域，即确定获胜神经元对周围神经元的影响范围。

（4）网络输出与权重调整，直到学习率衰减到一个阈值，网络参数更新停止。

其具体算法步骤如图 7－13 所示，

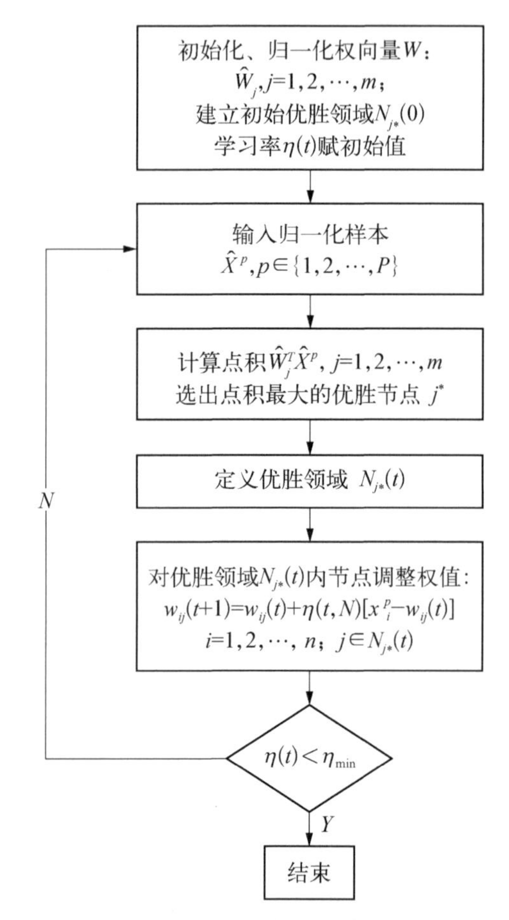

图 7－13　SOM 算法步骤

根据我们所发放的问卷数据，提取出消费者对外卖食品安全关注度的四个方面指标包括：外卖价格、配送费、可回收餐盒使用的食品安全意识、对食品安全的关注度。通过之前的研究我们知道外卖价格、配送费与消费者感知的外卖卫生状况呈正相关，并且商家进行可回收餐盒的使用，以及消费者对食品安全的关注度也与消费者对外卖食品安全的关注程度息息相关。所以我们根据这四个指标对消费者人群聚类，并采用 SOM 算法进行建模训练。其

中,关键步骤为核心节点的选取,$\left|\hat{X}-\hat{W}_{j*}\right|=\min_{j\in\{1,2,\cdots,m\}}\left\{\left|\hat{X}-\hat{W}_{j*}\right|\right\}=\sqrt{(\hat{X}-\hat{W}_{j*})^T(\hat{X}-\hat{W}_{j*})}=\sqrt{\hat{X}^T\hat{X}-2\hat{W}_{j*}^T\hat{X}+\hat{W}_{j*}^T\hat{W}_{j*}}=\sqrt{2(1-\hat{W}_{j*}^T\hat{X})}$,从上式可以看出,欲使得两单位向量的欧氏距离最小,须使两向量的点积最大,即:$\hat{W}_{j*}^T\hat{X}=\max_{j\in\{1,2,\cdots,m\}}(\hat{W}_{j*}^T\hat{X})$。另外,网络采用邻域函数选择出需要被修改的神经元,数学表达式如下:

$$N(t)=\exp\left(-\frac{d}{2\sigma(t)^2}\right) \tag{7-7}$$

其中,σ 会随时间推移而减少,常见的时间依赖性关系是指数型衰减,数学表达式如下:

$$\sigma(t)=\sigma_0\exp\left(-\frac{t}{\tau_0}\right) \tag{7-8}$$

其中,d 为对应节点距离优胜节点的距离。

在分析消费者对外卖食品安全关注度之前,先对上述四个指标进行初步分类:包装费完全不接受、无所谓、1 元为低支出,2 元、3 元为中支出,5 元为高支出;订餐价格 0—20 为低,20—40 为中,40 以上为高;回收餐盒使用情况的食品安全意识,坚决不购买为高,如果商家评分高会考虑购买为中,无所谓为低;食品安全关注度分值为 1—2 为低,3 为中,4—5 为高。并最终将包装费和订单价格归为费用支出,回收餐盒使用情况的食品安全意识,以及食品安全关注度统称为食品安全关注度,然后通过 SOM 算法挖掘出 4 类消费人群,如图 7 - 14 所示,

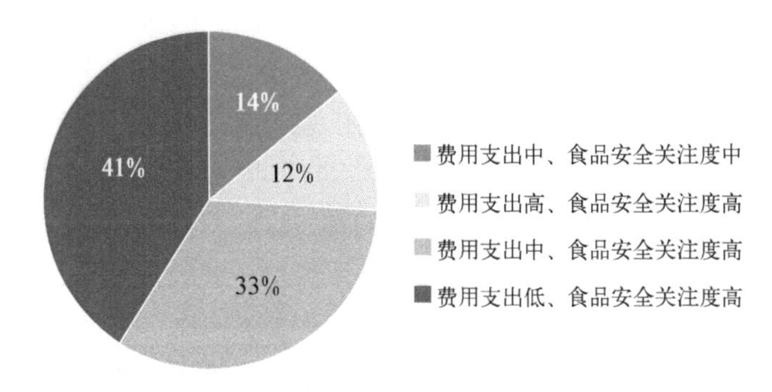

图 7 - 14　外卖食品安全关注度占比

从图 7 - 14 可以看出,大多数消费者对外卖食品安全问题关注度较高,占比为 86%,而有 74%的消费者对保障食品安全的费用支出意愿较低,即说

明了消费者的矛盾心理。所以政府和平台应该适当实行一些补贴优惠政策，来填补两者之间的鸿沟，满足消费者对合适价格买到放心外卖食品的基本愿望。

7.4.6 外卖食品安全评价体系分析

在国家企业信用信息公示系统中，北京三快在线科技有限公司（美团外卖平台的主体公司）和上海拉扎斯信息科技有限公司（饿了么外卖平台的主体公司）在调查过程中均发现存在“为无食品证商户提供线上服务”“未履行食品安全责任”等行为，两家公司及其相关分公司均因为该类事件受到当地相关监管部门的多次行政处罚。根据各个媒体的明察暗访，代办中介和“三无”餐馆依旧猖狂，部分商家花了几百元就能通过中介代办套用他人营业执照，所谓的“严打”成了一句苍白的口号，如果不能守好资质审查和长期监督的门槛，那么食品安全问题迟早会爆发，不合格餐饮店仍会卷土重来①。因此我们应当吸取以往教训，不能仅仅在食品安全问题爆发后，再采取措施来处理，在一开始对资质审查规制进行完善，严格地守住准入门槛，坚决将黑餐馆抵制在门外，严厉地处罚违规店家和员工，记录处罚原因以作为之后的审核参考，监管部门需要加大对平台的审核的监管力度，督促平台以更严苛的标准来筛查商户，从源头上堵住黑餐馆等进入市场，保障消费者权益。

2004年北京市首创数字化城市管理新模式，现代化的城市管理走进了现实。数字城管能够提高城管效率，更新理念，是提升城管水平的重要途径。北京数字政通的数字城管平台以行业监管、应急指挥、大数据分析、视频识别、惠民服务等为方向的应用体系，满足全国各地多样化的应用需求。随着“地摊经济”的不断升温，各种违规经营问题、外卖食品安全等问题逐渐增多。地摊经济的到来也增加了公用事业、政务应急、公共安全等领域的治理负担。2020年6月数字城管的研发公司数字政通表示已经在数百座城市建立了数字化城市管理系统，其中包括成都、青岛、郑州等，与各地城市管理部门密切配合，并且还增加面向地摊经济服务的系统软件功能，共同推动城市建设与民生发展。以物联网、云计算、GIS等新兴技术作为支撑，让相关部门来对地摊经济进行监控、管理，大大地提高地摊市场的规范性，提升城市形象。推动地摊经济向常态化、规范化发展。

---

① 中国商网.直击三大痛点　外卖平台乱象何时休[EB/OL].[2020－04－22].http://food.china.com.cn/2020-04/22/content_75961716.htm.

因此本章节将采取随机梯度下降法(Stochastic Gradient Descent,简称SGD)来设计针对数字化城市治理的外卖食品安全协同治理评价体系。SGD与传统的梯度下降法不同,不需要将所有样本都带入计算,对于一个样本数为n的d维样本,传统的梯度下降法每次迭代求一次梯度,其计算复杂度为O(nd),如果碰到处理的数据量很大而且迭代次数比较多的情况,程序运行时间就会非常慢。梯度下降法,即从梯度的反方向进行优化。神经网络训练时,通常会以最小化损失函数为目标,使用梯度下降法更新参数。假设损失函数为J(θ),其中θ为待更新参数,梯度下降法的原理公式,即参数更新依据为:

$$\theta = \theta - \alpha * \frac{dJ(\theta)}{d\theta} \tag{7-9}$$

其中α为学习率。

SGD的算法的过程如下:

(1) 初始化参数,参数包括权向量、迭代次数、误差限、衰减参数、学习率和比例系数等。

(2) 计算待更新参数处的梯度。

(3) 更新梯度。

(4) 在迭代次数内重复步骤(2)和(3)。

支持向量机(Support Vector Machine,简称SVM)是一类按监督学习(Supervised Learning)方式对数据进行二元分类的广义线性分类器(Generalized Linear Classifier)。其基本思想是在样本空间中找到一个超平面,该超平面应该能将样本根据类别分割开来,并且保证两类样本到超平面的距离最大,即找到具有“最大间隔”的划分超平面。其中,间隔为每个样本到超平面距离中的最小值。

随机梯度下降法每次迭代不再是找到一个全局最优的下降方向,而是用梯度的无偏估计来代替梯度。每次更新过程为:

$$g(w_t) = \lambda w_t + y_t w^T x_t \tag{7-10}$$

$$w_{t+1} = w_t - \eta_t g(w_t) \tag{7-11}$$

因为随机梯度每次迭代采用单个样本来近似全局最优的梯度方向,迭代的步长应适当选小一些以使得随机梯度下降过程尽可能接近于真实的梯度下降法。

算法步骤如图7-15所示:

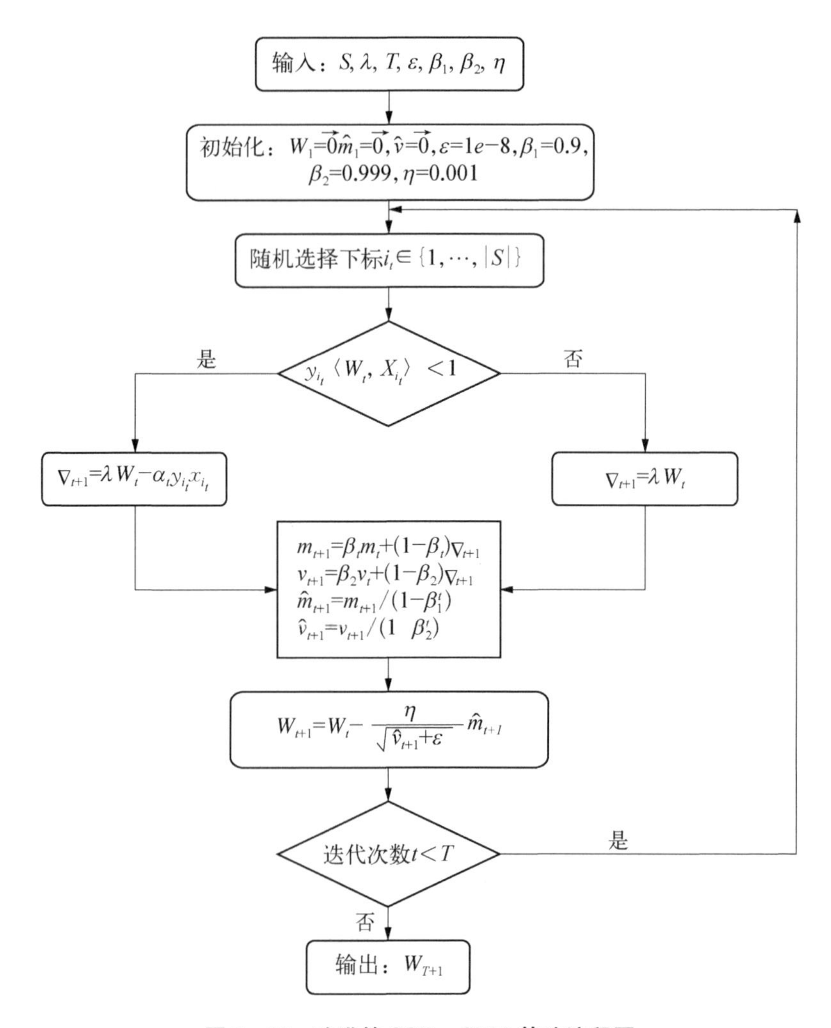

图 7 - 15　改进的 SGD - SVM 算法流程图

其中，T 为迭代次数，ε 误差限，β_1，β_2 为衰减参数，η 学习率，λ 为比例系数。

本章节根据浙江省食品药品监督管理局的公开数据集设计了外卖食品安全协同治理评价体系，来协助政府对商家的食品安全情况进行初步审查工作。我们通过聚类得到商家的评定等级(x_1)、餐品是否合格及其次数(x_2)、商家信用等级(x_3)、餐品类别不合格度(x_4)、是否许可商家生产经营(y)以及硬性指标法人是否有违法经历(z)考虑到这些指标存在同秩性，指标值需要有区分的线性变换处理。因此，本次设计的外卖食品安全协同治理评价体系分为两个阶段：

第一阶段，考察法人是否有过食品安全方面的违法经历，如有违法经历，根据法人违法行为距今时长，若 5 年（生产许可期限为 5 年）之内无任何违法记录，给予生产经营许可权的下一阶段审核，否则不给予；对于之前被拒商家而 5 年之内无经营生产行为的，给予生产经营许可试用期，试用期时长由政府部门给出。

第二阶段，结合这 4 个指标构建多元线性模型如下所示，其中 y 值取 0，1。

$$y = w_1 * x_1 + w_2 * x_2 + w_3 * x_3 + w_4 * x_4$$

为了获取模型的权重，采用改进的随机梯度下降-支持向量机（SGD-SVM）算法，训练得到模型的权重 $W = [w_1, w_2, w_3, w_4]$。由于政府公开数据存在缺失，需要获取更多的数据训练才能得到具体的权重，因此考虑采用仿真实验进行分析，通过上述算法得到权重 $W = [-0.8578, -0.0469, 0.9996, -1.4176]$，且通过训练集和测试集对模型进行预测精度估计，训练集精度为 95.08%，测试集精度为 93.88%，可见该模型预测效果较好。

根据图 7 - 16 所示，ROC 曲线和横纵坐标围成的 AUC 面积约为 0.99，趋近于 1。因此，可以说明该算法分类器判错率较低，效果好，也进一步说明该模型有很好的鲁棒性，能为食品安全协同治理评价体系的构建提供有力的支撑。

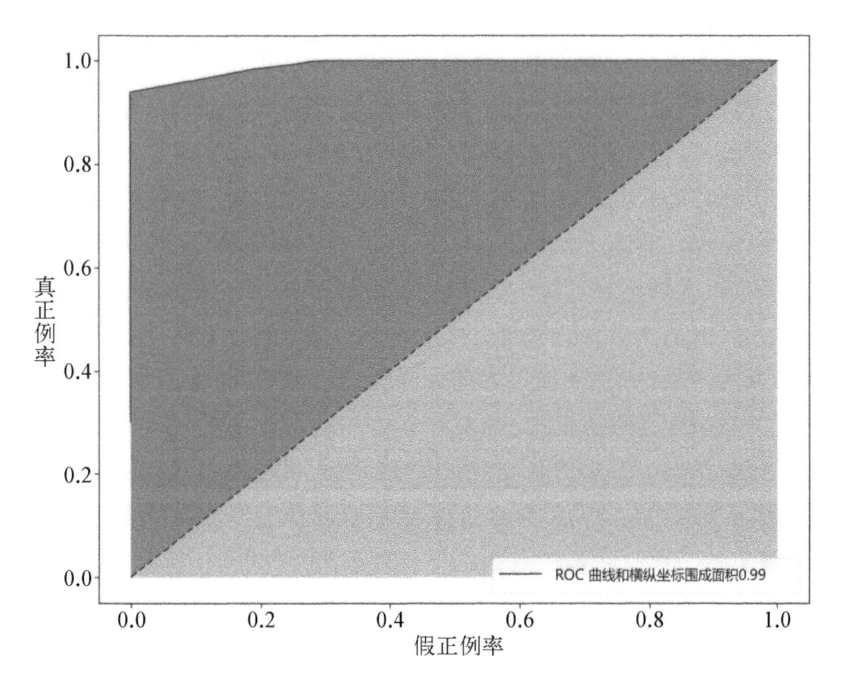

图 7 - 16　ROC - AUG 模型分析

训练好模型之后，在第二阶段政府审核生产经营许可权时，可以根据上述指标计算出 y 值，判断 y 值接近 0 或 1，当 $y \to 0$ 时，给予商家生产经营许可审核不通过，反之则审核通过。

在构建了外卖食品安全协同治理评价体系后，政府可以初步筛选出审核不被通过的商家，减少政府检测检查的工作量，降低执法成本。特别是疫情后地摊经济兴起，通过该体系可对地摊经营户的食品安全状况进行预警，同时也能促进民生经济的平稳发展。并且后期期望政府公开更多的数据集，以实现各表之间的匹配，推动该体系的实践完善。

7.5　本章小结

本章详细分析了在“互联网+”的浪潮下，外卖行业发展至今的规模现状和该行业的食品安全状况，发现网络外卖已经成为现下新的餐饮方式，广受大众欢迎。但与此同时，人们对其服务质量、食品安全有了越来越高的要求。因此，对外卖供应链的改善成了该行业的一大需求，目前国内这方面的研究主要体现在：配送时间和路径的优化、构建监督机制、从消费者的角度去发现问题并改善。但实际情况中，这些改善的方面并不能起到显著作用，反而食品安全问题愈发严重。

为此，本章首先从网络平台外卖食品安全现状出发，分析目前外卖食品安全所面临的痛点。其次对政府和商家的数据进行整理与分析，通过数据挖掘对消费者画像、评分影响因素、商家备菜时间、套餐搭配、平台骑手时间、消费者对外卖食品安全关注度、外卖食品公私协同治理的评价体系与预测机制进行分析，具体分析结论如下：在消费者画像方面，根据问卷数据，对消费者进行人物刻画，进行人群分类，发现使用手机上网时间长受教育程度高、收入高的消费者人群周订餐次数最多。在商家评分影响因素方面，通过 Naive Bayes 算法，挖掘出了大部分消费者的订餐特征：订餐价格处于中等偏低的位置，配送距离较短，耗时较短。在商家备菜时间方面，运用数理统计的方法，挖掘出外卖的高峰时段：中饭时间与晚饭时间，另外还有凌晨夜宵时间段都是外卖的高峰期。商家应当把握住外卖的高峰期，提前准备好菜品减少食品安全问题产生。在商家配餐决策方面，采用 Aprior 算法，对每个商家的热卖菜进行优化配套售卖，既提高了商家的销售额，增加了利润，也解决了消费者选择的烦恼。在平台骑手时间方面，分析平台预计的配送时间和骑手实际送达时间之间的相似度，发现皮尔逊相关系数为 0.951，说明其相似程度很高，但整体出现上下偏差，并采用梯度下降法调整骑手的派送时间，最后得到时间为 6 分钟左右，保障了骑手的安全和权益，进一步保证了菜品的安全性和消费者满意度。在消费者对外卖食品安全关注度方面，运用 SOM 算法来对消费者进行分类，挖掘出对外卖食品安全问题关注较高的人群和费用支出意愿情况，结果表明大多数消费者对食品安全关注度较高，但对保障食品安全支出的意愿较低，因此政府和平台应当实行一些补贴政策来填补两者之间的鸿沟。本章最后还构建了外卖食品公私协同治理的评价体系和预测机制，帮助政府快速筛选出审核不被通过的商家，减少政府检测检查的工作量，降低执法成本。

第 8 章　我国社区团购食品安全的基本态势研究

8.1　本 章 概 要

近年来,随着互联网和信息技术的迅速演进,中国社会消费品零售经济正呈现出新的蓬勃发展态势。在这股创新浪潮中,社区团购作为零售经济的一大创新亮点,自 2016 年起开始蓬勃兴起,并在 2020 年新冠疫情的冲击下迎来了前所未有的暴发性增长。多多买菜、淘菜、美团优选等一系列社区团购平台如雨后春笋般涌现,为消费者带来了崭新的、本土化的、小众化的互联网消费体验。近年来,社区团购的用户规模持续扩大。尤其在疫情影响下,由于居家政策的推动,社区团购备受瞩目,截至 2020 年疫情暴发后不久,社区团购新增用户数量已高达约 2.3 亿人。这种在家门口便捷获取所需商品的消费方式迅速成为生活中不可或缺的一环。令人瞩目的是,仅短短 5 年间,社区团购的用户规模从 2016 年的 9 500 万增长至 2021 年的 6.46 亿,增长幅度高达惊人的 6.8 倍。这一迅猛增长背后,凸显出社区团购在满足居民日常需求、提升消费便捷性方面的巨大潜力。这也说明了社区团购正呈现出广阔的发展前景。

然而,随着社区团购市场的迅速发展,也带来了一些需要关注和解决的问题。根据中消协发布的《2020 年全国消协组织受理投诉情况分析》,食品类投诉在各类问题投诉中位列第三,与 2019 年相比增长了 2.28 个百分点。其中,备受关注的社区团购也面临大量投诉,主要涉及缺斤少两、果蔬不新鲜、存在食品安全隐患等问题。2020 年 12 月,国家相关部门提出了关于社区团购的“九不得”规范,但食品安全问题仍未得到有效治理。因此,加强社区团购食品安全监管势在必行。

基于以上背景,本章将深入研究我国社区团购领域中食品安全的现状和基本态势。首先,介绍了社区团购发展概况与发展历程,凸显其日益扩大的影响力。特别地,探讨了核心参与主体:消费者、商品、平台模式和团长,揭示了组成社区团购的各方在平台运中的定位和作用。其次，对社区团购模式，包括其特征、仓配机制以及各参与方的诉求和态度进行了详细分析。其中，着重突出了供应商、品牌和团长在模式中的地位与变革。再次，探讨了社区团购中的食品安全问题。阐述了食品安全特征，突出了其问题的范围广、风险高以及监管困难等特点。通过食品安全溯源分析，系统揭示了社区团购食品供应链中的各个环节中的潜在风险点。最后，提出了针对性的对策建议，以改善社区团购食品安全问题。这些措施包括源头监管、规范操作流程、强化仓储基础设施和设立团长选拔准则等。这些建议旨在确保社区团购食品安全从源头到末端的各个环节。

8.2　社区团购发展概况

8.2.1　社区团购简介

社区团购是一种下沉于居民社区，以团长为桥梁，发展熟人经济的“社交零售”模式，通常以家庭为消费场景，是消费者购买高频刚需生活品的重要渠道。“预售”模式帮助商家提前确定产品销量，大大减少产品损耗；社区团长借助个人影响力发展社区熟人经济，进行私域流量裂变，增加消费者信任感，提高消费者复购率；社区统仓统配，提高物流效率并降低成本。

社区团购模式主要由商家平台、团长和社区居民三方组成，具体经营模式如图 8－1 所示。社区团购是社区居民自发形成的团体购物消费行为，以真实社区为依托，具有区域化、本地化、小众化、网络化的特点。具体流程一般是，消费者首先通过团购平台下单，商家后台接单后直接与供货商成交，并将货物分配到消费者附近的自提点，最后由团长分配，消费者自行前往自提点进行自提的购物方式。社区团购一般都是当天下单，次日提货，有的产品甚至是当天下单，当日提货。

8.2.2　社区团购发展历史

社区团购自 2015 年逐步进入大众视野，发展历程主要分为四个阶段。

（1）萌芽阶段：移动支付、微商的出现为社区团购模式打下发展基础。这一阶段，人们开始并逐步接受如微信支付、社区拼团和微商带货等新型购物模式。

（2）起步阶段：社区团购模式初步形成，商品展示集中于 QQ 群、微信群。此时由于没有统一平台展示商品全部 SKU，致使商品 SKU 受限，销售

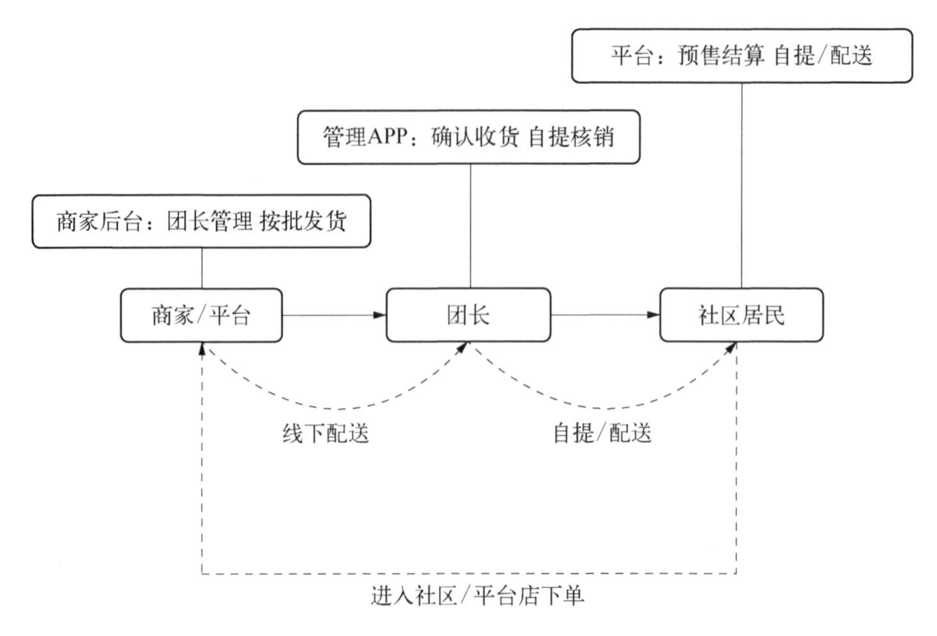

图 8-1　社区团购经营模式图

存在瓶颈，营业收入较难提升。

（3）持续发展阶段：随着微信推出小程序功能，社群电商的交易效率得到快速提升，社区团购出现多平台用以商品展示与销售。同时，社区团购的线下店模式以及供应链基础设施建设稳步推进。

（4）暴发阶段：2018 年开始，社区团购开始进入规模化扩张阶段，产品 SKU 得到扩充，2020 年受疫情和资本入局影响，呈现暴发式增长。社区团购的商业模式逐步成熟，平台化运营落地。另外，为了遏制低价倾销、哄抬价格、大数据“杀熟”等乱象，市场监管总局联合商务部于 2020 年底召开了规范社区团购秩序会议，互联网平台如阿里、腾讯等 6 家参与。会议强调依法加强社区团购监管，遏制低价倾销、不正当竞争等行为，维护公平竞争，保障民生。会议要求各地加强调查研究，创新监管方式，维护社区团购市场秩序。

8.3　社区团购组成主体

8.3.1　中青年为主的消费群体

8.3.1.1　社区团购的核心

消费者使用社区团购的核心原因是省钱，其次是省时和方便。从消费者“多、快、好、省”的效用维度分析,社区团购主要满足“省”的需求。

如表8－1所示,分场景来看,社区团购属于非即时性消费的场景,用户下单后常需等待半天以上,这类似于京东和淘系电商。本地商超、生鲜电商、菜市场则属于即时性消费场景,消费者可以很快拿到所需商品。对比其他非即时性渠道(主要是线上渠道),社区团购的亮点是兼顾了“快”和“省”,但在品种丰富度上有较明显劣势。

表8－1　社区团购主要满足消费者的需求分析

	非即时性消费			即时性消费		
	社区团购	淘系电商	京东	本地商超	生鲜电商	菜市场
多		★★★	★	★★★	★	
快	★★★	★	★★★	★	★★★	
好		★	★★★	★	★★★	
省	★★★	★		★	★★★	

分品类来看,社区团购的一大亮点是能够兼顾生鲜需求。我国生鲜需求的主要渠道是商超和菜市场,但这二者本身都无法提供配送服务。超市到家、生鲜电商模式尽管都能够提供配送上门服务,但二者的价格相较传统渠道较高,在对价格更为敏感的下沉市场存在一定的劣势。社区团购对于生鲜需求而言,主要满足了“便宜且能够配送到社区”的核心需求。

我们可以看到消费者使用社区团购的核心原因排序为:① 省钱,② 省时/方便,③ 图新奇尝试一下。如图8－2所示,51%的消费者选择使用社区团购是因为商品价格实惠;37%的消费者是因为节省时间——提货点一般距离住宅楼500 m以内,且下单次日16:00即可自提,能够满足大多数消费者的省时和便捷性要求;而“邻友曾经用过”这个点,一定程度上也反映了团长所起到的推广作用①。

社区团购低价的主要原因来自供给端的高效率。一时的低价可以通过

① 东吴证券.社区团购深度研究:硝烟进行时,品牌/平台/团长都在想什么[EB/OL].[2021－05－14].https://baijiahao.baidu.com/s?id=1699714729150970405&wfr=spider&for=pc.

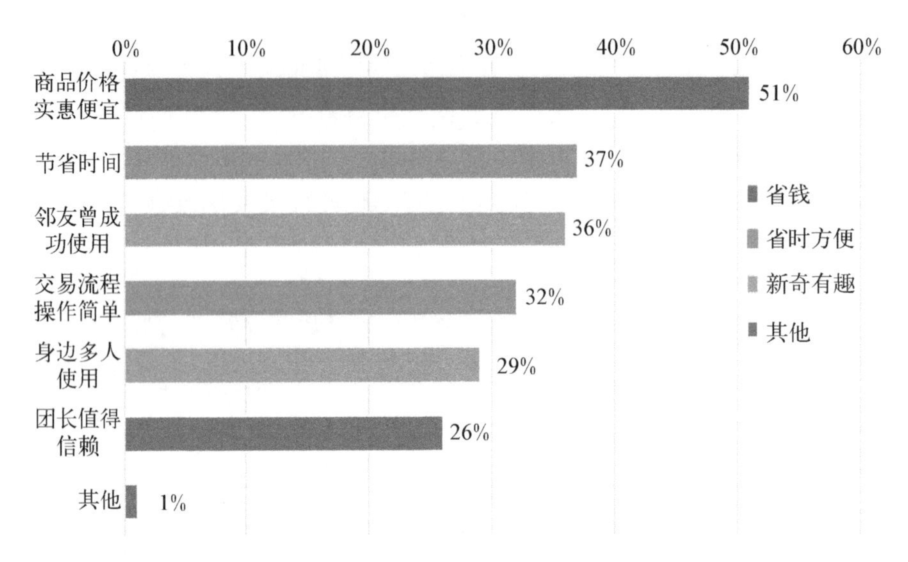

图 8-2　人们使用社区团购的原因

亏本补贴做到,但持续、大规模的低价,考验的是供应链"内功",即整体的效率。而社区团购的低价,正是通过"预售+次日达+自提"模式优化链路中各个环节的效率而达成。

8.3.1.2　社区团购的用户画像

抓住消费力中坚力量,社区团购的用户年龄段集中在 19—40 岁。根据 QuestMobile 的统计数据,2020 年 12 月社区团购微信小程序用户画像分布表明,19—24 岁、25—30 岁、31—35 岁、35—40 岁人群使用社区团购小程序占比分别达到 17.3%、26.4%、19.9%、11.8%,是社区团购用户的主要群体;TGI(Target Group Index,即目标群体中具有某一特征的群体所占比例)分别为 110.6、113.1、110.6、100.2,这说明 19—40 岁年龄段的用户更有可能使用社区团购小程序。这个群体较更年轻群体通常拥有更高的消费决策权,而相比更年老的群体更熟悉互联网,且对待新鲜事物的态度通常更开放。

在城市分布上,社区团购消费者主要来自三、四线城市。根据 QuestMobile 的统计数据,三线、四线及以下城市的用户占比分别为 28.1%、21.8%,是社区团购的主要用户群体。而从 TGI 角度上看,新一线、三线、四线城市的 TGI 最高,均超过 108,分别达到 110.7、113.3、108.9。对于三四线城市用户而言,社区团购贴近他们的消费需求(低价满足基础需求),给其带来了更丰富的购物选择。而目前新一线城市(如武汉等)是社区团购争夺的核心点,普及率较高,因此也拥有较高的 TGI。

在拥有盈利潜力的同时,社区团购具备“获得下沉市场流量”的功能,这使其具有重要的战略意义。流量是过去互联网行业快速增长的核心驱动,但随着高线城市网络渗透率基本饱和,下沉流量的意义越来越重要。由图 8－2 可见,社区团购的确锁定了中低线城市(特别是三四线城市)最具消费能力的 19—40 岁群体,原因很可能就是以较低的价格提供了以生鲜为首的生活必需品。另外,社区团购拥有线下场景存在,如仓配设施和团长环节。对于平台方而言,其积累的供应链管理经验、供应商资源、团长门店资源,都有进一步发掘的潜力。综上认为,社区团购在盈利之外最重要的产出,或许是以下沉流量为首的战略资源。

表 8－2　2020 年 12 月社区团购微信小程序用户画像分布

	性别		年龄						
	男	女	18 岁以下	19—24 岁	25—30 岁	31—35 岁	36—40 岁	41—45 岁	46 岁以上
占比	48.60%	51.40%	6.90%	17.30%	26.40%	19.90%	11.80%	7.60%	10.20%
TGI	92.8	107.9	76.8	110.6	113.1	110.6	100.2	86	75.3
	城际					**线上消费能力**			
	一线城市	新一线城市	二线城市	三线城市	四线城市	五线及以下	1 000 元以上	200—1 000 元	200 元以下
占比	5.80%	17.70%	17.10%	28.10%	21.80%	9.50%	23.20%	52.50%	24.20%
TGI	68.2	110.7	96.9	113.3	108.9	72.8	129.9	121.1	62.6

8.3.2　生鲜为主的商品种类

简而言之,社区团购的盈利模式是通过复用生鲜和标品的物流系统,用生鲜引流,用标品赚钱,与线下传统商超有一定相似性。

生鲜产品起到关键的聚客引流作用。生鲜作为一日三餐的食材,其需求具有较强的刚性。对于下沉市场而言,生鲜产品的意义高于头部城市。越下沉的地区,居民消费结构中“吃”的占比越高;且“吃”的开销中下馆子的占比越低。因此对于社区团购所聚焦的二三线城市及更下沉市场的居民而言,生鲜占其总消费的比重,要高于一线城市居民。从消费者需求的角度来看,生鲜、食品、快消品是社区团购的主要品类。通过社区团购购买生鲜及食品的消费者占比最高,其次是家居日用品。艾媒咨询抽样结果显示,在2020年购买过水果生鲜的社区团购消费者占48.9%,其次是粮油调味类(45.3%)、零食饮料类(41.8%)、家居用品类(34.2%),可见生鲜为首的食品类商品对于整个模式起到非常关键的引流作用。

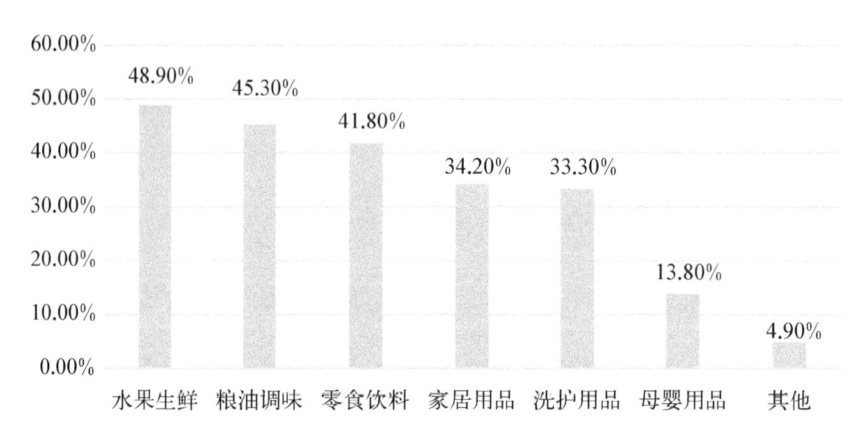

图 8-3　2020 年中国社区团购消费者购买品类调查

但生鲜无疑是各品类中经营难度最大,经营壁垒最高的品类之一,社区团购生鲜品的营业利润率低于标品。生鲜具有保鲜周期短、易腐坏变质、运输困难、保鲜不规范等特点,履约费用普遍比其他品类高。因此生鲜品尽管加价率不低,但通常很难盈利,社区团购生鲜品的亏损率高于标准品。而社区团购体系中,生鲜品的引流作用是必须的,保证低价生鲜正常供应的同时不出现大幅亏损,是对各大平台供应链管理水平的一大考验。

目前较普遍的做法是压低生鲜的占比,而最大化利用其引流能力。根据的产业调研,商品交易总额(Gross Merchandise Volume,简称 GMV)在主流社区团购平台上的生鲜占比在2020年底已降至30%左右,最小存货单位(Stock Keeping Unit,简称 SKU)占比降至40%。这个比重与传统商超中的生鲜占收入比重较为类似,而平台整体的运营逻辑也近似于商超:即生鲜及食品引流,高利润日百标品赚钱,这个比例可能已接近稳态。在总 GMV不变的情况下,生鲜比例越低平台盈利能力越强,在目前的生鲜占比下平台已具备盈利的能力(在补贴大战打响前,某些平台在其成熟区域曾实现过盈利)。若要降低生鲜的 GMV 占比,无非通过减少生鲜 SKU,或者增加其他品类的 SKU。但前者可能造成平台上的生鲜产品无法满足用户刚需导致用户流失,后者通常受制于履约能力而难以实现。

8.3.3　作为引流核心的团长

8.3.3.1　社区团购团长画像

社区团购团长主要分为两类,宝妈群体和零售店店主。零售店店主所占的比例大大高于宝妈群体,为73%,主要原因是零售店店主的线下门店可作为商品的自提点以及工作经验较为丰富而具有优势。但宝妈的优势主要在于闲暇时间多,人脉广,居民信任度高,渴望工作实现自我价值。此外,团长多为女性,且年龄分布主要在25—45岁,所在地域集中在低线城市。

两种类型的团长各有优劣,体现在社会关系、时间与精力投入、培训成本、货品仓储、提货、卖货能力等。宝妈在社区内的熟人关系网强于社区店店主,所受的信赖度也更高;在时间方面,家庭会分散宝妈的精力,社区店店长也有自己的生意需要照顾;宝妈的经验相对缺乏,卖货能力因人而异,因此培训成本高于社区店店主;社区店店主最大的优势在于其原本线下门店可作为货品仓储站和提货点,而宝妈没有存储一定数量商品的条件。

8.3.3.2　团长特征与工作特点的匹配

宝妈与零售店店主选择社区团购的原因或必然性在于其特征和工作特点能够匹配。社区团购团长工作的特点主要有围绕社区进行,依靠团长的私域流量,工作简单,推介产品主要是生鲜等。以宝妈为例,宝妈的闲暇时间多,渴望距离家近、任务不太繁重的工作,而团长这一职位恰好能够满足这些需求,使得宝妈的私域流量得以变现。

8.3.3.3　团长服务的众包化使得社区团购模式能够快速复制

团长负责社群运营,是引流的核心。此外,由于社区团购是通过朋友圈推送文案,且可以根据用户精准需求推送商品,类似非标准化的运营模式可以逐步改变用户的消费习惯。最后,具备团长潜在资质的人群很多,对于平台而言,将团长服务众包化,在降低成本的同时,也保证了该模式能够快速在多地复制并开展,从而能充分抢占先发优势。

8.4　社区团购模式

8.4.1　社区团购营销采购机制

8.4.1.1　社区人际营销:宝妈和店主的可信优势

社区团购依托熟人区域化营销,消费者更易产生信任感。对于居住在社区附近的业主或者租户而言,通过熟人网络购买、同社区用户的相互介绍等,加上群里面团长的互动使社交元素更加可靠,给用户带来更好的交互体验,信任感增强。

近年来,新营销思路层出不穷,例如软文营销、直播营销、熟人营销等,推动了电商模式的创新。不同营销方式基于的社会关系基础不同,社区团购本质上依靠的是熟人营销的优势,相对于内容营销与直播营销来说,顾客天然具有更高的信任度,有利于促进消费行为的发生,培养消费习惯和用户黏性。另外,由于团长能比较容易地获取用户的精准需求,因此可以进行个性化商品推送,提高营销效率。非标准化运营的这一性质决定了团长这一角色是难以被标准化流程取代的。如图 8-4 所示。

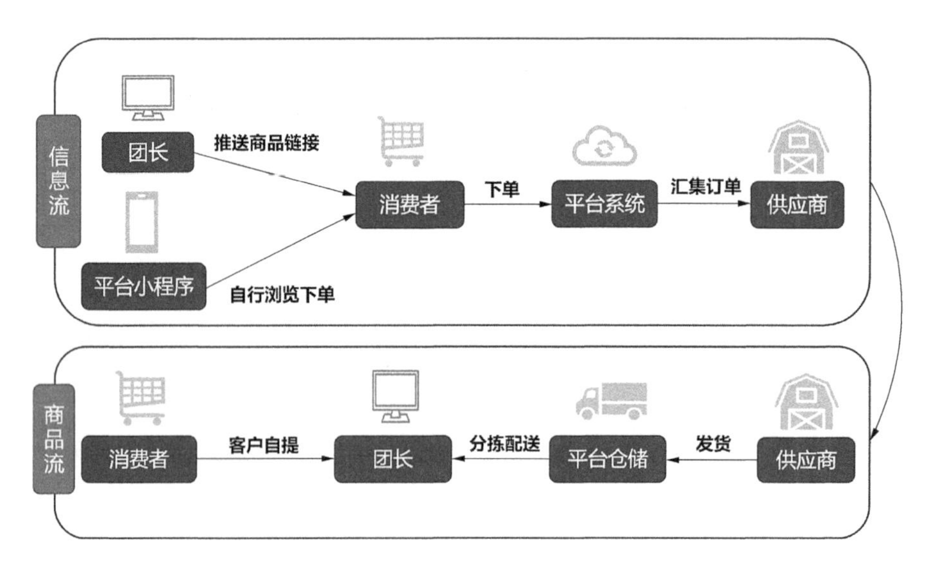

图 8-4 社区团购的信息流和商品流

8.4.1.2 便捷采购:预售+自提+次日达

“预售、自提、次日达”这三个词,是对社区团购用户体验维度的一个精辟的概括。这里面“预售”反映的是社区团购的信息流,“自提”反映的是商品流,“次日达”反映的是“预售、自提、次日达”这三点之间,存在精密的联系。其围绕着“三级仓”这一专为社区团购模式打造的特殊仓配体系相互实现,最终做到“高效低价”。

“次日达”使得社区团购在时效性方面具有良好体验。一般来说,社区团购平台的截单时间是每天晚上的 11 点或 12 点,次日 16 点起即可到团长处提货。这样的配送效率,已经可以满足大多数计划性的需求。

社区团购通过足够快的履约,实现了“预售”。预售模式的核心优势是没收到订单就不会进货，从而摆脱仓储成本和存货减值风险。而在先搜集订单再进货的情景下，履约速度成为核心变量，因为送货越慢，预售的提前量就越大，对消费者的吸引力就越低。社区团购得以实现“预售”，一个内在原因是拥有“次日达”的高时效性。

在控制履约成本方面，“自提”是一个关键：在物流环节，一般而言配送速度越快，单票成本就越高。社区团购以媲美通达系快递的低成本，实现“次日达”效率的核心原因在于自提，具体而言：① 省略了“最后一公里”配送上门的成本，而配送正是传统快递/仓配的一大支出项；② “自提”模式一般由每个团长每天仅配送一次，从而进一步缩减履约成本，让履约物流变成“低频次、高重量”模式，同时节省时间提高时效性。见图 8－5。

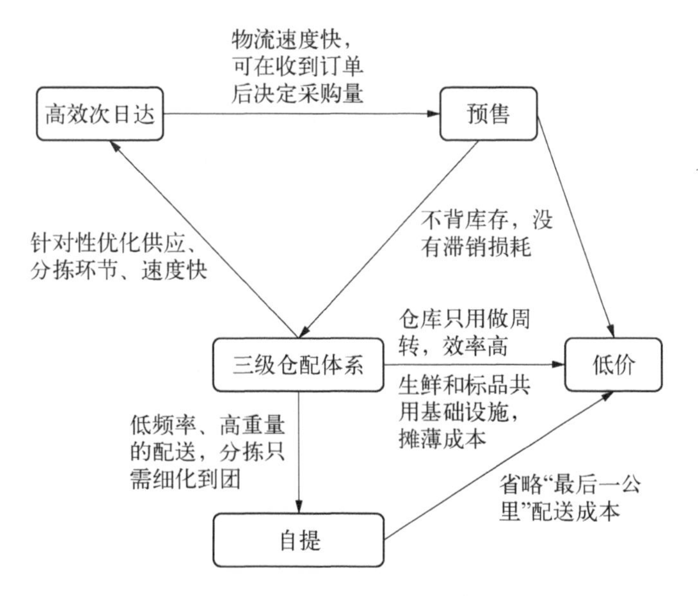

图 8－5　预售、自提、次日达、低价、三级仓之间的内在联系

8.4.2　社区团购的仓配机制

社区团购仓配关键词：三级仓模式，减轻库存压力。基于①对时效性要求高，供应商备货时间少；② 不需要备库存；③ 团长端物流的低频高重量，这三个特点。社区团购打造了三级仓配体系。三级仓分别是共享仓、中心仓、网格仓，三者是“多对一对多”的关系。除了共享仓之外，中心仓、网格仓基本都仅用于分拣流转，所有商品在送达团长之前，都会经过平台中心仓和网格仓分拣。三者是“多对一对多”的关系：即一个中心仓会对应多个共享仓和多个网格仓，通常每个供应商都有自己的共享仓；一个中心仓可覆盖

100 个甚至更多网格仓,通常覆盖 50—80 个;一个网格仓约对应 100—500 个团点。见图 8-6。

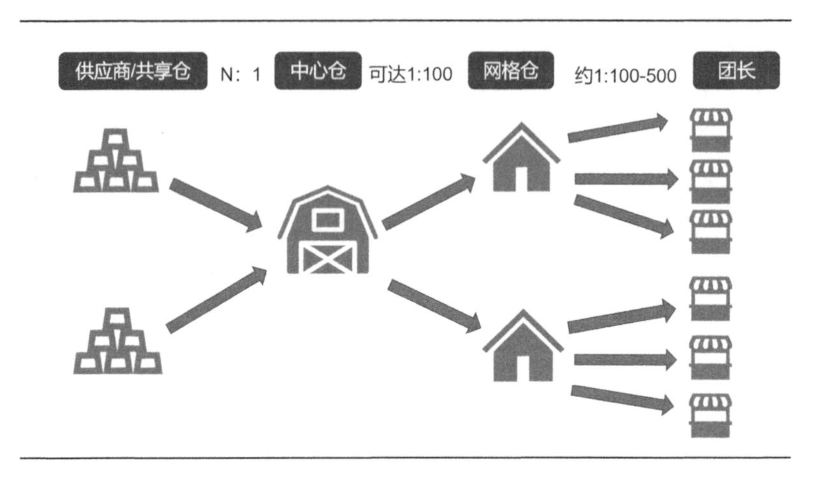

图 8-6　社区团购共享仓、中心仓、网格仓之间的对应关系

共享仓/加工厂能保证供货的及时性,成本由供应商承担。共享仓/加工仓通常在中心仓的附近(也有可能直接租用中心仓的一部分),以保证供应商能在较短的时间内完成向平台中心仓的供货交付任务;而加工仓承担将生鲜非标品加工成为标品的职能,比如将重量大小不一的瓜果配重打包成重量固定的标准化包装。

共享仓这一环节的产生,主要是因为平台对上游供货的时效性有较高要求。社区团购以销定采,意味着供应商在平台 12 点截单后才能得知这一天的总需求量,却要在凌晨 2 点前保证所有货品送达中心仓。尽管供应商会提前预测需求量,并将部分商品提前送至中心仓,但若需在截单后补送商品,留给供应商供货的时间仍然比较紧张。加工仓产生的原因是中心仓通常没有加工、包装产品的能力。

中心仓: 是团购仓配体系的核心和枢纽,一般由平台自营。覆盖区域内所有的订单都要经过平台的中心仓。作业主要包括: ① 从供应商收货验货,并对货物进行临时存放;② 分拣到网格仓。一般一个中心仓能覆盖一个省(半径约 200 公里)。

网格仓: 通常为外包加盟的运营模式。负责将货品分拣并配送到团长处,一般一个网格仓覆盖一个城市的一个区/县(半径约 10 至 20 公里)。网格仓一般采取外包加盟的运营方式,不过费用由社区团购平台来承担。结算方式主要根据件数、团点数进行计算,平台会在此基础上根据网格仓的履约效率指标,如配送时效、错配、售后比例等,给予一定的激励。

8.4.3　各参与方的诉求与态度

社区团购平台的上游包括批发商、无品牌的工厂、生鲜供应商、区域性小品牌、大型品牌商等角色;下游包括网格仓加盟商、团长等环节。每个环节承担不同的责任,也有不同的诉求。如表 8-3 所示。

表 8-3　社区团购各参与方主要职责与诉求汇总

参与方	职　　责	成　　本	诉　　求
品牌方	决定对社区团购的整体态度	商品生产运营及渠道监管等成本	获利、随社区团购成为大品牌
供应商 & 批发商	最终选品、生鲜品预加工	进货成本、存货风险、部分损耗	获利
平台	招募、组织各参与方平台运营、直接负责中心仓运营	平台补贴、物流履约、部分损耗、后台运营、团长佣金	获得下沉市场流量、找到新的业务增长点
网络仓加盟商	网络仓租赁、建设商品、分拣配送到团长	场地和设施租赁、人工、车队	获利
团长	引流、履约	运营场地、人工	赚取佣金、增加到店客流

8.4.3.1　平台代销:供应商职责升级

社区团购平台本质上是代销模式,因此离不开本土供应商。代销指的是平台只负责提供经营场所、履约基础设施以及运营定价售前售后等服务。而社区团购上架产品的选品、备货等与货物相关的事项,以及存货相关风险均由供应商承担,因此可认为平台方本质上是代销模式,这也是目前社区团购主流模式无法离开本土供应商的核心原因。对于供应商而言,给社区团购这样的代销平台供货,供应商需要承担比给自营经销商供货更多的职责。如图 8-7 所示。

社区团购供应商最大的特殊点在于,需要负责对非标品进行粗加工。社区团购平台上的生鲜产品,是按照“500 g 黄瓜”这样的标准单位出售的;供货商需要负责将生鲜产品加工成为标准品,比如将大小不一的黄瓜配重成整 500 克打包等。由于大多数本土供应商本身不具备加工的能力,社区团购衍生出了加工仓/共享仓这一个特殊环节,其主要作用就是帮助供应商完成对商品的加工,加工仓/共享仓的成本,自然也是由供应商承担。

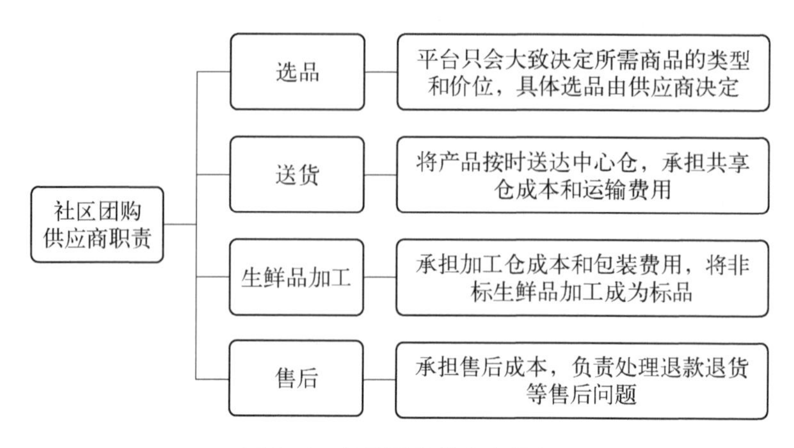

图 8－7　社区团购供应商职责

本土供应商参与社区团购的一大核心诉求，是期望随着平台规模的增大而盈利。相比于给一般的经销商供货，现阶段供应商给平台供货的出货价及营业利润率都不高，且还需要承担更多的职责。他们希望在早期和平台建立联系，在未来平台营业规模扩大后盈利。因此对于平台而言，保持经营规模（尤其是单 SKU 的订货量）是非常重要的，这关系到平台是否能够从供应商手上拿到优惠的进货价。

8.4.3.2　品牌态度：地区小品牌兴旺，大品牌观望

社区平台上日百标品中的很多品类，以地区型的小品牌甚至工厂品牌的商品为主。选取不同的地点进行搜索，得到的产品品牌会有所不同，我们将这些只在某些地区出现的品牌定义为地区性品牌。其他大类如生鲜品类鲜有知名品牌；米面粮油食品类有部分知名品牌的商品出现在社区团购小程序搜索结果的靠前位置，如金龙鱼、海天等。而农夫山泉、可口可乐等品牌，有很多产品在平台上售卖。可见，不同类目的不同品牌，对社区团购抱有不同态度。

品牌商期望通过社区团购扩大规模和盈利的同时，也惧怕团购平台的低价会破坏品牌的原有价格体系和渠道管控体系。社区团购平台上的标品相比传统渠道通常有 15%左右的价格优势。对于头部大品牌而言，如果匹配这一价格，一方面可能破坏品牌原有的价格体系，造成定价权的崩塌；另一方面，低价有可能带来窜货风险，即平台价格接近甚至低于批发商出货价，终端店铺直接通过社区团购平台拿货。工厂品牌、区域性的小品牌通常没有这两个方面的顾虑，且它们也亟待通过新渠道提高销售额，因此其对社区团购抱有更为欢迎的态度，有可能会直接给平台供货。

部分规模以上的大品牌选择不和社区团购平台合作,甚至严禁渠道商给平台供货。其余参与社区团购的大品牌,通常通过指定SKU、指定经销商的方式供货。商品方面,大品牌很少把自己的拳头产品放在社区团购平台上进行销售,但会乐于在平台上销售新品和份额较小的单品,比如我们基本搜不到玻璃瓶装的海天金标生抽王,却常能搜到海天番茄沙司。渠道方面,大品牌通常指定下游经销商专门给社区团购平台供货,并对销售的商品以及定价进行严格的监管。

但一些经销体系非常成熟的超级品牌,尽管仍不会主动与社区团购合作,但可能不会对渠道商参与社区团购的行为进行严格控制。如农夫山泉、可口可乐等。对于这些品牌而言,其不太可能因为给社区团购供货而打乱原有的价格体系和经销网络体系,因此品牌方对于社区团购平台的限制较少。这直接体现在这些品牌在平台上出现的SKU数量较多,且其中不乏一些拳头产品。如表8－4所示。

表8－4 品牌方对进驻社区团购的态度

品牌方	是否担心破坏价格体系、影响品牌形象	是否担心窜货,影响经销商利益	合作方式
地区品牌/工厂品牌	没有形成价格体系和品牌形象	没有成型的经销体系	主动合作/愿意直接合作
多数大品牌	是,因此销售少量新品及非拳头产品	有,因此对社区团购抱着谨慎甚至排斥的态度	严禁经销商给平台供货或指定合作经销商和SKU,并对商品和价格进行严格管控
少数经销网络完善的超级品牌	担心程度不高	通过完善的经销管理体系严密监控	允许经销商与社区团购平台自由合作

8.4.3.3 门店团长兴起:佣金降低成为趋势

团长具有两个核心功能:① 获客,② 履约。获客即通过组建微信群,向潜在用户推送商品,促进成交,这在前期较为重要,而未来可能会被逐渐弱化。而团长的门店成为社区团购的自提点,这个功能则具备更高的不可替代性,在未来也会非常关键。如图8－8所示。

获客体现在:① 将平台上的商品推给社区里的顾客;② 解决投诉、留住顾客。社区团购这样的新鲜事物在低线城市的渗透会是一个较缓慢的过程,而若通过“团长”进行推广,那么获客速度和转化率有可能显著提升,这

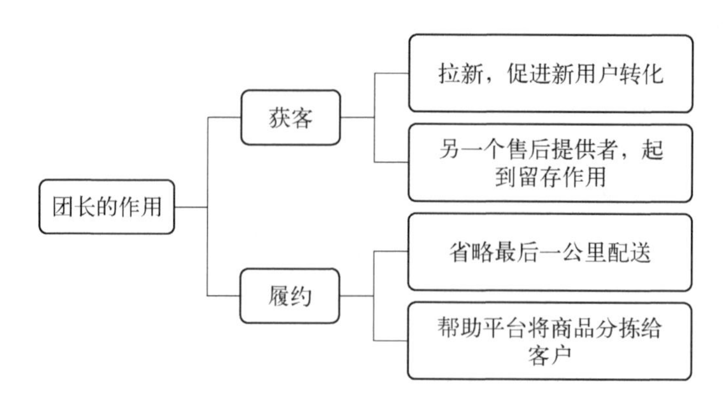

图 8-8　团长的作用

与拼多多微信裂变"砍一刀"在逻辑上有一定的相似性：一方面通过"好友推荐"推动拉新，另一方面营造出"熟人一同购买"的环境，能够显著提升购物氛围。而"留存"相当于使团长成为平台之外的另一个售后提供者，也能一定程度上降低新客的顾虑，起到促进转化的作用。

履约主要体现在省略"最后一公里"的分拣和配送环节。不用配送上门，每天只需要给团长送一次货，给社区团购模式带来了很大的成本优势，尤其相较传统生鲜电商而言。

团长的核心动机是赚取佣金，而社区门店团长逐渐成为主流。团长大概可以分为"便利店团长"和"宝妈团长"两类。后者没有门店，主要在自家范围内提供自提服务。在社区团购发展初期，团长的身份以"宝妈"类为主，他们一部分人拥有做微商的经历，拥有较多的存量熟客消费者，起步较快。而近期社区门店团长占比在持续提升：根据新经销调研咨询团队，2020 年上半年社区门店的占比已达 73%；至 2021 年年初，在各大社区团购 APP 上已经很难找到所谓"宝妈"团长了，我们可以认为社区门店团长占比已达到 90%以上。社区门店团长占比上升的原因，一是门店自提的体验通常比进入居民楼自提要好，另一方面实体门店能够和社区团购产生一定的协同性。

8.5　社区团购的食品安全

8.5.1　社区团购食品安全的新挑战

社区团购作为一种在网络技术推动下兴起的商业模式，既融合了线上线下相结合的优势。但同时,互联网信息的隐蔽性、复杂性、传递延迟性以及不对称性也为社区团购的食品安全带来了新的挑战。由于社区团购涵盖了多种多样的食品类型,面临的食品安全问题也更多样化。并且,食品流通途径的改变和参与主体的增加,社区团购的食品安全问题涵盖范围更广。因此,社区团购的食品安全出现了一些新问题和新挑战:

(1) 供应链管理问题:农产品源头控制不足,可能存在农药残留、重金属污染等问题。食品存储条件不当,如温度控制不佳,可能导致微生物生长和食品变质。物流配送环节中的时间延误或包装不当,影响食品新鲜度和安全性。

(2) 商品标识与合规性:销售无标签或标签信息不全的食品,消费者无法了解食品成分、生产日期、保质期等重要信息。添加剂使用超标,不符合国家食品安全标准。

(3) 经营者资质与行为规范:部分团购平台或商家未取得合法的食品经营许可。使用夸大或虚假宣传手段,误导消费者,如"全网最低价""最好等级"等用语。

(4) 售后服务与追溯机制:缺乏有效的退换货政策和客户服务,消费者权益受损时难以获得及时补偿。食品来源追溯体系不健全,一旦发生食品安全事件,难以追踪责任源头。

(5) 标准化与计量问题:生鲜食品重量不足,消费者实际收到的食品重量少于订购量。食品质量参差不齐,缺乏统一标准,导致消费者体验差异大。

8.5.2　社区团购食品安全溯源分析

社区团购的整个流程从原材料的采购开始,然后由平台方进行食品的加工或包装,接着通过各级仓库将食品运送至末端团长服务点,最终由消费者自行取货。社区团购的食品供应链可以划分为计划、供应、加工、交付和逆向物流等五个环节。主要的供应链环节可以分为四个部分,即源头供应、加工包装、仓配运输和团长服务,本节将对这四个环节的食品安全问题溯源分析。

8.5.2.1　源头供应环节

源头供应是指社区团购平台从供应商处采购食品的环节。如果平台从供应商处购买的食品或原材料存在食品安全问题,将严重影响后续流通环节的食品安全。

供应商的食品质量问题主要表现在三个方面:其生产经营环境不符合

食品安全标准、生产的食品种类不符合标准、以及产品食品质量不合格。对于直接采购的商品，食品安全问题主要由两个方面引起：产地污染和农业投入品污染。食品中出现外来物质的原因通常是食品加工场所卫生状况不佳，例如存在蚊虫等。此外，食品加工人员未严格遵守个人卫生管理规定，如佩戴卫生帽、口罩等，可能导致食品中出现头发等异物。食品中存在内源性异物的原因很可能是生产厂商的加工流程不规范或技术不合格，导致产品质量存在问题，杂质和沉淀物被混入食品中，而这些本不应出现在其中。“三无食品”、劣质品和假货很可能是由于供应生产厂商根本没有生产资质所导致。其生产环境、生产原料以及食品添加剂等方面均不符合规定，甚至有些是在小作坊里生产的。因此，这些产品无法通过质量合格检测。在此基础上，对于存在质量问题的食品进行生产日期、保质期和食品成分表的伪造也十分常见。更为严重的是，有些食品还会冒充知名品牌，以至于与正品无法区分，成为假冒伪劣产品。

8.5.2.2 加工包装环节

加工包装是指在社区团购平台上，食品从产地或经销商处购买后，放置在共享仓库。然后，根据需求和产品要求，在共享仓库中进行再加工和包装。

食品发生变质、腐败或发霉的原因可能是由于食品加工或包装不当。比如，真空包装的食品未能完全密封，需要干燥处理的食品包装袋中未添加干燥剂等。此外，食品中发现异物很可能是由于工作人员疏忽或环境因素导致的；劣质品中存在合成肉违规、食品添加剂滥用和非法添加剂使用等不规范的加工过程。水果的成熟度不合适或包装时间不当也属于后期催熟问题所致。此外，加工过程中的操作失误可能会造成食品本身和包装的损坏。若这些损坏未被及时发现，就会进入后续供应链并继续流通。

8.5.2.3 仓配运输环节

传统电商食品流通中的重要环节是仓配运输环节。该环节包括从共享仓存储配货、发货后，将食品成品通过不同型号的货车转运到中心仓、网格仓，最终运送到团长自提点的过程。此环节涉及食品的仓储、分拣、配货以及物流运输等方面。

食品，尤其是生鲜食品，对于冷链的要求非常严格。然而，在我国冷链物流发展相对较晚，机械化和标准化程度相对较低。同时，冷链设备设施的完善度也不够高，导致食品在运输或储存过程中无法确保冷冻或冷藏的条件。因此，食品变质成为最常见的问题。只要运输车辆或储存点的温度、湿度或其他条件未达到要求，食物就会加速腐败。另外，储存环境的特点可能导致食品中出现杂质，如昆虫等。水果采摘后，不正确的保鲜和催熟时机也很容易导致消费者获得未成熟或过熟的水果。最后，由于从中心仓到团长自提点的货物经过多个仓储节点进行转运、搬卸和分拣，因此，食品包装甚至食品本身的损坏风险大大增加。

8.5.2.4　团长服务环节

团长服务环节是社区团购特有的一种食品流通方式，因为社区团购模式采用消费者次日到团长处自提的方式进行最后一公里的配送。团长需要在自提点完成短暂贮藏保管、分拣和外层包装货物的任务。此外，团长还要确保平台与消费者信息的一致性，这是食品到达消费者手中前的最后环节。而食品的质量在这一步骤中扮演着关键角色，它决定了是否存在食品安全问题。

食品的变质和发现异物可能是由于自提点环境和货品状态管理不善引起的问题。自提点的管理方式与上一环节有很大区别，首先自提点的管理人员有限，一般只由团长一人负责。缺乏足够的人手使食品安全问题的发生可能性大大增加。在每天有数百种货物同时到达的情况下，如何在有限的空间中有效地管理所有货品是非常具有挑战性的，这要求团长具备较高的自提点管理能力。其次，食品损坏可能源自其他消费者损坏，可故意亦可无意。社区团购自提点的社会环境较为复杂，消费者频繁进出提取货物，导致环境卫生不稳定，进而增加了货物遭恶意损坏的可能性。

8.5.3　社区团购食品安全对策与建议

根据对社区团购源头供应、加工包装、仓配运输和团长服务四个部分的溯源分析，本书为社区团购食品安全提出了针对性的对策与建议。

8.5.3.1　优选供应商，加强源头监管

社区团购平台在选择供应商时应严格调查和评估供应商，并重点关注以下几个方面：注意调查供应商的生产资质、生产环境、原材料供应渠道以及产品质量等情况，并尽量选择直接从产地采购以避免供应商质量不佳的情况。平台需要仔细调查供货商所处的环境，检查供应商的操作是否符合企业的标准操作程序，确保食品的消毒、清洗、包装、贴标签等流程规范。社区团购平台应强化交货管理，对生鲜品进行送检，以验证其是否符合市场流通标准并满足所有条件后方可入库。为了确保食品标签信息的准确性、完整性和可追溯性，需要将所有食品的标签信息记录得准确无误，并能够通过网络查询或在线食品详情页面展示出来。这样一来，就能够从源头上杜绝假货、三无产品和劣质品的存在。社区团购平台还应对产地直采食品的产

地安全性和农业投入品污染物进行检测。食品安全的监测和评估可以使用温度、湿度以及化学污染物含量等各种指标来进行。通过对产地直采食品的监测、评估和预警,可以及时采取措施处理任何潜在的食品污染风险。

政府需要加强对这些供应商的监管,提升社区团购食品安全监管工作的效力。为提升积极性与有效性,应加强监管人员关于国家法律标准和行业知识的培训,以规范食品安全行政监管的业务流程。必须建立完善不同的食品经营商监管制度,包括定期抽查和安排飞检等措施。对于不同食品安全级别的企业,其检查力度应区别对待。对于重点企业,应加强长期的监管,并将监管结果信息进行在线公开,以重点标识问题供应商,并提供查询功能,以便社区团购平台和消费者引起警示。

8.5.3.2　提升加工包装水准,规范操作流程

社区团购平台在进行生产加工包装活动时,需积极学习正确且先进的加工工艺与技术,同时注重技术创新。还需定期维护设备,检查工厂环境。并坚持对过程中的食材和成品进行检验,确保加工包装过程中的食品安全。另外,要配合政府有关部门的食品检测与卫生检查,并向监管部门主动汇报,对于不符合规定或未达标的情况,要进行严格的整改和管理。

社区团购平台需要规范加工包装的操作流程,并制定相应的操作指南。此外,还应组织员工培训和考核,确保他们掌握所需技能,以保证他们能够遵守规定并安全进行业务操作,从而保障加工包装环节的食品安全。与此同时,平台还应加强对员工的培训和管理。定期组织集中学习活动,学习内容应包含国家法律法规和标准等与食品安全有关的知识。

8.5.3.3　完善仓储基础设施,积极应对物流突发事件

为了确保社区团购平台的前置仓符合国家规定的卫生和食品安全标准,需要注意以下几点措施。首先,要定期对整个仓库进行卫生检查和评估,绝不容忍任何卫生问题。此外,明确仓库货物管理的基本原则和操作标准。在此基础上,制定食品盘存计划,及时对仓库内的食品进行盘点,并筛选出存在问题的食品。为确保食品质量,并防止冷冻品的融化以及生鲜食品的变质,社区团购平台需改进冷链配送设施设备。避免食品变质是一个重要问题。冷藏设备是关键设施,包括冷藏运输车、冷库和冷藏箱。为了保证食品的持续制冷,必须对设备进行实时检查,确保制冷功能正常运作。当冷藏设备发生故障时,企业应该及时采取备用方案进行调整。对于没有冷链物流资质的企业,可以选择第三方物流企业进行配送运输。

为了提高社区团购平台在配货和运输过程中的机械化和标准化程度,应尽量减少人工分拣和搬运,以防食品或包装袋在操作过程中受到损坏。

这样可以避免由人员误操作或恶意操作造成的损害。通过引入机械化技术产品以替代手工操作，并采用统一规格大小的货物进行搬运、分拣和配送，可以实现效率的提升。同时，利用RFID标签的信息化特性，能够对货物进行标识，方便收发货和物流信息的跟踪。如果由于资金不足而无法使用机械化设备，则需进行专门的培训和监督措施，确保手工分拣和搬运的质量。社区团购平台需要积极预测、应对和处理物流运输过程中的突发事件。可以开发监测系统，实时监测环境如大雾、暴雨天气。还应提前设计、布局好应急预案，及时检查和盘点受损食品。同时，需提前选择替代运输方案。

8.5.3.4 设立团长选拔准则，重视末尾审查

社区团购平台需要建立团长招募的准则，对团长的运营管理能力进行评估和考核。此外，人格和价值观也是重要的考察内容。需要查看其对食品安全的关注程度和是否了解相关法律法规。在签约时，必须明确指出团长不诚实行为所带来的后果。另外，还应对团长自提点的环境和设备情况进行评估，对不符合要求的自提点环境条件要求进行整改或拒绝加盟。为了确保社区团购平台的团长具备良好的管理能力和食品安全意识，需要进行长期、定期的培训。这包括教授各类食品的贮藏方式和贮藏条件，以及如何管理复杂的自提点环境。此外，还需要培训团长如何与消费者进行沟通，以及如何有效地运营社群环境，从而确保与消费者之间的信息对称，减少消费者对食品信息不了解所带来的风险。

为了增强食品安全检查和问题追溯，在食品交付前团长需要建立一套检查机制。一种方法是在提货之前通过拍照或录像的方式记录食品安全状况，并将记录向消费者展示，以便消费者能够在平台上进一步确认。当双方都确保食品没有问题时，系统才能完成交易。如果在终端检查时发现食品存在安全问题，团长应立即向社区团购平台反馈，平台将启动售后流程并派人处理。

8.6 本章小结

本章着眼于我国社区团购领域的发展概况以及其中存在的食品安全问题，旨在为深入了解该领域的风险与挑战提供见解。通过对社区团购的发展历程、组成主体、运营模式等方面进行综合介绍，力图揭示社区团购的特征与趋势。在深入探讨社区团购中的食品安全问题时，对食品安全的影响因素进行了多方位分析，提出了应对措施与建议，以促进社区团购行业的健

康发展。

本章首先对社区团购的发展历史进行了梳理，明确了其在满足消费者“省”需求、商品品类结构以及平台模式等方面的特点。社区团购作为满足社区居民日常购物需求的新兴模式，在商品种类、平台运作等方面呈现出独特的发展趋势，其中对食品、快消品的需求尤为显著。通过区域化营销和便捷的购物流程，社区团购模式在社区中建立起了人际关系的信任网络，提升了用户体验。团长作为社区团购的关键角色，其画像与特征得到了详尽剖析。团长的服务众包化使得社区团购模式能够高效复制，并使得该模式更加具备可持续的扩张潜力。社区团购模式的特征在本章得以清晰勾勒，各参与方的诉求与态度也得到了深入剖析，为后续对食品安全问题的讨论提供了背景与基础。针对社区团购中的食品安全问题，本章阐述了其范围与风险程度。社区团购的模式特点使得食品安全监管更加困难，食品安全问题在源头供应、加工包装、仓配运输以及团长服务等环节都可能出现。其次，本章对解决这些问题提出了明晰的对策与建议，如加强源头监管、规范操作流程、完善物流基础设施等，旨在提高社区团购食品的安全性和可靠性。

本章深入研究了我国社区团购领域的发展现状与特点，同时聚焦于食品安全问题的现状与解决方案。通过对社区团购模式及食品安全问题的综合分析，为相关领域的从业者、研究者提供了有价值的信息与思路，促进了社区团购行业的健康、可持续发展，也为确保消费者食品安全提供了有力保障。

第9章　网络食品生产者的源头治理：食品安全知识培训

9.1　本章概要

“民以食为天，食以安为先”，食品安全是重大的社会问题和民生问题。数年前曝光的“地沟油”“瘦肉精”和“染色馒头”等食品安全问题，都反映了我国食品安全监管工作的复杂性和艰巨性。特别是随着互联网+的发展，网络食品逐渐成为人们生活中不可或缺的部分。2021年第三季度，全国市场监管部门共完成食品安全监督抽检2 459 894批次，根据国家有关食品安全标准等检验，共检出不合格样品63 611批次，总体不合格率为2.59%，相较于2020年同期上升了0.37个百分点。因此，餐饮安全是未来我国食品安全监管工作的重点之一。

小型外卖商家投资规模小、设施简单、经营方式灵活，近年来数量增加很快，成为老百姓最频繁的就餐选择。然而，这类外卖商家多为失业职工、外来打工者或近郊农民经营，普遍存在食品安全意识较为匮乏、食品卫生处理不规范的问题，是食品安全风险管理的薄弱环节。近年来，政府监管部门不断试图通过培训提高外卖商家的食品安全知识和操作规范，从而降低小餐饮食品安全事故，但是外卖商家的参与意愿始终较低。例如，浙江省嘉兴市各级部门2018年全年对属地辖区内餐饮单位开展培训累计达12场次，发现乡村家宴厨师及各重点单位的经营者及管理者参与培训到会率平均为92.63%，而小型外卖商家参与意愿较低，到会率从30%~86%不等、迟到早退现象严重。因此，探究哪些因素影响网络食品经营者参与食品安全培训的意愿是一个破局的关键问题。

9.2　食品安全培训现状

9.2.1　食品安全培训种类

以组织培训的主办单位为标准，我们可以将目前主要存在的食品安全培训进行以下划分：① 政府以及行业机构培训，包括了质量技术监督、食品行业协会和出入境检验检疫部门、各级食品药品监督管理局、餐饮业协会等，他们组织并向企业和社会开展各类的食品安全培训，并定期将一些学习信息发布到社区和相关机构，开展有关食品安全的培训课；② 企业内部培训，是指食品企业内部组织开展的有关食品安全知识和食品生产操作技能的培训，由企业员工和供应商参加；③ 专业培训，是指由相关院校、科研院所以及专业的培训机构所提供的培训。

9.2.2　食品安全培训日前存在的问题

1. 培训机制和体系不成熟

现在的培训体系缺乏科学性、系统性、制度性，部分企业开展培训仅是走个流程，来应付审查需要。尽管一些大型企业每年都会针对员工开展培训，但并没有对培训效果做出强制要求。部分小微企业依赖于监管部门和机构所组织的免费、强制的培训。

2. 培训的形式单一

培训一般都是采用专家授课的形式，专家单方面向培训者输送食品安全知识，吸收效果不佳。并且很多内容仅停留在理论层面，对于不同食品工艺、不同加工企业的食品安全需求不同，很难兼顾到不同类型的企业需求，因此在现实生活中很难被应用。

3. 培训投入不足

政府在食品安全培训方面的投入相对于其他行业来说相对不足，并且很多企业也没有意识到食品安全的重要性，将食品安全培训当成走过场的形式。

4. 缺乏培训效果检验

在每次培训结束之后，大多数都是寥寥散场，并不关注其培训的真正效用，培训无异于纸上功夫。因此，更应在培训之后，通过一些实操或是交流会的形式检验培训效果，以达到培训的真正目的。

5. 缺乏法律具体的要求

在食品安全法和相关的法律中虽然有提出对于从业人员要参加的培训

以及培训时间，但各种不同工种所需培训的内容以及操作的熟练度并无明确的规定，使得执行过程带来太大的弹性，缺乏监管标准。

2022 年 3 · 15 晚会曝光了双汇食品公司的生产车间的乱象，员工的入职培训实为“抄答案”，新员工只需要在问卷上直接填写工作人员发放的答案；伪造体检证明材料；员工所穿着的工作服已经发黄，鞋子发臭了，但仍然不予治理；车间所明确规定的消毒程序形同虚设，员工单脚跨越消毒池，不按规定进行手部清洁，连风淋系统也已经损坏却不做处理；掉到地上的猪肉不经过处理直接扔进打包箱，用毛巾擦香肠等等不符合食品安全的行为。食品安全是食品行业的底线，连双汇这样的中国五百强企业对待食品安全培训都如此敷衍。当食品卫生安全管理标语贴在车间内的最显眼位置，但是成了摆设，这跟企业对食品安全培训的重视程度与企业的整体管理脱不开关系。一些企业为了缩减培训成本，在招聘时就通过外包的模式来压缩成本，在出现食品安全问题之后再甩锅给外包公司。食品生产企业的食品安全管理规范化、标准化卫生操作流程是需要投入大量的精力和成本，而企业为了实现利润最大化，在卫生管理上缩水，这不仅是在试探法律的底线，更是对公众健康的不负责。

9.3　研究框架

小型外卖商家经营者文化水平偏低，食品安全意识较为薄弱，食品安全知识较为匮乏，小餐饮食品安全水平不达标的情形长期存在。现实中责令改正或警告容易导致“反弹”，而加大餐饮单位违法行为的处罚力度，容易导致宁可不经营也不缴纳罚款的现象存在。因此，小餐饮食品安全隐患整改较难。而对餐饮服务安全知识进行普及成了一个可靠的路径，能够有效地进行事前的预防、从而降低政府事后管理的巨大资源负担。因此，世界上主要发达经济体都将食品安全教育培训作为从业者依法依规经营的主要引导性措施。研究表明，食品安全培训能够规范从业者的风险意识以及在食品生产加工过程中的规范性水平。例如，通过北京 60 户小餐饮单位的培训干预前后对比发现，培训后餐饮单位的卫生管理得到了显著提高，周海文(2017)的研究也得出类似的结论。Julie Gruenfeldova 等(2019)在爱尔兰对 689 名食品从业人员进行问卷调查，发现食品安全培训是提高食品安全知识，预防食源性疾病的合理举措。为此，政府要针对餐饮从业者的知识水平、工作岗位等确定针对性的培训内容。然而，由于经营时间限制、食品安全意识薄弱等原因导致商家参加食品安全培训的意愿不强。钱艳(2006)认为政府可以通过便利性措施来提高餐饮从业人员的培训积极性,在培训时间上建议丰富培训方式,可以采用新媒体的形式推进。本章将针对小餐饮商家,从政府监管和自我意愿提升的角度研究影响商家参加食品安全培训意愿的影响因素,从而提出针对性的措施。

按照计划行为理论,外卖商家是行为决策的主体,其参与食品安全培训的行为意愿受到行为态度、主观规范、知觉行为和直觉行为等三类因素的影响:一是经营者对食品安全培训项目的认知和情感反应,即正面或负面的评价。一般意义上,食品安全的培训有助于商家提升食品安全意识和规范化的生产销售水平,也有利于提高经营口碑并有利于获得政府监管部门的支持。因此,商家如果能认识到食品安全培训的意义和效果,则更能增强参与食品安全培训的意愿。二是外界影响因素对外卖商家参与培训意愿的影响。决策者的行为受到主观规范程度的影响,即来自周边群体(包括主群体和次群体)对其的影响。于商家而言,对其产生社会关联的群体包括亲友、顾客,对其产生社会关联的次群体包括同行、供应商、监管部门、社会媒体等。所以,外部压力导致的模仿效应促进外卖商家参与培训。三是知觉行为控制。知觉行为控制通常强调行为主体对执行特定行为时感知到的困难或容易的程度,因此执行特定行为的可控因素越多则执行意愿越强大。对于外卖商家而言知觉行为包含了内生因素和外生因素,即一方面对于食品安全培训知识体系的难易程度,外卖商家参加培训与其自我效能感有关,而另一方面食品安全培训本身需要耗费时间和费用,因此外卖商家对于培训时间、培训费用等资源条件也将影响其参与培训的意愿。

计划行为理论视角下个体行为是行为态度、主观规范和知觉行为三个维度因素交互作用形成的结果(图 9-1)。因此,将针对三个维度设计问

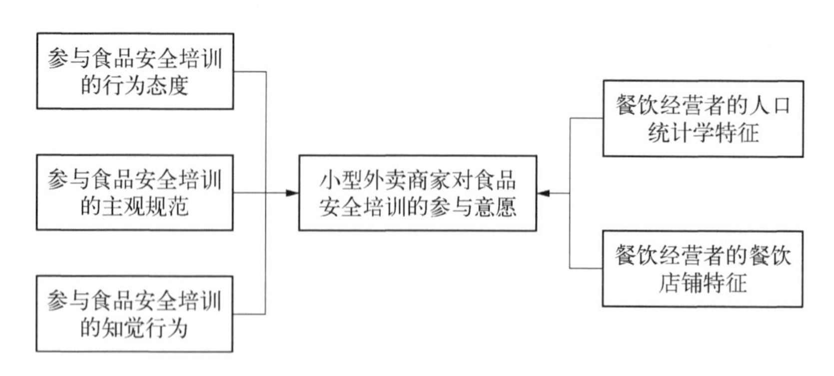

图 9-1　小型外卖商家对食品安全培训参与意愿的理论框架

卷,从而在计划行为理论视角下分析外卖商家参与培训意愿的核心影响因素并提出相应的对策方案。

9.4 实证分析

9.4.1 外卖商家培训参与意愿的问卷设计

对于经营者行为态度的测量,现有学术研究通常将态度的测量分为认知成分和情感成分两个维度进行测量,通过"有效""有意义"等预设价值判断增强问卷信度。因此,参考 French(2005)、李华敏(2007)的研究,设计量表如表9-1所示。

表9-1　行为态度问题设计

测量维度	问题设计
行为态度	参与食品安全培训是非常有益的,有助于加强食品安全意识教育,让我安全意识得到加强
	参与食品安全培训很有价值,会让我学到餐饮操作上的规范知识,让我在日常操作中防范安全事故风险
	参与食品安全培训是明智的,会让监管部门看到我的态度,在日常检查和监管上对我更友好
	参与食品安全培训是有意义的,有利于社会及行业内食品安全意识的宣传和氛围的营造
	参与食品安全培训是没有意义的,多数都是政府部门的形式主义
	参与食品安全培训是浪费时间的,绝大多数培训内容我都听不懂,是不值得去的
	食品安全培训耽误了我赚钱的机会,是不值得去的

主观规范可以通过参考群体带来的压力进行测量,在问卷设计中将参考群体分为经营者通常接触的"主群体"(如"家人""朋友""顾客")和阶段性互动的"次群体"(如"政府部门""社区管理人员""社会舆论""媒体"),从而对主观规范问题进行了设计(表9-2)。

表 9－2 主观规范问题设计

测量维度	问　题　设　计
主观规范	N1 我的家人和极为重要的人认为我应该参加食品安全培训
	N2 我的朋友认为我应该参加食品安全培训
	N3 政府监管部门认为我应该参加食品安全培训
	N4 我的供应商认为我应该参加食品安全培训
	N5 当地的社区管理人员认为我应该参加食品安全培训
	N6 我的雇工支持我参加食品安全培训
	N7 我的同行也在参加食品安全培训
	N8 媒体、社会舆论也鼓励我参加食品安全培训
	N9 我的顾客认为我应该参加食品安全培训

自我效能是经营者知觉行为控制的组成因素，根据自我效能理论将知觉行为控制分为“自我效能感”及“控制因素”两个方面，从而测量个体执行某项行为所表现出来的信心。因此本章研究中将自我效能设计了五个问题进行测量（表 9－3）。

表 9－3 知觉行为控制问题设计

测量维度	问　题　设　计
知觉行为控制	P1 只要我个人愿意，就可以去参加食品安全培训
	P2 没有什么因素能阻碍我去参加食品安全培训
	P3 我没有什么时间去参加食品安全培训
	P4 我有便利的交通工具，方便去市区任何地方参加食品安全培训
	P5 我愿意为食品安全培训支付培训费用

行为意向是对某种行为表现为对某种行为尝试的可能程度，可以细分为内外部反应指标。因此结合 Zeithaml（1996）的前期研究设计了三个问题来量化商家的行为意愿（表 9－4）。

表9-4　行为意向问题设计

测量维度	问　题　设　计
行为意向	I1 在未来一年内，我会考虑参加食品安全培训
	I2 我已经决定，在未来一年内我会参加食品安全培训
	I3 我会引导我身边从事餐饮的同行，一同参加食品安全培训

9.4.2　商家参与食品安全培训的实证分析

调查共发放问卷408份，回收率为92.73%，最终形成218份有效问卷。受访样本中男性与女性经营者的占比为69.3%及30.7%，反映了商家以家庭为主的经营模式。年龄段在“25—34”，“35—44”，“45—54”的对象，分别占比30.7%，35.8%，24.3%，即25到55岁的年龄分布较为均衡。从学历结构上看，初中及以下的学历人数最多，占比57.8%，因此商家受教育程度普遍较低。小餐饮从业人数为“2—4”人的比例为77.52%，反映了当前小餐饮经营的一般规模。调查也显示小餐饮店铺经营时长在三年以下的最多，达到了所有受访样本的将近70%，也凸显了外卖商家食品安全培训的必要性和紧迫性。调查显示，受访者仅有27.1%愿意参加食品安全培训，参与意愿普遍较低，因此提高商家主动参与食品安全培训的意愿确实是亟待解决的问题。如表9-5所示。

表9-5　受访外卖商家的描述性统计

类别	分　组	受访量	标准差	标准误差	愿意参加	不愿参加
性别	男	151	0.957 4	0.077 9	38	113
	女	67	1.092 1	0.133 4	21	46
年龄	≤25	6	1.366 8	0.558 0	4	2
	25—34	67	1.063 7	0.130 0	29	38
	35—44	78	0.942 3	0.106 7	19	59
	45—54	53	0.779 6	0.107 1	5	48
	≥55	14	0.650 6	0.173 9	2	12

（续表）

类别	分　组	受访量	标准差	标准误差	愿意参加	不愿参加
受教育程度	高中以下	116	0.763 0	0.070 8	12	104
	高中	59	0.831 8	0.108 3	20	39
	中专	11	1.018 8	0.307 2	3	8
	大专	25	0.964 9	0.193 0	17	8
	本科	7	0.665 1	0.251 4	7	0
婚姻状况	已婚	99	0.906 7	0.091 1	33	86
	未婚	119	1.075 1	0.098 6	26	73
籍贯归属	本市户籍	74	1.037 8	0.120 6	45	29
	外来人员	144	0.736 8	0.061 4	14	130
餐饮类型	中式餐饮	143	0.966 5	0.080 8	32	111
	西式餐饮	21	1.081 3	0.235 9	8	13
	甜品奶茶类	26	1.008 8	0.197 8	14	12
	即食熟食类	20	0.840 5	0.187 9	4	16
	其他	8	0.988 3	0.349 4	1	7
从业时长	≤1 年	70	1.015 4	0.121 4	18	52
	1—3 年	82	0.967 6	0.106 9	33	49
	3—5 年	27	1.058 5	0.203 7	4	23
	≥5 年	39	0.810 3	0.129 7	4	35
经营位置	农村餐饮（三环以外）	95	0.975 3	0.100 1	28	95
	非农村	123	1.017 9	0.091 8	31	64
日均收入	≤1 000	20	0.926 1	0.207 1	3	17
	1 000—2 000	88	0.952 0	0.101 5	29	59

（续表）

类别	分　组	受访量	标准差	标准误差	愿意参加	不愿参加
日均收入	2 000—3 000	63	0.855 9	0.107 8	10	53
	≥3 000	47	1.274 0	0.185 8	17	30
经营方式	个人独立经营或家庭式经营		1.008 3	0.078 5	40	125
	非个人或家庭经营		0.957 3	0.131 5	19	34
从业人员数	1 人		1.134 7	0.184 1	11	27
	2—4 人		0.958 4	0.073 7	43	126
	5 人以上		1.046 2	0.315 4	5	6

研究发现总量表的整体效度 KMO 检验值为 0.940，显著性水平<0.01（表 9－6），因此本章设计的量表整体效度较高，满足因子分析的要求。因此，通过因子旋转可以提取六个公因子来解释 77%以上的总变异，然而由于 N4 变量因子荷载低于 0.5，将其去掉重新进行因子分析。

表 9－6　总量表的 KMO 检验与 Bartlett 检验

KMO 值	0.940	
Bartlett 球形检验	近似卡方	3 737.382
	自由度	210
	显著性	0.000

因子分析得到的六个公因子能够解释 78.723%的总变异（表 9－7），因此将六个公因子分别称为社会责任感（包括变量 A1/A4/A5）、内部规范程度（变量 N1/N2/N6）、个人利益态度（A2/A3/A6/A7）、外部规范压力（N3/N5/N7/N8/N9）、自我效能（P1/P2）和控制条件（P3/P4/P5）。

表 9－7 总方差解释表

成分	初始特征值[a]			提取载荷平方和			旋转载荷平方和		
	总计	方差百分比	累积%	总计	方差百分比	累积%	总计	方差百分比	累积%
1	18.173	57.239	57.239	11.012	55.059	55.059	3.357	16.784	16.784
2	1.970	6.205	63.444	1.073	5.363	60.422	2.985	14.925	31.709
3	1.645	5.182	68.626	1.138	5.690	66.111	2.910	14.552	46.261
4	1.543	4.861	73.487	1.140	5.700	71.811	2.854	14.271	60.533
5	1.195	3.764	77.251	.769	3.844	75.655	1.882	9.409	69.942
6	1.096	3.451	80.702	.614	3.068	78.723	1.756	8.782	78.723

本章采用结构方程模型将问卷问题、公因子以及得到的行为意愿调查结果进行关联分析，从而具体分析小型外卖商家食品安全培训参与意愿的影响因素。在结构方程中将六个公因子作为潜变量，23 个观测变量作为解释变量，外卖商家的参与意愿作为被解释变量构建结构方程模型并进行实证分析。通过 AMOS 结构方程的数据分析发现社会责任态度、个人利益态度、内部规范、外部规范和自我效能感以及控制条件都在 0.05 的显著性水平上对行为意向产生了作用（表 9－8）。因此，外卖商家参加食品安全培训受到多种因素的影响，特别是受到控制条件的影响更大，社会责任感对其影响力最弱，这个现象也表明了外界控制因素（包括参加培训的时间、培训的交通出行便捷性以及培训费用）对于外卖商家参与培训行为的影响较为显著。

表 9－8 外卖商家参与食品安全培训的行为意愿路径

路径			非标准化系数 Estimate	标准误差 S.E.	临界比 C.R.	显著性 P-value	标准化系数 Estimate
行为意向	←	社会责任态度	.093	.047	1.961	.050	0.082
行为意向	←	个人利益态度	.142	.064	2.224	.026	0.108
行为意向	←	内部规范	.177	.055	3.231	.001	0.151
行为意向	←	外部规范	.223	.108	2.074	.038	0.114

（续表）

路　径			非标准化系数 Estimate	标准误差 S.E.	临界比 C.R.	显著性 P-value	标准化系数 Estimate
行为意向	←	自我效能	.134	.045	2.968	.003	0.148
行为意向	←	控制条件	.497	.081	6.099	0.00	0.465

为了探究人口统计学特征（如性别、年龄婚姻状况、受教育程度等）以及餐饮店的经营业态（如餐饮店的类型、位置、日均收入等）对于外卖商家参与食品安全培训意愿的影响，我们首先通过主成分分析从行为意愿的三个问题中提取主成分。由于一个主成分的贡献率已经达到了89.121%（表9－9），公因子贡献率超过了85%标准因此可以反映参与意愿的基本状况。所以，本章提取一个公因子来分析不同人口统计学变量对于食品安全培训的影响。

表9－9　行为意向总方差解释

成分	初始特征值[a]			提取载荷平方和		
	总计	方差百分比	累积%	总计	方差百分比	累积%
I1	4.383	89.153	89.153	2.674	89.121	89.121
I2	.322	6.547	95.701			
I3	.211	4.299	100.000			

根据方差分析发现，性别、婚姻、地理位置、日均收入、经营方式和从业人数不会影响到外卖商家参与食品安全培训的意愿。同时方差分析发现年龄（*F*值7.730）、受教育程度（*F*值27.859）、籍贯（*F*值83.976）、餐饮类别（*F*值4.033）和从业时间（*F*值5.655）都在0.05的显著性水平下对参与食品安全培训的意愿起作用，体现了参与食品安全培训在人口统计学和餐饮类型方面的异质性。

9.5　案例分析——食品安全培训与监管现状

2021年10月6日，一名顾客在网络上曝出自己在点茶百道外卖时，在外卖饮品的奶茶中喝出了蜘蛛，另外在小红书等社交平台，也有许多质疑茶百道食品卫生安全问题。10 月 11 日，北京海淀区市场监督管理局对一些存在食品安全问题的餐饮单位进行了通报，茶百道有两家门店都检查出现了问题，包括卫生问题以及库存问题。实际早在 9 月份，茶百道就因为使用过期原材料，更换日期标签使用以逃避工商检查等情况登上微博热搜，引发了网友的剧烈讨论，对此在国庆期间，浙江市场监管部门累计出动执法人员 1 362 次进行突击检查，一共检查了在浙江 710 家茶百道门店中，共有 36 家门店被检查出食品安全问题，检查结果显示整体情况良好，并未发现有媒体对其进行曝光"宣传鲜果制作但部分产品用果浆替代、过期原材料更换标签继续使用"等问题，但在检查中发现仍存在部分门店食品处理区垃圾桶没有盖盖子、存在食品存储不规范、原料与成品混放、开封食品原料未标注开封时间或使用期限、未密封贮存等现象。从调查结果来看在 710 家门店中就存在 36 家问题门店，这种比率相当于每 20 家门店中就存在一家问题门店，其概率之高让人咂舌。仅仅月余时间，茶百道频发安全问题，究其原因还是茶百道没有将食品安全问题放在第一位，而是将门店营收和利润为重。茶百道事件不仅仅是个别，也映射到整个新式茶饮行业，不仅让消费者感到巨大的震惊，也为整个行业敲响了警钟。

茶百道 2016 年仅 100 余家，2018 年扩张的速度迅速加大，截至 2020 年 12 月已经达到 3 000 家，全国门店超过 5 000 家，覆盖率超过 253 个城市，茶百道这种令人惊讶的扩张速度，也为其食品安全埋下隐患。从当前我国的经营模式和发展状况来看，无论是人员培训、内控执行，还是模式下的质量体系，都有很多不到位的地方，据茶百道招商人员介绍，茶百道加盟门店培训时间为 15 天，培训费用为 500 元/人。主要的内容为奶茶的制作，包括线上培训和线下培训，培训结束后设有考核来检验培训成果。培训时间仅半月，后续便不再进行培训加强，扶持时长的减少，新式茶饮加盟店多发的食品安全问题大多与此相关。有专家认为，新式茶饮加盟店的管理隐患是行业普遍存在的问题，需要花费许多精力来要想把它做好，目前有一种做餐饮学院的成功案例可寻，也是一种比较有效的途径。那就是把经营、管理、生产、开店等几十年的经验打造成一个培训体系，这个体系能够在员工的日常工作中植入整个培训，并与员工的个人发展相结合，但不管形式如何，关键是要把培训制度做好，每天都要不间断地进行精进培训，而且还要派人去监督管理，不然千铺的体量很难支撑起来。但实际上，落实这样的培训制度，不仅要看企业重视食品安全的程度，也要看管理团队的重视程度。况且建立该体系所需要花费的时间和精力并不是所有企业都能够接受得了的，随着中国人口红利的慢慢消退，人力成本增加，加上市场竞争的激烈程度，在这样的情况下来花额外的时间来进行培训无形中也给企业很大压力。①

对于餐饮行业而言，质量内控体系是食品安全的一个重要保障，网红外卖餐饮店“叫了只炸鸡”在2021年8月监察处严重的食品卫生问题，后厨到处都是蜘蛛网和老鼠大便，黑色的食用油散发着刺鼻的味道，食材随意地堆放在一起，卫生环境令人堪忧，销量位居外卖榜首的网红炸鸡餐饮店，使用的原料竟然是三无产品，店内食品没有溯源凭证和合格的检测报告，调味酱料早已超过保质期。另外一个网红餐饮店“浆小白豆浆夜市”也被曝出巨大食品安全隐患，豆浆上面漂浮着小虫子还有头发，冰箱里存放着过期肉，油污遍地，感觉就是来到了垃圾场。著名连锁餐饮店“华莱士”被暗访调查曝出员工捡起地上的鸡块重新油炸，老油掺新油反复使用等等操作不规范的行为，后厨工作人员不佩戴口罩和手套进行作业，这种情况引起了众多网友的愤慨，华莱士被网友戏称为“喷射战士”“华莱逝”。近年来华莱士在外卖平台中出现多次食品安全问题的相关差评，可以看出这并不是偶然发生的事件。外卖商家食品安全培训不过关、员工操作不规范等，这些事件所折射的食品安全问题仅仅只是冰山一角，被曝出来的也只是一小部分，食品问题在这些大型连锁餐饮品牌都屡见不鲜，那么平台背后的许许多多小型外卖商家，更没有经历过专业的食品安全培训，也没有参与食品安全培训的意愿，更不会愿意花费多余的时间和金钱来参加此类培训。

张婧等(2021)调研了中国食品行业从业人员食品安全知识态度和行为，获取了我国15个省畜禽屠宰、水产加工、乳制品加工和餐饮食品加工从业人员进行食品安全知识情况。在调查的8868名食品从业人员中有719名从业人员未经过食品安全培训，另外研究发现食品从业人员的食品安全知识得分相对不高，仍需进一步提升，但是相比于食品安全知识，从业人员的食品安全态度和行为得分相对较高，说明食品加工从业人员对食品安全态度积极，愿意遵从相关操作规范，并且对比了参与了食品安全培训和未参与食品安全培训的调查者的食品安全知识得分发现，在接受培训后得分提升幅度最大，这也意味着食品安全培训的有用程度。食品加工人员上岗前要接受相关卫生培训，这在《食品食品生产通用卫生规范(GB1481－2013)》中已经明确。对从业人员在餐饮服务企业进行食品安全培训，也在《餐饮服务食品安全操作规范》中提出了要求。规定每年需要进行一次食品安全培

① BMR商学院.茶百道再遇食安“罗生门”，新式茶饮需要“降降温”[EB/OL].[2021－10－17].https://baijiahao.baidu.com/s?id=1713663773621256730&wfr=spider&for=pc.

训考核,在考核合格之后才可以上岗。

这些年,餐饮行业对经济增长的贡献率逐年加大,但是,网络餐饮行业的准入门槛低、规模小、分布散、集约化程度不高,因此自身质量安全管理能力欠缺。虽然面临疫情,也应当抓住这个机遇,着重从以下两点出发:一是关注电商及零售业的发展,虽然食品电商早已存在,但疫情之下一定会进一步打压线下餐饮业,倒逼网络餐饮新行业的发展;二是要关注餐饮供应链的整合。在疫情之后,消费者将更为关注个人卫生,餐饮行业应当加速整合,实现质量、安全、成本、效率的多方提升。所以,想要解决网络食品安全问题,需要首先完善网络食品安全宣传教育机制,加强对餐饮行业人员的食品安全培训,提高餐饮人员的安全意识,减少食品污染,保障群众餐桌安全,自觉遵守各项操作卫生制度。

9.6 本章小结

网络餐饮行业进入门槛低、餐饮类型多样、地理流动性强,因此在给消费者带来极大便利的同时也带来较多安全隐患。本研究的调查显示愿意参与食品安全培训的外卖商家只占到受访者的不足 40%,如何引导外卖商家参与食品安全知识培训是一项迫切需要解决的现实难题。本章基于在浙江省嘉兴市调查数据的实证研究探究了小型外卖商家参与食品安全培训的影响因素,力图通过研究发现提升外卖商家参与食品安全培训,从而提高食品安全水平的影响因素。本章得到了如下结论和管理启发:

第一,食品安全培训参与意愿具有很强的异质性。根据方差分析可以发现,网络食品经营业主的年龄、受教育程度、户籍所在地、餐饮类型和餐饮店铺的经营显著地影响到其参与食品安全培训的意愿。年龄较小和受教育程度较高的外卖商家参与食品安全知识培训的意愿越强。这个结论一方面说明教育程度能够提升培训者对知识可接受度的认知,另一方面同时年龄和阅历能够降低人的风险意识,对于食品安全风险防控带来阻碍。因此在食品安全培训课程设置上建议设置较为清晰和简单易学的食品安全课程,可以通过现场教学和模拟教学方式降低培训难度。与此同时,市场监督部门应对于高龄外卖商家增强食品安全风险教育和沟通,并加强食品安全风险巡查,从而使得提高低意愿群体提高风险感知从而增强参与培训的意愿。同时,研究发现本市户籍和从业时间为 1—3 年的外卖商家参与食品安全培训的意愿显著较强,这反映了这类人群较高长期经营的责任感。为此,应该针对这类人群重点开展食品安全培训动员工作。研究还发现非蒸煮类餐饮产品的高风险性，经营西式餐饮和甜品奶茶的外卖商家参与培训的意愿显著较强，这个研究结论意味着在进行食品安全培训时可以针对不同餐饮类型的不同风险点进行有针对性的知识结构和课程设计。

第二，通过结构方程的研究发现外卖商家参加食品安全培训的最大约束因素是控制条件，即时间、交通便捷性和食品安全费用是影响外卖商家参与食品安全培训的关键因素。在受访外卖商家中将近95%从业员工少于或少于4人，其中17%为一人经营，因此受培训的时间（包括交通时间和受培训时间）直接影响到外卖商家的培训。为了降低食品安全培训便捷性，部分省份已经进行改革，上海市市场监督管理局对餐饮企业的培训委托各区的公立和民营培训机构开展并通过统一课程考试合格率对培训效果考核，从而一定程度上减少了受训过程的总时间。与此同时研究发现小餐饮经营业主对于参加培训的费用较为敏感，一定程度上降低了参与培训的意愿。因此，随着电子政务的发展，食品安全培训未来可以采用远程方式展开，通过远程录播点击量和考核等方式进行过程管理，尽量降低培训成本。

第三，研究发现尽管外卖商家食品安全培训社会效果对其培训意愿产生了显著的影响，但是影响力度相较于其他因素较弱。这说明了外卖商家的社会责任意识还有待提升，未来可以结合文明城市和食品安全城市等政府食品安全项目对外卖商家社会责任意识进行培养。与此同时研究也发现无论内外部环境带来的规范压力，还是培训预期收益都能够强化食品安全培训意愿，说明增强外卖商家参与培训的意愿是一个综合性的协同治理过程，在食品安全培训动员过程中可以多策并举。

总之，目前我国已在法律层面上落实了食品生产企业与大型餐饮连锁机构的食品安全培训的义务，要求形成“先培训后上岗”的制度规范，并对培训时间、培训机制和培训成果都有相应的制度设计。但是对于网络食品行业的培训目前还没有形成统一的规范，本章对于小型外卖商家食品安全培训意愿的实证研究有助于提升外卖商家的培训意愿，从而进一步提升网络食品安全水平。

第10章　网络食品安全的产业链治理：私人治理

10.1　本章概要

随着越来越多的消费者习惯了在线购买食品，人们对线上食品安全问题也愈发关注。首先，疫情导致消费者出现信任危机，消费者对食品的安全性提出更高要求。人们往往更愿意选择知名网络平台推出的产品。例如，盒马鲜生、一号店等大型电商平台上的食品更容易被选择，而互联网信息的隐蔽性、不对称性使得食品安全问题频发。其次，消费者对食品的便捷性需求普遍提升，最先使用网络平台采购食品的年轻人，他们的需求往往是快速、方便地解决餐食问题，所以外卖、速食、方便食品销量大幅增长，但这也是食品安全的重灾区。并且，由于疫情的发生，消费者对于免疫力提升意识增强，中老年人也会更关注食品健康和安全问题。如何通过互联网应对食品安全问题？近年来，一些政府和第三方机构陆续推出了食品安全数据共享平台，例如欧盟食品和饲料快速预警系统（RASFF）、加拿大食品安全监管机构信息公布中心（CFIA）、美国食品安全信息公布网站（www.foodsafety.gov），以及我国食药总局、卫生计委、质检总局等部门信息中心，他们都开始关注相关食品安全数据信息的集中收集。然而，由于“虚假”数据的存在（美国食品安全信息公布网站的虚假信息率超过13.4%）、数据来源和格式的多元化，如何快速地从现有食品监控数据中抽取有用数据并采用可靠的分析技术将之应用于食品安全风险治理过程中，是实现食品安全动态管理的关键。

食品安全风险治理一般是通过以下两种方式进行管理，其一是通过政府制定食品安全管理制度并监督实施，传统上称为“公共规制”；另一种是通过商家的质量契约，传统上称为“私人规制”。但由于政府缺少专业的食品安全分析技术和一手的食品安全信息，公共规制效率往往不佳。而企业一般是经济人理性，其目标在于利润最大化，私人规制往往有悖于实现社会福利，因此两种规制手段均有先天缺陷。目前随着大数据技术的发展，数据已经成为食品安全治理的有效资源，而这其中网络平台就起到了非常重要的作用。网络平台可以为食品制造商与消费者提供虚拟经营场所、交易规则、信息发布等服务，同时也可以依托自身数据、算法、技术等优势通过舆情监控、监管水平评分、追踪追溯及时对食品安全风险进行管控。美团点评、饿了么外卖等第三方网络外卖平台正在通过大数据技术严格地审核把关网上商家的资质。例如，美团点评建设"天网"系统，针对入网经营商户建立食品安全电子档案系统，将数据与各地食品监管部门的监管数据进行对接，形成大数据系统。在商家入驻平台的时候，就可以通过大数据技术快速地进行信息审核，了解该商家的合法资质以及违法情况等。另外，消费者的用餐点评也可以通过大数据分析其中有关于食品安全的信息，帮助了解食品安全趋势以及舆情信息，并实时预警集中突发的食品安全情况，提升政府部门的监管效率。

本章在此研究背景上，首先，建立了商家与网络平台企业（简称平台）的两层市场结构模型；其次，通过斯坦伯格（Stackelberg）博弈，分析商家和网络平台分别占据市场主导地位两种情况，求出了商家产品质量和成本价的最优解表达式，以及平台的食品安全监管水平和零售价的最优解表达式；最后，通过一系列的仿真实验，提出了对于商家的食品质量提升，以及选择不同食品监管平台的策略建议。本章研究的贡献在于：① 目前鲜有文献将网络平台作为食品监管主体应用于食品安全性监管的理论中。本研究以网络平台的大数据技术作为背景，通过分析平台与企业的动态博弈关系，形成一套有效的食品安全协同治理方法，具有重要的理论价值。② 食品安全治理不仅关系到民众健康，也关系到城市的运行和社会稳定。本章在"互联网+"背景下，对食品安全的新情况有针对性地展开研究，研究结果所揭示的基本规律、所提出的对策建议有助于商家提升食品质量、降低食品安全风险，具有重要的现实意义。

10.2　模型设计

本章考虑由一个商家与一个网络平台组成的两层市场结构，商家的产品通过网络平台进行销售。假设商家通过生产投入确定产品实际质量，平台利用对食品安全的监管投入来确定产品感知质量，并且消费市场会根据产品的平台价格和感知质量来确定最终的需求量。在此基础上,针对商家和网络平台分别占据市场主导地位,进行斯坦伯格博弈决策出最优的产品质量、成本价格、监管水平以及平台零售价格。具体的决策流程如下图 10－1。

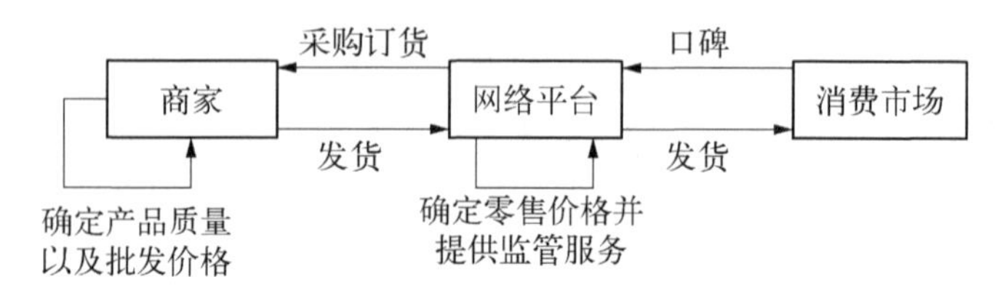

图 10－1　决 策 流 程 图

假设产品的市场需求量受到平台零售价 p_s 和感知质量的影响,其中感知质量包括产品的实际质量 q 和监管水平 t,则产品需求量 D 表示为

$$D(p_s, q, t) = a - \alpha p_s + \beta(q + \gamma t) \tag{10-1}$$

其中,a 为市场需求基数,反映整个市场的顾客内在需求。α 为价格系数,反映产品价格对顾客需求的影响,$\alpha \in (0, 1)$。β 为质量系数,反映产品感知质量对顾客需求的影响,$\beta \in (0, 1)$。γ 为监管水平系数,反映平台利用大数据技术对食品安全监管的投入对顾客需求的影响,$\gamma \in (0, 1)$。顾客感知价值(Customer Perceived Value)是顾客在感知到产品质量和监管服务之后,减去其在获取产品或服务时所付出的成本,从而得出的对产品效用的主观评价。

网络平台的收益函数为

$$\prod{}_S(p_s, p_m, t) = D(p_s, q, t)(p_s - p_m) - \frac{\eta}{2}t^2 \tag{10-2}$$

其中,p_m 为商家的售价,η 表示平台投入食品安全监管的成本系数。商家的单位成本为 $p_m(q) = k_1 q + k_2$,其中,k_1 和 k_2 表示单位食品生产成本与质量呈线性关系。商家的固定成本为 $C(q) = \frac{v}{2}q^2$,其中,v 表示商家投入质量的成本系数,表示不同商家生产效率的差异。所以商家的收益函数为

$$\prod{}_M(p_m, q, Q) = (p_m - k_1 q - k_2)Q - \frac{v}{2}q^2 \tag{10-3}$$

Q 是网络平台的订货量，假设商家的产能能够满足平台的订货量。

10.3　模型分析

本章就商家和网络平台分别占据供应链主导地位以及双方同等地位三种情况进行博弈分析，讨论产品质量、价格和监管水平的最优决策。

10.3.1　商家占主导

当商家本身拥有很高的品牌知名度时，商家处于供应链的主导地位。例如，喜茶、星巴克等商家的产品在网络平台中销售，商家就有很强的控制权，可以控制平台的出货量。所以在这种情况下，我们讨论商家占优的 Stackelberg 博弈，即商家占主导地位，平台作为跟随者。通过反向推导法，首先关于平台售价 p_s 和食品监管水平 t 分别对平台的收益函数求导，得到

$$\frac{\partial \prod_S}{\partial p_s} = D(p_s, q, t) - \alpha(p_s - p_m) \tag{10-4}$$

$$\frac{\partial \prod_S}{\partial t} = \beta\gamma(p_s - p_m) - \eta t \tag{10-5}$$

令 $D_e = \frac{\alpha\eta}{\beta\gamma}$，即弹性需求，由公式(10－4)和(10－5)可以推出平台的最优订货量 $Q = D = D_e t$。定义 D_b 为商家的基础需求为

$$D_b = a - \alpha p_m + \beta q \tag{10-6}$$

令 $x = 2\frac{\alpha\eta}{\beta\gamma} - \beta\gamma$，则由公式(10－4)和(10－5)两式还可以推出平台的最优食品监管水平为

$$t = \frac{D_b}{x} \tag{10-7}$$

平台的最优零售价为

$$p_s = p_m + \frac{\eta}{\beta\gamma}t \tag{10-8}$$

然后，商家在已知平台决策的情况下，关于商家售价 p_m 和产品质量 q 分别对商家的收益函数求导，得出它的最优决策：

$$\frac{\partial \prod_M}{\partial p_m} = Q + (p_m - k_1 q - k_2) \frac{\partial Q}{\partial p_m} \tag{10-9}$$

$$\frac{\partial \prod_M}{\partial q} = (p_m - k_1 q - k_2) \frac{\partial Q}{\partial q} - k_1 Q - vq \tag{10-10}$$

其中，$\frac{\partial Q}{\partial p_m} = \frac{\alpha\eta}{\beta\gamma} \frac{\partial t}{\partial p_m} = -\frac{\alpha^2\eta}{x\beta\gamma}$ 且 $\frac{\partial Q}{\partial q} = \frac{\alpha\eta}{\beta\gamma} \frac{\partial t}{\partial q} = \frac{\alpha\eta}{x\gamma}$

令 $Q_{\Delta p_m} = -\frac{\alpha^2\eta}{x\beta\gamma}$，$Q_{\Delta q} = \frac{\alpha\eta}{x\gamma}$

则公式(10-9)和(10-10)可以化简为

$$\frac{\partial \prod_M}{\partial p_m} = D_e t + (p_m - k_1 q - k_2) Q_{\Delta pm} \tag{10-11}$$

$$\frac{\partial \prod_M}{\partial q} = (p_m - k_1 q - k_2) Q_{\Delta q} - k_1 D_e t - vq \tag{10-12}$$

所以，可以推出商家的最优产品质量为

$$q = -\frac{1}{v}\left(k_1 D_e + \frac{D_e}{Q_{\Delta p_m}} Q_{\Delta q}\right) t$$

令 $Q_t = -\frac{1}{v}\left(k_1 D_e + \frac{D_e}{Q_{\Delta p_m}} Q_{\Delta q}\right)$

$$q = Q_t t \tag{10-13}$$

商家的最优售价为

$$p_m = \left(k_1 Q_t - \frac{D_e}{Q_{\Delta p_m}}\right) t + k_2 \tag{10-14}$$

将公式(9-6)(9-7)(9-8)(9-13)(9-14)联立，得到公式组如下

$$\begin{cases} D_b = a - \alpha p_m + \beta q \\ t = D_b / x \\ p_s = p_m + \eta t / \beta\gamma \\ q = Q_t t \\ p_m = (k_1 Q_t - D_e / Q_{\Delta p_m}) t + k_2 \end{cases} \tag{10-15}$$

解公式组(10-15)，可以得到平台对食品安全的监管水平为

$$t=\frac{\alpha k_2\beta\gamma v-a\beta\gamma v}{2\beta^2\gamma^2 v-4\alpha\eta v+k_1^2\alpha^2\eta+\beta^2\eta-2\alpha^2\beta\eta k_1}$$

商家的最优售价为 $p_m=\dfrac{D_b-a-\beta q}{\alpha}=\dfrac{1}{2}(x-\beta Q_t)t-\dfrac{a}{2}$

平台的实际零售价为 $p_s=\dfrac{1}{2}(x-\beta Q_t)t-\dfrac{a}{2}+\dfrac{\eta}{\beta\gamma}t=\dfrac{1}{2}\left(x+\dfrac{\eta}{\beta\gamma}-\beta Q_t\right)t-\dfrac{Q}{2}$

可见当商家的产品通过网络平台销售时，市场需求越大，产品零售价越低。并且由于 $D_b=xt$，其中 $x>0$，所以市场需求与食品监管水平成正比。说明虽然在两层市场结构中商家占据主导地位，但是由于平台更了解消费市场，并且可以利用其自身的大数据技术优势对食品安全风险进行有效的管控，所以平台对市场需求的影响比商家更大。

10.3.2　网络平台占主导

当网络平台处于供应链的主导地位。例如，现目前的 95% 以上的外卖义务都被两大网络平台所垄断——饿了么和美团，一些商家只能在这两个平台上进行选择，美团因此出台了一系列的不平等条约，强迫商户只能在美团或是饿了么之间选择一个平台。所以在这种情况下，我们讨论网络平台占优的 Stackelberg 博弈，即网络平台占主导地位，商家作为跟随者。此时最优的订货量即为市场需求量，即

$$Q=D=a-\alpha p_s+\beta(q+\gamma t) \tag{10-16}$$

令

$$p_a=p_s-p_m \tag{10-17}$$

其中，p_a 表示平台零售价与商家售价的差值，即网络平台每销售一件商品的毛利，下文我们都用 p_a 作为网络平台的决策变量。

通过反向推导法(backward induction)，首先关于成本价 p_m 和产品质量 q 分别对商家的收益函数公式(9-3)求导，得到

$$\frac{\partial\prod_M}{\partial p_m}=Q-(p_m-k_1q-k_2)\alpha \tag{10-18}$$

$$\frac{\partial\prod_M}{\partial q}=(p_m-k_1q-k_2)\beta-k_1Q-vq \tag{10-19}$$

可以推出网络平台的最优订货量为

$$Q = \alpha(p_m - k_1 q - k_2) \tag{10-20}$$

令 $c_m^u = \frac{\beta}{\alpha} - k_1$

$$c_m^u Q = vq \tag{10-21}$$

商家的最优售价为 $p_m = \frac{C_m}{1 + \alpha C_m}(a - \alpha p_a + \beta\gamma t)$

其中，$C_m = \frac{1}{\alpha} + (\frac{\beta}{\alpha} + k_1)\frac{c_m^u}{c_m^u \beta - v}$

商家的最优产品质量为 $q = \frac{c_m^u}{v - c_m^u \beta}(a - \alpha(p_m + p_a) + \beta\gamma t)$

令 $c_m^q = \frac{c_m^u}{v - c_m^u}$，$C_m^1 = \frac{C_m}{1 + \alpha C_m}$，然后，网络平台在已知商家决策的情况下，关于毛利 p_a 和产品监管水平 t 分别对网络平台的收益函数公式(10－2)求导，得出他的最优决策：

$$\frac{\partial \prod_s}{\partial p_a} = D + p_a\left(-\alpha(-\alpha C_m^1 + 1) - \alpha\beta c_m^q(-\alpha C_m^1 + 1)\right) \tag{10-22}$$

$$\frac{\partial \prod_s}{\partial t} = -\eta t + p_a\left(-\alpha C_m^1 \beta\gamma + \beta(c_m^q \beta\gamma - c_m^q \alpha a C_m^1 \beta\gamma + \gamma)\right) \tag{10-23}$$

令 $C_s^p = -\alpha(-\alpha C_m^1 + 1) - \alpha\beta c_m^q(-\alpha C_m^1 + 1)$，$C_s^t = -\alpha C_m^1 \beta\gamma + \beta(c_m^q \beta\gamma - c_m^q \alpha a C_m^1 \beta\gamma + \gamma)$

则公式(10－22)和(10－23)可以化简为

$$\frac{\partial \prod_s}{\partial p_a} = D + p_a C_s^p \tag{10-24}$$

$$\frac{\partial \prod_s}{\partial t} = p_a C_s^t - \eta t \tag{10-25}$$

所以，可以推出网络平台的最优监管水平为

$$t = \frac{p_a C_s^t}{\eta} \tag{10-26}$$

网络平台的最优毛利为

$$p_a = \frac{\alpha}{C} p_m - \frac{\beta\gamma}{C} q - \frac{a}{C} \tag{10-27}$$

其中 $C = C_s^p - \alpha + \beta\gamma \frac{C_s^t}{\eta}$

将公式(10－16)(10－17)(10－20)(10－21)(10－26)(10－27)联立，可以得到公式组如下

$$\begin{cases} Q = a - \alpha(p_m + p_a) + \beta(q + \gamma t) \\ Q = \alpha(p_m - k_1 q - k_2) \\ c_m^u Q = vq \\ \eta t = p_a C_s^t \\ C p_a = \alpha p_m - \beta\gamma q - a \end{cases} \tag{10-28}$$

整理公式(10－16)，(10－21)和(10－24)可以得到，网络平台的最优毛利为 $p_a = -\frac{\gamma}{C_s^p C_m^u} q$，由公式(10－26)可得，网络平台的最优监管水平为 $t = \frac{p_a C_s^t}{\eta} = \frac{-C_s^t \gamma}{\eta C_s^p C_m^u} q$。

可见当网络平台委托商家加工生产产品时，产品毛利、产品质量、监管水平三者互相成比例，且都与市场需求线性相关。说明虽然网络平台在两层供应链中占据主导地位，但是产品质量和监管水平密切都会对市场需求造成影响，消费者不会因为网络平台的售价低或者监管水平高而忽略产品质量，反之亦然。

10.3.3　两者同等地位

商家和网络平台在供应链中具有同等地位，双方各自做出最优决策。那么在这种情况下，最优的订货量即为市场需求量，既有

$$Q = D = a - \alpha p_s + \beta(q + \gamma t) \tag{10-29}$$

由于

$$\frac{\partial \prod_m}{\partial p_m} = Q - (p_m - k_1 q - k_2)\alpha \tag{10-30}$$

$$\frac{\partial \prod_{m}}{\partial q}=(p_m-k_1q-k_2)\beta-k_1Q-vq \tag{10-31}$$

$$\frac{\partial \prod_{s}}{\partial p_s}=Q-p_a\alpha \tag{10-32}$$

$$\frac{\partial \prod_{s}}{\partial t}=\beta\gamma p_a-\eta t \tag{10-33}$$

进而可以推出

$$Q=(p_m-k_1q-k_2)\alpha \tag{10-34}$$

$$(p_m-k_1q-k_2)\beta=k_1Q+vq \tag{10-35}$$

$$\alpha p_a=Q \tag{10-36}$$

$$\eta t=\beta\gamma p_a \tag{10-37}$$

将公式(10－29)(10－34)(10－36)(10－37)联立,可以得到公式组如下

$$\begin{cases} Q=a-\alpha(p_m+p_a)+\beta(q+\gamma t) \\ \beta(p_m-k_1q-k_2)=k_1Q+vq \\ Q=\alpha(p_m-k_1q-k_2) \\ Q=\alpha p_a \\ \eta t=\beta\gamma p_a \end{cases} \tag{10-38}$$

可见当商家和网络平台同时决策,市场呈现混沌状态,并且会导致供应链总体收益下降,所以后续的仿真实验对此不做研究。

10.4　数值分析

由于本章的参数较多,为了更直观展示网络平台的食品安全监管水平对整个市场的影响,我们设定了一系列数值,通过仿真进行实例分析。我们假设市场需求基数 $a=500$, 平台投入食品安全监管的成本系数 $\eta=1$, 单位产品生产成本与质量的线性关系系数 $k_1=1$ 和 $k_2=1$, 商家投入产品质量的成本系数 $v=1$。根据10.3节我们得到了商家和平台最优策略的表达式,这些变量都与参数值 α, β, γ 有关,以下我们将做具体的数

值分析。

10.4.1　商家占主导的实例分析

根据 10.3.1 节我们得到了在商家主导下最优的市场需求 D_b，商家售价 p_m，平台售价 p_s，商品质量 q，监管水平 t，与价格系数 α，质量系数 β，监管水平系数 γ 有关，以下我们将用实例分析这些变量与参数之间的关系。

10.4.1.1　当监管水平系数 γ 确定时，商品质量 q，监管水平 t 与价格系数 α，质量系数 β 之间的关系

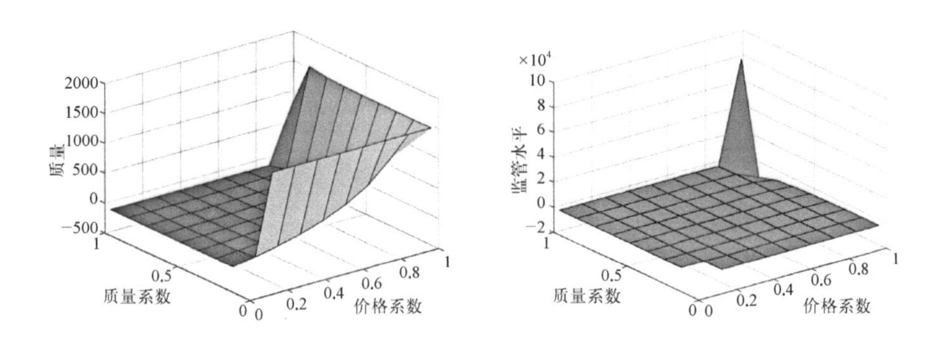

图 10－2　当 $\gamma=0.65$ 时，q，t 和 α，β 之间的关系

从图 10－2 可以看出，当 $\gamma=0.65$ 情况下，若 α 趋近于 1，β 趋近于 0 时，商家的产品质量达到最大；若 α 趋近于 1，β 也趋近于 1 时，则平台对食品安全的监管水平达到最大。说明市场需求对食品的价格敏感，而对感知质量不敏感，所以商家为了追求最优策略，会寻找食品监管水平低的平台销售，这样更利于掌握主动权，获得更多收益。

10.4.1.2　当质量系数 β 确定时，商品质量 q，监管水平 t 与价格系数 α，监管水平系数 γ 之间的关系

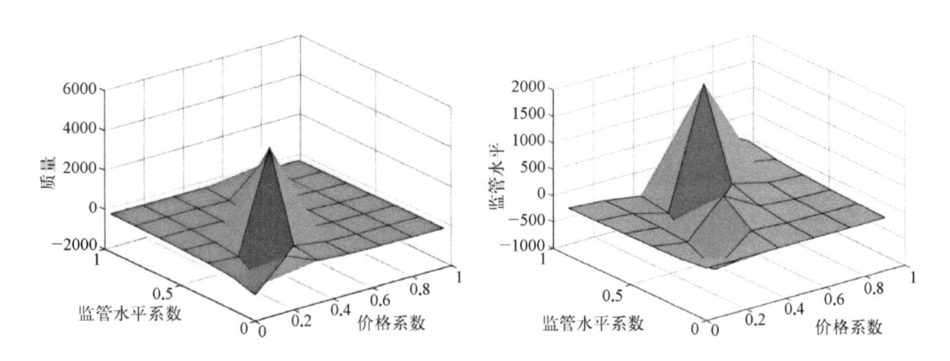

图 10－3　当 $\beta=0.75$ 时，q，t 和 α，γ 之间的关系

从图 10 - 3 可以看出，当$\beta = 0.75$情况下，若α趋近于 0.4，γ趋近于 0.5 时，商家的产品质量达到最大；若α趋近于 0.5，γ趋近于 1，则平台对食品安全的监管水平达到最大。说明市场需求对食品的价格不敏感，而对感知质量敏感，由于商家无法控制平台对食品安全的监管水平，所以商家相比于价格更注重提升自身的产品质量。

10.4.1.3 当价格系数α确定时，商品质量q，监管水平t与质量系数β，监管水平系数γ之间的关系

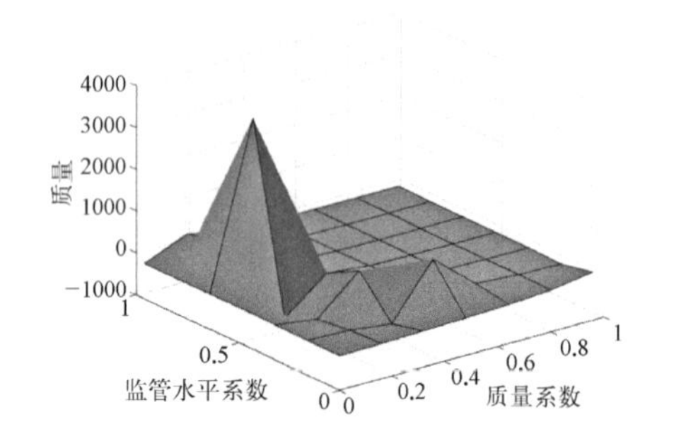

图 10 - 4 当α = 0.8 时，q 和 β，γ 之间的关系

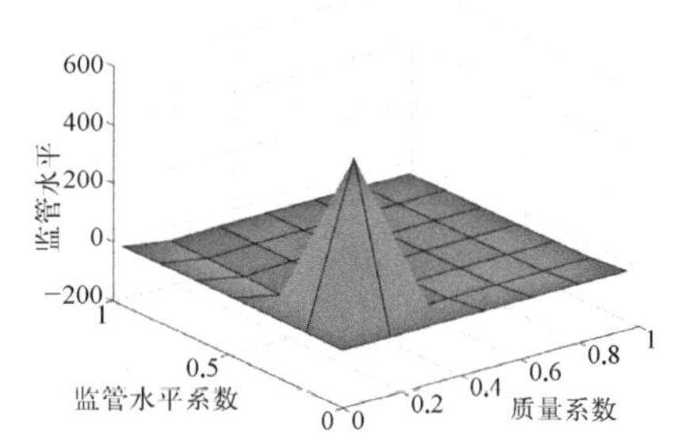

图 10 - 5 当α = 0.3 时，t 和 β，γ 之间的关系

从图 10 - 4 和图 10 - 5 可以看出，当$\alpha = 0.8$，β趋近于 1，γ趋近于 0.8 时，商家的产品质量达到最大；当$\alpha = 0.3$，β趋近于 1，γ趋近于 1 时，则平台对食品安全的监管水平达到最大。说明当价格对市场需求影响偏大时，商家的最优决策是追求最优的产品质量；当价格对市场需求影响偏小时，商家的最优决策是寻求提供最优食品监管水平的平台来销售，起到相互监督的目的。

在现实中，生产高质量且品牌知名度高的商家会拿走网络平台的大多数利润，而网络平台与这样的商家合作能起到很好的宣传效果，双方是共赢的。比如，五粮液、茅台在天猫超市的销售，价格普遍低于线下销售的价格，但销售量巨大，同时也为提升平台品质和声誉做出贡献。

10.4.2 网络平台占主导地位的实例分析

根据 10.3.2 节我们得到了在网络平台主导下最优的订货量Q，商家售价p_m，平台售价p_s，商品质量q，监管水平t，毛利p_a与价格系数α，质量系数β，监管水平系数γ有关，以下我们将用实例分析一下这些变量与参数之间的关系。

10.4.2.1　当监管水平系数 γ 确定时，监管水平 t，毛利 p_a 与价格系数 α，质量系数 β 之间的关系

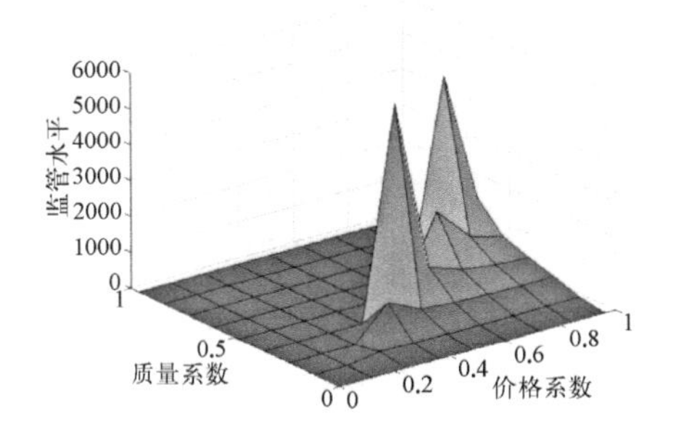

图 10－6　网络平台主导下 t 和 α，β 之间的关系

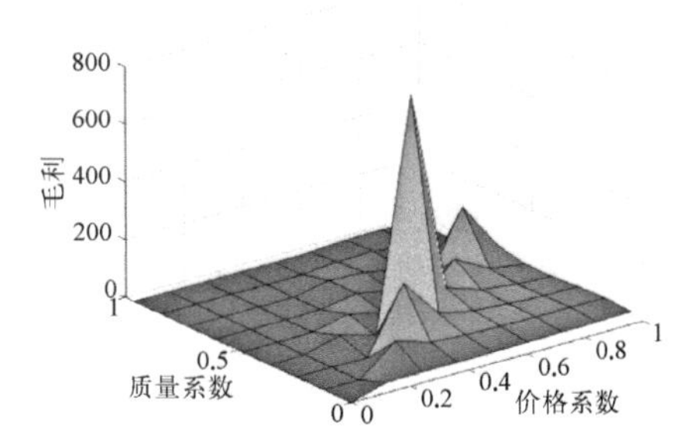

图 10－7　网络平台主导下 p_a 和 α，β 之间的关系

由图 10－6 和图 10－7 分析可知，在网络平台主导且 $\gamma=1$ 恒定情况下，若网络平台想要使自身的利润达到最大，即商品毛利 p_a 尽可能的大，由图 9－7可知 α 趋近于 0.5，β 趋近于 0.5，此时产品监管水平无法达到最优；若网络平台想要使产品的监管水平最优，即 t 尽可能的大，由图 10－6 可知 α 趋近于 0.4 或者 0.8，β 趋近于 0.5，此时网络平台自身利润无法达到最优；综上可知，网络平台主导且 $\gamma=1$ 时产品监管水平和网络平台利润无法同时达到最优，最优决策为网络平台可以选择追求最优利润，也可以选择追求最优产品监管水平。

10.4.2.2　当质量系数 β 确定时，监管水平 t，毛利 p_a 与价格系数 α，监管水平系数 γ 之间的关系

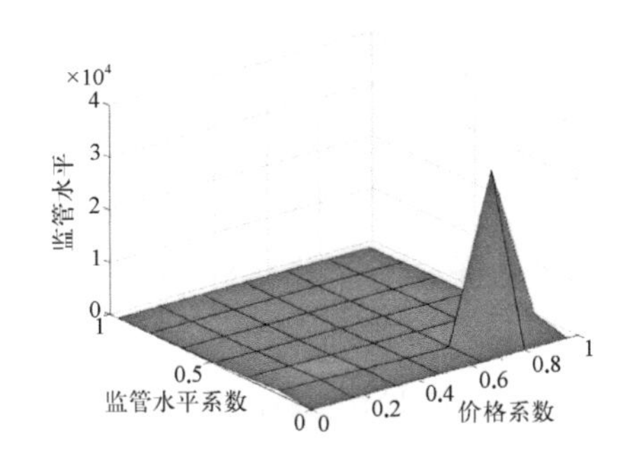

图 10－8　网络平台主导下 t 和 α，γ 之间的关系

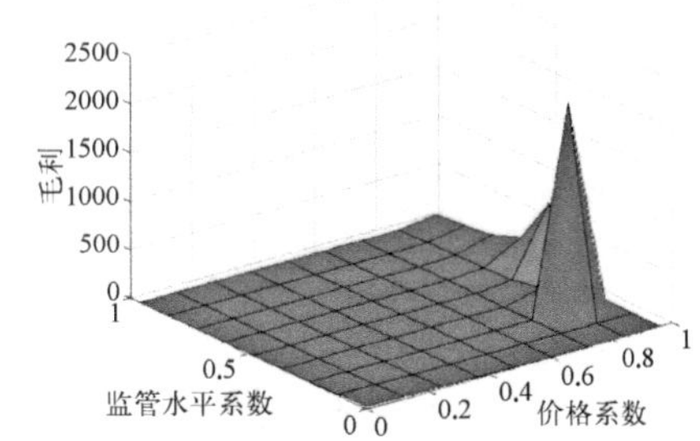

图 10－9　网络平台主导下 p_a 和 α，γ 之间的关系

由图 10－8 和图 10－9 分析可知，在网络平台主导且 $\beta=1$ 恒定情况下，若网络平台想要使自身的利润达到最大，即毛利 p_a 尽可能的大，由图 10－9

可知 α 趋近于 0.8，γ 趋近于 0.3，此时产品监管水平几乎达到最优；若网络平台想要使产品的监管水平最优，即 t 尽可能的大，由图 10－8 可知 α 趋近于 0.8，γ 趋近于 0.2，此时网络平台自身利润较优；综上可知，网络平台主导且 $\beta=1$ 恒定情况下尽管产品监管水平和网络平台利润无法同时达到最优，但最优决策应为网络平台尽量追求产品监管水平最优，目的是为了打造网络平台的良好口碑，以此吸引消费者。“饿了么”网络外卖平台在 315 晚会曝光相关食品安全问题后，立马下架涉事的餐厅，并且对相应商户审核的责任人进行了严肃处理，之后成立专门工作小组，对全国范围内的餐厅进行资质审查，下线资质不全的商家；开通 24 小时监督举报电话；与权威金融机构合作，帮助消费者维权；推行“明厨亮灶”计划，全程直播餐厅后厨情况。这一些系列举措既提高了网络平台的声誉，留住客户，又严厉地遏制了商家的不良行为，守护网络食品安全。

10.4.2.3　当价格系数 α 确定时，监管水平 t，毛利 p_a 与质量系数 β，监管水平系数 γ 之间的关系

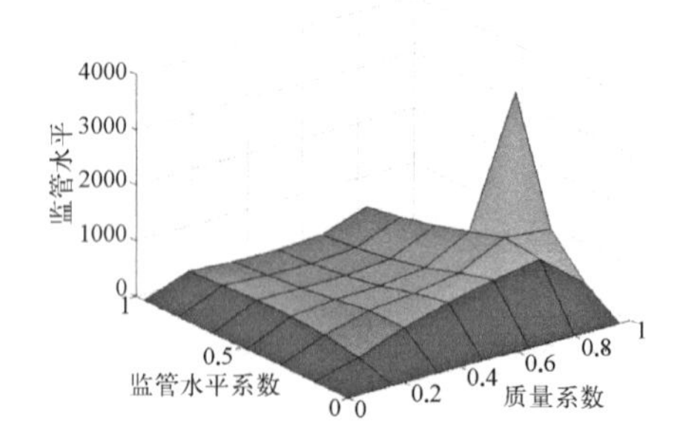

图 10－10　网络平台主导下 t 和 β，γ 之间的关系

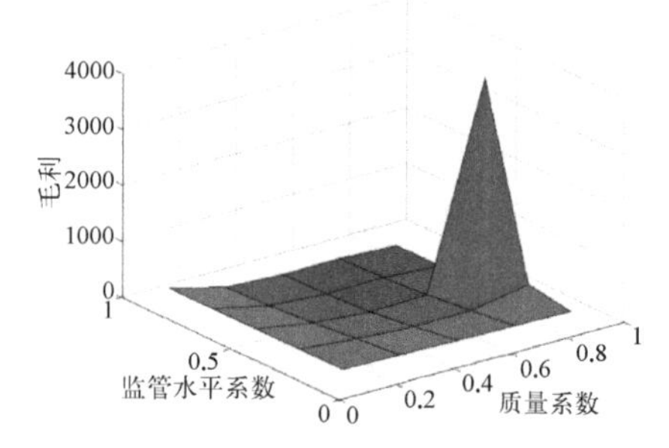

图 10－11　网络平台主导下 p_a 和 β，γ 之间的关系

由图 10－10 和图 10－11 分析可知，在网络平台主导且 $\alpha=1$ 恒定情况下，若网络平台想要使自身的利润达到最大，即 p_a 尽可能的大，由图 10－11 可知 β 趋近于 0.8，γ 趋近于 0.5，此时产品监管水平无法达到最优；若网络平台想要使产品的监管水平最优，即 t 尽可能的大，由图 10－10 可知 β 趋近于 1，γ 趋近于 0.6，此时网络平台自身利润无法达到最优；综上可知，网络平台主导且 $\alpha=1$ 恒定情况下产品监管水平和网络平台利润无法同时达到最优，最优决策为网络平台可以选择追求最优利润，也可以选择追求最优产品监管水平。

在实际情况中，由于本身品牌好的商家会拿走网络平台的大多数利润，网络平台一般会选择中小型企业做食品加工生产。即网络平台选择一家不

太知名的商家，并占据供应链主导地位，是为了增加其的议价能力，获得更多的收益。比如，网易严选的仓库在杭州，而代加工生产的企业很多都不在杭州，他们往往选择生产成本更低的周边地区中小企业，同时对产品质量有严格的把控。

10.5 案例分析——饿了么平台“数字食安”管理体系

根据数据显示，2020 年众多餐饮行业因疫情原因都在进行着战略布局的调整，27.1%的企业的店铺数量都出现了不同程度的下滑，在这种背景下，需要加强创新研究，提高安全保障水平，以此来提升消费信心。阿里本地生活副总裁王培宇在《网络食品安全数智化实践》中介绍道，饿了么平台非常注重网络食安的智能化管理，通过大数据、云计算等新技术，提高食品安全水平，并以此为基础，打造出一套精准、高效、闭环的、温暖的“数字化食品安全”管理系统。并将其运用到日常监控、消费者保障、店铺推荐、商户培训等方面，建立智能食安监控机制，通过大数据对商家的食品信息进行动态监管。

饿了么在响应国家食品安全战略上表现也十分积极，不仅严格地履行网络餐饮服务第三方平台主体责任，并且在市场监管部门指导下推出“e 政通、明厨亮灶、食安封签、食安险、配送箱消毒团体标准”等一系列的食品安全管理措施。

10.5.1 “一餐一签”

为了防止外卖在配送过程中发生的意外情况，饿了么联合美团发出来“无签不收”的倡议活动，并积极呼吁消费者加入，参与和监督外卖机构对食品安全方面的整改。该要求需要各入网餐厅应做到外卖产品“一餐一签”，从源头上进行标准化管理，降低食品安全事件的发生。关于骑手配送的问题，骑手在到店取餐时，应该监督商家是否将食安标签按照规定贴好，对于未履行责任的商家采取提醒或者拒绝配送的措施，同时也监督了骑手在配送过程中的不合规操作。顾客在收到骑手配送的餐食后，及时检查食安标签是否完整，对于食安标签损坏或者存在异常的食品有权利选择拒收。饿了么提出，今后对于没有实行食安标签的新入驻餐厅，不再为其办理入网手续，对于没有严格落实食安标签的餐厅也进行下线处理。“一餐一签”一方面是网络平台对商家食品安全的一种监督,另一方面商家通过该种方式来提高自身食品安全程度,为消费者带来更加健康安全的餐饮服务,为商家树立良好的企业形象。

10.5.2 “明厨亮灶”

早在2018年7月16日饿了么和百度外卖宣布双方在43个城市的商户成立明厨亮灶联盟,开通“明厨亮灶”永久频道。饿了么联合360公司,将数万台智能摄像机免费安装到饿了么的合作商户后厨,让大家可以直接在相关频道查看后厨的制作与出餐流程。同时,饿了么还宣布启用“智能视频巡查工作站”,通过视觉识别、人工智能等技术来分析后厨直播视频,帮助快速地自动识别和预警相关食品安全问题。该项目已经覆盖了北京、深圳、上海、广州、成都等43个城市,参与商户超过5 000家,其中不乏一些耳熟能详的餐饮企业,全聚德、西贝、嘉和一品等餐饮企业均在其中。此次活动旨在公开后厨操作过程,完善消费者监督机制,让消费者能够亲眼见证品质可靠的餐厅,重拾对网络餐饮的信心。本次活动也能够督促餐饮服务单位增强自律意识,打造真正的高品质、安全的优秀餐饮企业。

10.5.3 食安险

饿了么平台商家必须投保食无忧理赔保险,在发生理赔事故时,保险公司进行赔付。当消费者由于食用食品引发就医,可以在线申请理赔,从平台选择理赔订单,进入食品安全理赔,填写理赔原因、问题描述、证件号码等信息后,提交给保险公司审核,根据食品异物、变质等不同性质来决定理赔比例。首先,食安险为商家提供风险保障,充分地发挥保险的风险管理补偿功能,帮助餐饮企业转移风险,促进企业提质增效。其次,通过保险专业风险管控手段,提升食品企业质量管控能力,提前增强食品监督环境,将食品安全隐患扼杀在摇篮里。最后,也能在最大程度上保证消费者能够获得及时赔偿,维护了消费者的合法权益,化解食品安全事件责任纠纷。

此外,饿了么还对骑手外卖箱进行要求,必须定期清洁与消毒,给商家提供食品安全培训,灌输食品安全卫生类知识。饿了么也荣获了“2021安心奖”,该奖项从21年3月开始启动,通过综合桌面调研、数据筛选、自主申报、媒体评审、机构评审和大众投票等等环节,有1 000个品牌进入候选区,之后专家组从舆情指标、业务标准等出发进行多方位多维度评审,最终选取出40个品牌,这也代表着社会各界对“饿了么”在消费领域发展做出的卓越贡献的肯定。

在当前的形势下，食品安全治理的目标应当要达到数字化治理程度，在充分运用各种新兴数字技术的基础上，构建出一个数字化的食品安全治理模式，让数据服务于为食品安全监管，帮助食品安全战略的实施，推动网络餐饮行业安全、健康、有序发展，强化共建共享共治合作，对网络食品安全进行全方位的保障。

10.6　案例分析——Uber Eats 食品安全治理

Uber Eats 是一家全球性的外卖送餐平台，隶属于 Uber 科技公司。它于 2014 年在美国洛杉矶首次推出，如今已经覆盖了全球数百个城市。Uber Eats 与世界各地城市的当地餐厅合作，并让用户可以使用手机应用程序在线上订餐。这使得用户可以在家或办公室享受美食，提供了便利和多样化的用餐体验。

然而，餐饮行业的快速发展也带来了食品安全的挑战。为了确保用户在使用 Uber Eats 平台时能够享受到高质量的食品，Uber Eats 采取了一系列措施保障食品安全。平台针对外卖配送员、商家与餐厅制定了明确的规定，并提供了完善的售后服务。这些措施共同构成了 Uber Eats 对食品安全的全面治理体系。

10.6.1　外卖配送员管理

外卖配送员是 Uber Eats 服务的关键一环，负责将食物从餐厅或商家送至用户手中。为此，平台采取了相应措施，以确保食品的安全送达。Uber Eats 重视外卖配送员的培训和教育，为他们提供全面的食品安全培训，包括个人卫生、食品运输和储存的注意事项等：要求配送员不在送餐过程中有吸烟、嚼槟榔等可能污染食品的行为，并在生病不适时休息并尽快治疗；要求配送员领取商品时，检查包装是否完整并确保冷、热食品分开放置，若有破损或未隔开放置，及时提醒餐厅处理；建议配送员在送餐全程使用 Uber Eats 专属保温袋并定期清洁，确保食品质量，并避免外部污染或剧烈温度变化；若发现商品含有违禁品，立即通过 APP 与客服联系并取消订单等。通过制定详细的教程，确保外卖员了解食品安全标准，并在配送过程中遵守正确的操作方法。此外，Uber Eats 采取严格的审核制度，审查外卖配送员的背景和资质，确保他们拥有合法的驾驶执照和车辆保险。审核制度的设置有助于筛选出可靠的配送员，降低食品运输中的风险。同时，平台鼓励用户对配送员的服务进行评价和反馈,开放的反馈机制让 Uber Eats 得以了解配送员的表现。对于不合格的配送员,平台会采取相应的措施,以确保用户的食品安全。Uber Eats 通过这些措施,致力于保障外卖配送的食品安全和服务质量。

10.6.2　商家与餐厅管理

Uber Eats 合作的商家和餐厅是提供食品的主要来源,因此他们的食品安全措施至关重要。首先,Uber Eats 在与商家和餐厅建立合作伙伴关系之前,会进行严格的审核和筛选。商家需要申请合约、提供销售菜单和图片,在上传身份验证等相关文件并通过审核后,才能加入平台并进行上线接单。因此,只有通过审核并且符合法规要求的商家才能加入平台,确保了用户购买食品的安全。另外,Uber Eats 鼓励商家咨询当地公共卫生机构,以获得健康和食品安全的最新指南,指导他们的生产活动,并鼓励商家参加食品安全相关的课程。在 Uber Eats 向其合作餐厅和商家提供的食品安全课程中,涉及了一系列食品处理、储存和卫生操作等方面的要求和建议。例如:商家被建议遵循最佳实践,包括定期和彻底清洁频繁接触的表面(门把手、把手、水龙头、水槽)、食品处理和准备环境;为保护送货员和顾客,建议提供送货或取货的商店指定一个与食品准备区分开的等候区,以便送货员和顾客可以在那里保持有效的社交距离;采用"留在门口"的交付方式,鼓励客户选择非接触式送货选项,以支持社交距离准则;遵循员工健康和报告程序。如果有工作人员报告轻微疾病、呼吸道症状或发烧,应鼓励他们待在家里。这些措施有助于确保食品安全和员工健康,使 Uber Eats 的服务更加可靠和安全。

10.6.3　售后服务管理

Uber Eats 注重提供完整的售后服务体系,以保障用户在整个用餐体验中获得满意的服务和食品安全保障。首先,Uber Eats 设有专门的客户支持团队,用户可以随时联系该团队寻求帮助和解决问题。客户支持团队将认真对待每一个食品安全问题,并及时采取适当的措施,确保用户的权益。另外,如果用户对收到的食品有质量问题或出现其他不满意的情况,他们可以向 Uber Eats 报告,并要求退款或解决方案。Uber Eats 将优先保障用户的食品安全和满意度,为他们提供合理的解决方案。对于食品安全问题,商家和配送员在准备或处理用户的订单时必须遵守食品安全法规和行业最佳实践。如果用户的订单涉及违反食品安全规定、过敏或饮食限制问题,或者导致了与食品有关的疾病或伤害，Uber Eats 会认真审查并跟进问题，并在必要时与商家合作解决。而对于收到的餐点不如预期的情况，Uber Eats 也向用户提供了评分和反馈的机制。用户可以对每道餐点提出具体意见和问题反馈，这将有助于 Uber Eats 与最优质的餐厅合作，并确保用户的用餐体验得到改进和提升。

Uber Eats 作为一家全球领先的在线外卖订餐平台，对食品安全问题高度重视。通过培训外卖配送员、合作伙伴筛选和卫生监管，以及持续改进售后服务等措施，Uber Eats 确保用户能够在舒心、便捷和安全的条件下享受美食，使得其成为用户信赖的外卖订餐平台之一。

10.7　本 章 小 结

本章通过建立商家与网络平台企业的两层市场结构模型，研究斯坦伯格博弈下商家和网络平台分别占据供应链主导位置时的商家产品质量和网络平台的食品监管水平的最优策略。并且，通过一系列仿真实验得到结论，当商家通过网络平台进行销售时，无疑首先需要练好“内功”提升产品质量，其次寻求能够提供更好食品安全监管水平的网络平台，因为即使商家在供应链中占主导地位，但是由于平台掌握更多消费数据且离市场更近，也更容易控制市场需求和提升企业产品声誉。同时，虽然“知名”的商家会分走平台大多数的收益，但是两者合作能够产生双赢的效果。最后对饿了么、Uber Eats 等知名网络平台在食品安全治理方面的经验进行分析，得到网络平台对网络餐饮企业的规范治理，不仅可以维护平台本身的声誉，还能使商家在网络平台的监督下积极提高自身食品质量，以获得更高的评价和收益。本章在“公私规制”之外，探索了基于网络平台对于食品安全风险进行管控的新途径。

第 11 章　网络食品安全的社会治理:公私协同治理

11.1　本 章 概 要

食品安全风险是世界各国普遍面临的共同难题,每年因食品和饮用水不卫生导致约有 1 800 万人死亡。近年来,发达国家也深受食品安全问题困扰(如德国"毒黄瓜事件"、美国"花生酱事件"),中国食品安全事件(如"福喜事件""瘦肉精""染色馒头"等)也高频率地发生。根据清华大学媒介调查实验室刚刚完成的"中国综合小康指数"调查显示,综合小康指数为 96.6,而疫情防控占据了榜首,之后便是排食品安全、社会保障、就业问题、疾病控制与公共卫生、个人信息保护、教育改革、医疗改革、养老政策、公民社会生活心态。说明了公众对当前食品安全问题的焦虑、无奈甚至极度不满意。食品安全事件以及由此引发的社会安全事件已经成为政府的巨大挑战。根据最高人民法院发布的《网络购物合同纠纷案件特点和趋势(2017.1—2020.6)》中显示,在网络购物合同的纠纷案件中,其中食品类纠纷占据 45.65%,将近一半的比例。近年来,我国食品新业态逐渐丰富,人们对食品的消费重心也转移到网络平台上,从电商平台、外卖平台到社交平台、甚至短视频平台都可以购买虽然政府对于食品安全问题的监管力度越来越大,但由于网络餐饮平台合规能力建设仍然存在严重短板,没有尽到对消费者的安全保障义务,《网络餐饮消费维权舆情数据报告(2018—2019)》显示,2018 年至 2019 年,仅美团外卖(包括其分公司)就在全国共 34 个城市累计被行政处罚 64 次,没收违法所得 33 次,没收违法所得 12 万余元,罚款 58 次,罚金供给 650 余万元。平台处罚原因包括未尽审查义务、未公示相关证件或信息、未建立相关制度等等,这些行为都会引发严重的食品安全问题。

传统上,食品安全风险治理通过两个管理方式进行: 政府制定食品安全管理制度并监督实施（称为“公共规制”）和网络商家自身的质量契约（“私有规制”）。由于政府缺少专业的食品安全信息和分析技术，公共规制往往效果不佳；而企业的目标在于利润最大化，私有规制往往有悖于实现社会福利，所以两种规制手段均有先天缺陷。因此，本章在结合这两种规制手段，探索其协同规制（Co-regulation）模式的基础上，研究产品声誉对商家的产品质量和销售价格，以及政府检测准确性和奖惩力度的影响。事实上在生活中已经存在有相关公私协同治理的平台，来对网络商家的食品安全指数进行评价，并定期发布评价信息来供消费者甄别。

2021 年 11 月 1 日，浙江公布数字化改革最佳应用——浙江外卖在线，其主要作用在于以下几个方面：压实平台责任、加强限塑环保、保障食品安全、维护骑手权益、促进放心消费、强化交通管理、反对餐饮浪费、推动服务行业发展。针对新经济、新业态的特点，借助算法推出外卖配送的“合理时间”、厨房“AI 巡检”、平台“数据画像”、商家“经营风险感知”等等。该系统贯穿了从平台、商家、厨房、骑手、配送和办案管理等多个场景，实现了从线上到线下、商家到顾客、制作到配送的全链条闭环管理。另外消费者也可以通过浙江外卖在线平台来实施查验商家的经营信息，参与“明厨亮灶”直播。观察到商家实景，商家的食品制作过程可以一目了然，另外餐品所使用的食材也要上传相关发票账本信息。从浙江外卖在线试运行以来，已完成网络订餐平台上 29.3 万家商家的信息核验，接入 6 089 家阳光厨房，并且在之后，也会充分发挥第三方监督的作用，推进第三方监督评价机制的建立，对网络餐饮评价指数展开研究，借助第三方评价机构的力量，来对网络餐饮平台和入网餐饮服务提供者进行分析，包括预警、分析和评价，定期发布评价信息，帮助消费者能够进行积极地网络餐饮消费，顾客通过评价信息来对商家的产品进行选择。

本章在政府监管部门、网络商家和顾客的三层供应链的基础上，首先，考虑政府检测商家的产品，并将检测结果公开，顾客会根据曝光的产品质量以及市场售价，建立其对该产品的“口碑”。在本章中，我们将产品积累的“口碑”定义为产品声誉。其次，根据政府的检测结果，网络商家还会受到相应的奖励或惩罚，通过建立市场需求模型和网络商家的利润模型，企业将最大化其期望收益得到最优的产品销售价格。最后，在交易期末，顾客会依据实际产品质量、产品售价，建立声誉更新模型，更新产品的声誉值，这也将直接影响到网络商家下个交易期的行为决策以及政府奖惩机制的制订。

本章的贡献在于：① 结合之前政府的食品安全管理制度和网络商家自身的质量契约，本章引入了声誉因素探讨其对食品安全供应链中各决策方的调节作用。② 通过产品质量和售价等市场公开信息,建立了声誉更新模型,更准确的刻画出产品在多周期交易过程中的声誉变化。③ 本章的研究结果显示,声誉因素对完善食品安全中的“公共规制”和“私有规制”是很好的补充。

11.2　模型构建

本章考虑一个政府监管部门、网络商家和顾客的三层供应链模型。首先,网络商家将产品交由政府监管部门抽检,政府部门将根据检测出的产品质量对商家进行奖励或者惩罚,并将检测结果公之于众。其次,网络商家会根据之前的声誉、检测的结果预测市场需求,制定产品售价。最后,顾客则会根据检测出的产品质量、产品售价对产品声誉进行评价,并公开当期声誉信息。本章的决策流程如图 11－1 所示:

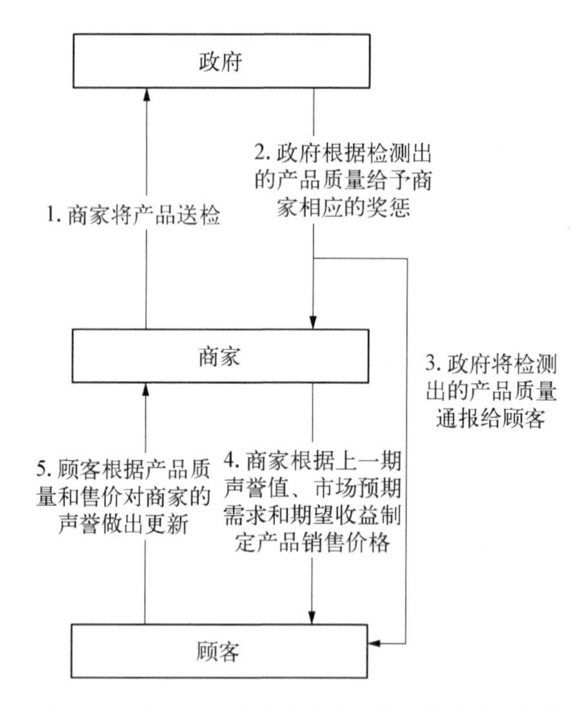

图 11－1　考虑产品声誉后的食品供应链决策流程图

11.2.1　声誉更新模型

顾客通过观察政府对食品质量的检测报告和产品销售价格,能够得到该产品在市场上的声誉情况，而声誉信息能够在每一个交易周期末被公开，即顾客和商家都能看见。每一期的声誉值都是在上一期声誉值的基础上进行更新。

产品的真实质量为 q_t，$q_t \in (0, 1)$。政府检测出的产品质量为 $\lambda * q_t$，$\lambda \in (1-\eta, 1+\eta)$。$\lambda$ 是政府检验产品质量的系数，η 是检验产品质量的波动区间。已知影响产品声誉的因素分为两部分，一个是政府检测出的产品质量与最低的质量合格标准 L 之间的差距，另一个是该产品 t 时期的售价 p_t 和消费者心理价格 $\bar{p}$ 之间的差距。$\bar{p}$ 也是消费者对产品的期望价格，该产品网络商家只有在交易周期末才能得知该产品的期望价格。所以，我们可以得到声誉的更新值 Δ，

$$\Delta = \alpha * \frac{\lambda * q_t - L}{L} - (1-\alpha)\left(\frac{\left|\bar{p} - p_t\right|}{\bar{p}}\right) \tag{11-1}$$

此处的 α 为敏感因子，α 的值越大代表顾客对产品质量更敏感，反之表示顾客对产品价格更敏感。当售价偏离消费者心理价格越多时，消费者会怀疑商家的产品价格虚高，或者是产品偷工减料导致售价偏低，所以得到的声誉更新量减小更快；当售价距离消费者心理价格越近时，说明产品价格更贴近消费者心理预期，所以得到的声誉更新量减小缓慢；当售价等于消费者心理价格时，说明产品价格与消费者预期一致，声誉更新只考虑产品质量的影响。我们做出声誉更新模型为，

$$\begin{cases} R_0 = c_0 \\ R_t = R_{t-1}(1+\Delta) \end{cases} \tag{11-2}$$

其中，R_0 为初始声誉，c_0 为一个常量，t 时期产品声誉为 $R_t \in (0, 1)$，由于声誉是由顾客决定的，因此每一期产品的实际声誉应该是在产品价格确定之后再被知晓。

11.2.2　市场需求和网络商家的利润模型

网络商家生产质量为 q_t 的产品的生产总成本（包含技术成本和材料成本）为 $\frac{r}{2} * q_t^2 + v * q_t + c$。其中，$r$ 表示不同网络商家生产效率的差异，v 和 c 代表单位产品生产成本与产品质量呈线性关系。如果仅考虑市场对产品的线性需求情况，那么每期市场需求量为，

$$D_t(p_t, R_{t-1}) = D - E * p_t + F * R_{t-1} \tag{11-3}$$

D 表示整体市场需求基数,反映整个市场的顾客内在需求。E 和 F 为顾客需求反应系数, E 代表产品价格对顾客的吸引力, F 代表产品声誉对顾客的吸引力。t 时期的需求量计算采用 R_{t-1} 而不用 R_t, 是因为当制造商还未卖出产品之前,是不知道顾客对当期产品声誉的评价情况,所以只能采用前一期声誉来代替。

假设网络商家的产能能够完全满足市场需求,从而可以得到网络商家利润为,

$$\prod_M = \begin{cases} D_t(p_t, R_{t-1}) * \left[p_t - \left(\frac{r}{2} * q_t^2 + v * q_t + c\right)\right] + J_1 \Leftrightarrow \lambda * q_t \in [H, 1) \\ D_t(p_t, R_{t-1}) * \left[p_t - \left(\frac{r}{2} * q_t^2 + v * q_t + c\right)\right] \Leftrightarrow \lambda * q_t \in [L, H) \\ D_t(p_t, R_{t-1}) * \left[p_t - \left(\frac{r}{2} * q_t^2 + v * q_t + c\right)\right] + J_2 \Leftrightarrow \lambda * q_t \in (0, L) \end{cases} \tag{11-4}$$

其中 $J_1 = Re * D_t(p_t, R_{t-1}) * p_t$, $J_2 = (-Pu) * D_t(p_t, R_{t-1}) * p_t$。这里的 Re 为奖励力度, Pu 为惩罚力度,均为正值。L 为最低的质量合格标准, H 为优质品的最低标准。所以, J_1 表示当网络商家每卖出一件优质产品时政府补贴 $Re * p_t$, J_2 表示当制造商每卖出一件次品时政府惩罚 $(-Pu) * p_t$。

11.3　模型性质推导

根据上述模型,本节对产品声誉、产品售价、政府奖惩力度和预期市场需求之间的关系展开研究,可以推导出以下结论。

性质 1　产品售价 p_t 与前一期声誉 R_{t-1} 呈正相关

设置奖惩力度 $x \in (-Pu, 0, Re)$, 我们可以将公式(5-4)简化为,

$$\prod_M = D_t(p_t, R_{t-1}) * \left[p_t - \left(\frac{r}{2} * q_t^2 = v * q_t + c\right)\right] + x * D_t(p_t, R_{t-1}) * p_t$$

$$\Rightarrow \prod_M = D_t(p_t, R_{t-1}) * \left[(1 + x)p_t - \left(\frac{r}{2} * q_t^2 + v * q_t + c\right)\right]$$

令 $\frac{\partial \prod_M}{\partial p_t} = 0$,

$$\frac{\partial \prod_M}{\partial p_t} = -E * \left[(1+x)p_t - \left(\frac{r}{2} * q_t^2 + v * q_t + c\right) \right] + (-Ep_t + FR_{t-1})(1+x) = 0$$

得到最优的产品售价为，

$$p_t = \frac{(1+x)FR_{t-1} + E\left(\frac{r}{2} * q_t^2 + v * q_t + c\right)}{2(1+x)E} = \frac{F * R_{t-1}}{2 * E} + \frac{\left(\frac{r}{2} * q_t^2 + v * q_t + c\right)}{2 * (1+x)} \quad (11-5)$$

所以，从公式(11－5)得到产品售价 p_t 与前一期声誉 R_{t-1} 正相关，说明售价受到之前产品声誉的影响。

推论 1　政府的奖惩力度与产品售价呈负相关

公式(11－5)对政府奖惩力度 x 求导，得到 $\frac{\partial P_t}{\partial x} = \frac{-\left(\frac{r}{4} * q_t^2 + \frac{v}{2} * q_t + \frac{c}{2}\right)}{(1+x)^2}$

因为 $\frac{\partial P_t}{\partial x}$ 恒为负数，所以随着政府奖惩力度 x 的升高，产品最优售价 p_t 会逐渐降低。说明一方面由于政府的补贴，商家为了扩大市场需求，产品最优的售价会有降低的趋势；另一方面由于政府对次品的惩罚，商家怕被淘汰出市场，所以产品最优的售价也会有降低的趋势。

推论 2　网络商家预期市场需求量与上期声誉 R_{t-1} 呈正相关

将公式(11－5) $p_t = \frac{F * R_{t-1}}{2 * E} + \frac{\left(\frac{r}{2} * q_t^2 + v * q_t + c\right)}{2 * (1+x)}$ 带入公式(5－3)可以推出市场预期需求量为，

$$D_t(p_t, R_{t-1}) = D - \frac{(1+x) * F * R_{t-1} + E * \left(\frac{r}{2} * q_t^2 + v * q_t + c\right)}{2(1+x)} + F * R_{t-1} \quad (11-6)$$

从公式(11－6)可以得出网络商家预期市场需求量与上期声誉 R_{t-1} 之间也呈正相关。说明市场需求也受到产品前期声誉的影响。

结论 1 政府的奖惩力度对当期声誉 R_t 的影响

已知公式(11－2) $R_t = R_{t-1} * \left[1 + \alpha * \frac{\lambda * q_t - L}{L} - (1-\alpha)\frac{|\bar{p} - p_t|}{\bar{p}}\right]$，将公式(11－5)代入公式(11－2)，可以推出当期的最优声誉值为，

$$R_t = R_{t-1} * \left[1 + \alpha * \frac{\lambda * q_t - L}{L} - (1-\alpha) * \frac{\left|\bar{p} - \frac{(1+x) * F * R_{t-1} + E * \left(\frac{r}{2} * q_t^2 + \mathrm{v} * q_t + c\right)}{2(1+x) * E}\right|}{\bar{P}}\right]$$

当 $\bar{p} > p_t$ 时，由推论 1，我们知道随着政府奖励和惩罚力度 x 的升高，产品最优售价 p_t 逐渐降低，从而 $\frac{\bar{p} - p_t}{\bar{p}}$ 逐渐升高，声誉 R_t 逐渐降低。

当 $\bar{p} > p_t$ 时，由推论 1，我们知道随着政府奖励和惩罚力度 x 的升高，产品最优售价 p_t 逐渐降低，从而 $\frac{p_t - \bar{p}}{\bar{p}}$ 逐渐降低，声誉 R_t 逐渐升高。

说明随着政府奖励和惩罚力度的提高，政府监管力度加大，如果市场不爆发食品安全问题，消费者默认产品价格与产品质量相符合。所以当产品售价低于消费者心理价格时，声誉降低。而当产品售价高于消费者心理价格时，声誉反而升高。

11.4 仿真结果与分析

由于上文中得到的均衡解的表达式非常复杂或者没有解析表达式，本节将通过仿真实验来分析产品声誉对网络商家的定价行为，以及政府奖惩机制的影响。具体的仿真实验如下：首先，验证声誉更新模型设计的合理性，得到最优的参数。通过实验 1 研究敏感因子对声誉更新的影响，通过实验 2 研究政府检验出产品质量的准确性对声誉更新的影响。其次，研究声誉对商家行为的影响。通过实验 3 研究声誉和产品性价比之间的关系，通过实验 4 研究前期声誉对当期商家定价和利润的影响。最后，研究政府奖惩机制与商家声誉的相互作用。通过实验 5 研究当政府采用不同的奖惩机

制时前期声誉对商家利润的影响，通过实验 6 研究当政府采用不同的奖惩机制时产品质量对商家声誉的影响。

具体的参数设置如下：q_t 服从正态分布 $N(\mu, \sigma^2)$，μ 和 σ 均由外生给定，在仿真过程中我们用的是标准质量，所以设置 $\mu = 0.5$ 和 $\sigma^2 = 0.004$。由于产品质量不能为负，故采用算法将负值变正，标准质量不可能大于 1，故采用算法将大于 1 的质量设置为 1。与价格有关的市场需求系数为 $E = 10$，与声誉有关的市场需求系数 $F = 1\,000$，商品进入市场的初始声誉值 $R_0 = 0.5$。设置网络商家运作效率为 $r = 0.3$，生产单位产品的波动成本为 $v = 0.06$，生产单位产品的固定成本为 $c = 10$，消费者的心理价格为 $\bar{p} = 15$。质量合格的最低标准 $L = 0.25$，优质品标准 $H = 0.75$。

实验 1　敏感因子 α 和产品质量 q_t 对声誉比 R_t/R_{t-1} 的影响

图 11 - 2 是在 $p = 18$，$\lambda = 1$ 的情况下，敏感因子、产品质量和声誉比之间的关系图。由图 11 - 2 可知，当 α 趋近于 0.56 时，产品质量 q_t 的变化对声誉比 R_t/R_{t-1} 的影响最大（对应直线的斜率最大）。并且，声誉比总是大于 1，说明此时随着产品质量的升高，声誉也会逐渐升高。所以，下面的实验都将采用敏感因子的最优值 $\alpha = 0.56$。

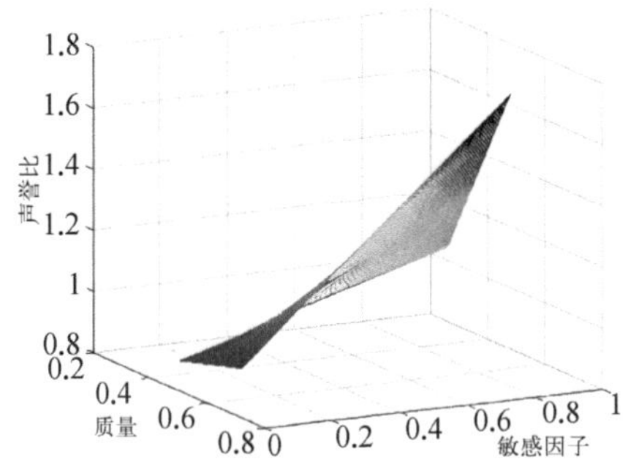

图 11 - 2　敏感因子、产品质量和声誉比的关系

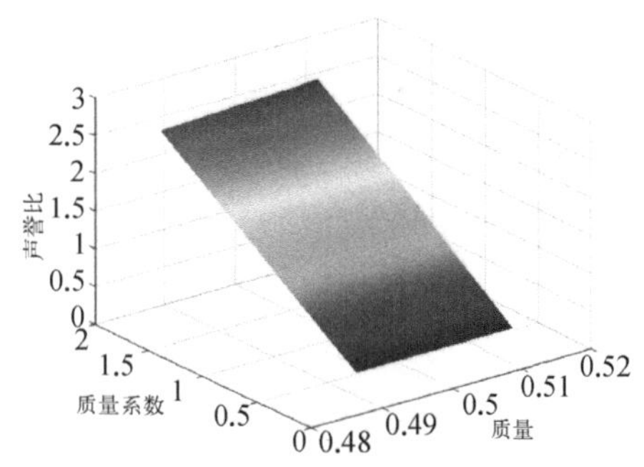

图 11 - 3　政府检验产品质量的系数、产品质量和声誉比的关系

实验 2　政府检验产品质量的系数 λ 和产品质量 q_t 对声誉比 R_t/R_{t-1} 的影响

图 11 - 3 是在 $p = 18$，$\alpha = 0.56$ 的情况下，政府检验产品质量的系数、产品质量和声誉比之间的关系图。由图 10 - 3 可知，在质量一定的情况下，政府检验产品质量的系数 λ 和声誉比 R_t/R_{t-1} 呈正相关。当 λ 大于 0.5 时，声誉比总是大于 1 的，并且随着政府检验产品质量的系数提升，声誉的增长速度加快。反之，声誉减少的更快。所以，网络商家总是希望 λ 越大越好。然

而，λ 也可以理解为政府检测出实际产品质量的准确率，所以 λ 的取值应该越接近于 1 越好。

实验 3　产品性价比 q_t/p_t 对声誉 R_t 的影响

当 $\alpha = 0.56$，$\lambda = 1$ 的时候，我们得到产品的性价比和声誉的关系如图 11－4 所示，随着产品性价比的不断升高，产品的声誉也是逐渐升高的，这也较符合人们的日常感知。

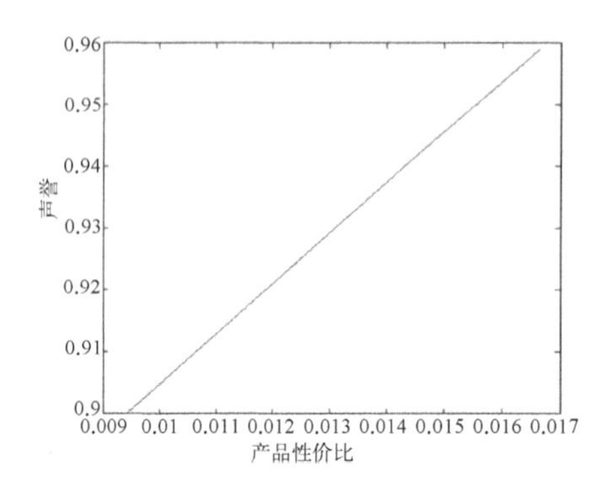

图 11－4　前期声誉和产品性价比的关系

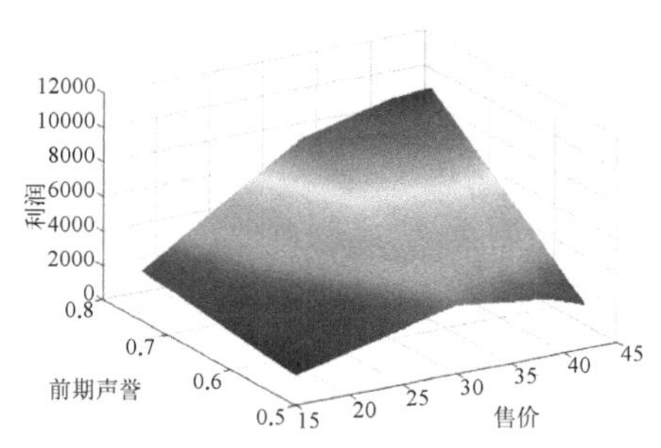

图 11－5　前期声誉、售价和利润的关系

实验 4　前期声誉 R_{t-1} 和售价 p_t 对利润 $\prod_M$ 的影响

在 $\alpha = 0.56$，$\lambda = 1$，$Re = 0.2$，$Pu = 0.8$ 的情况下，可以得到图 11－5，随着前期声誉的增高，网络商家利润是逐渐增大的。当产品售价 p_t 大约在 30 左右时，制造商利润达到最大值。说明前期声誉越高，售价变化范围越大，网络商家的利润也会越多。

实验 5　当政府采用不同的奖惩机制时，前期声誉 R_{t-1} 对利润 $\prod_M$ 的影响

设置奖励力度参数 $Re = 0.2$，惩罚力度参数 $Pu = 0.8$。因为这种低奖励、高惩罚的奖惩机制，比较符合实际情况。由图 11－6 可知，当政府根据检验出的质量对网络商家进行奖励的时候，商家得到更多的利润（相较于不奖励不惩罚），并且随着前期声誉的增加，当期得到的利润是逐渐升高的。而当政府对商家采取惩罚的时候，商家得到的利润是负的，说明政府的严加惩罚会使得企业亏损。并且前期声誉越高，当期亏损越大。这是因为前期声誉和销

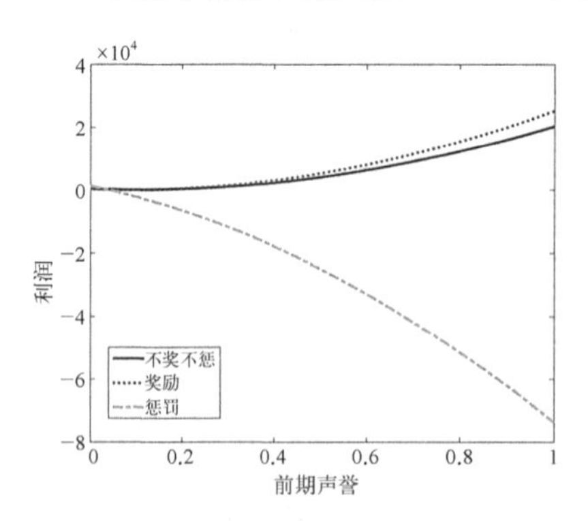

图 11－6　当政府采用不同的奖惩机制时，前期声誉和利润的关系

售量相关,前期声誉越高,本期销售量越高,而奖惩又是和销售量有关,销售量越多,惩罚的就越多。所以当存在政府奖惩机制的情况下,前期声誉对商家当期利润有很大的影响。

实验 6　当政府采用不同的奖惩机制时,产品质量对声誉的影响

情况 1　政府对产品质量有准确的检测时,声誉的更新情况

在 $\alpha = 0.56$, $\lambda = 1$, $Re = 0.2$, $Pu = 0.8$ 的情况下,政府对产品质量有准确的检测结果,同时通过奖惩机制对网络商家进行严格监管。可以得到图 11－7,商家的声誉在前几个周期逐渐上升,之后便稳定在一个水平。并且,当 $\lambda = 1.1$ 时声誉的最高值大于 $\lambda = 0.9$ 时声誉的最高值,这说明当政府检出的产品质量高于产品的实际质量时,会使得制造商的声誉大大提高,商家从中受益,但同时会损害顾客的利益。所以政府是否能检验出产品的正确质量对声誉的更新有非常大的影响。

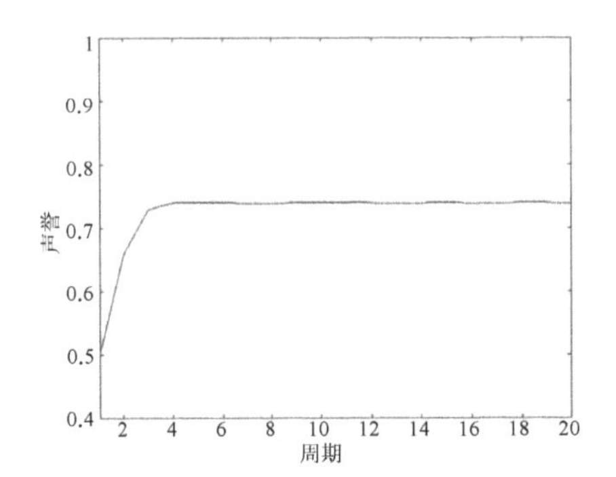

图 11－7　政府对产品质量有准确的检测时,声誉的更新情况

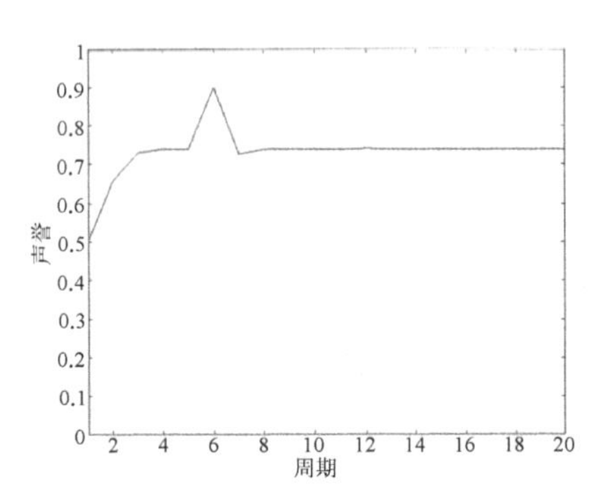

图 11－8　当出现产品质量高于 0.75 的时候,声誉值的更新情况

情况 2　当出现产品质量高于 0.75 的时候,声誉值的更新情况

当网络商家的声誉稳定以后,如果网络商家再想通过提高产品的质量来提升自身的声誉,由图 11－8 可知,产品质量增加之后,商家的声誉明显提升,且产品质量回归正常之后,声誉相较之前也略有提升。

情况 3　当出现产品质量低于 0.25 的时候,声誉值的更新情况

当网络商家的声誉稳定以后,网络商家再想通过降低自己产品的质量来提高自身的利润,该措施却会对网络商家的声誉造成不好的影响。由图 11－9 可知,产品质量降低之后,网络商家的声誉明显降低,且声誉修复过程比声誉增长过程更缓慢。当产品质量回归正常之后,声誉相较之前也略有降低。

2021 年 8 月"胖哥俩"肉蟹煲被曝出大量使用过期食材,隔夜死蟹等再

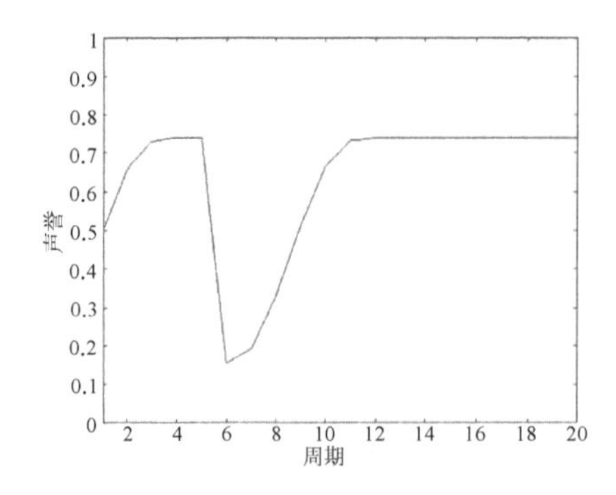

图 11－9　当出现产品质量低于 0.25 的时候，声誉值的更新情况

次端上顾客的餐桌，后厨提前煮熟的肉品，就算已经变味了也留到第二天继续卖，此次事件直接冲上当日微博热搜，虽然“胖哥俩”第一时间通过微博进行积极回应，及时对涉事门店进行停业整顿，并成立专案组进行内部自查，配合市场监管部门的检查，但是此事件已经在消费者心中留下了不好的影响，难以挽回品牌形象的损失。

11.5　案例分析——美团点评的“天网+天眼”实时巡视平台

互联网的海量信息能够帮助监管部门创新监督手段，但同时，它又给政府的治理和监管带来了巨大的障碍。根据市场监管总局的数据统计，2020 年餐饮和住宿服务受到投诉量增长最多，同时也是 2020 年所有类别中数量最多的一类，达到了 43.95 万件，较 2019 年时增长了 26.5 万件。可想而知，若仅靠市场监管部门的治理，难免会捉襟见肘，存在疏漏之处。

实际上，无论是网购平台方还是市场监管方，近几年对维护网购秩序、净化网络市场环境都付出了巨大的努力，但是随着互联网的飞速发展，相关业态和市场环境不断变化，对市场监管提出了更多新的要求，对当前各自为政、被动应对、缺乏合作的市场治理模式也提出了挑战，假如监管治理与当前状况无法达成新的平衡，不能找到针对新情况的切实发力点，网络平台和市场监管部门所付出的努力只能是事倍功半，难以达到良好的治理效果，目前，各类互联网商业平台拥有海量的商户、商品数据，能够有效地描述商户特征和行为模式，各地政府已经开始探索与互联网生活服务平台加强合作共治，互通共享相关大数据信息，尝试多种有效形式和渠道建立信用体系，构建一个高效的市场监管“天网”，来解决市场部门心有余而力不足的被动局面。美团点评的“天网+天眼”实时巡视平台便是一个成功的“社会共治”案例。

2018 年 12 月 2 日，由中国工商出版社主办的首届市场监管领域社会共治高峰论坛在北京成功举行，美团点评食品安全“天网+天眼”系统从全国众多优秀社会共治案例中脱颖而出，成功被选入首届市场监管领域企业类十大社会共治案例。美团点评自主研发的“天网”“天眼”系统，即“入网经营商户电子档案系统”和“餐饮评价大数据系统”。“天网+天眼”通过对入网餐饮商家进行全周期管理动态管理，以提高监管部门“以网管网”的工作水平，同时也为消费者的食品安全构筑坚强的防线。“天网”系统是用来阻挡不良商家进入市场的“防火墙”，商家想要进行经营首先得需要在“天网”中进行备案，“天网”系统将对商家的相关资质进行审核。所有进入网络的餐饮业者都必须经历“入网审核、在网登记、退网追踪”三大环节，进行整个生命周期的管理。此外，为了保证商家信息的真实性和可靠性，商家的营业执照、餐饮服务许可证等档案都需要进行电子化处理。商户在后台上传许可证照片后，美团点评自主研发的 OCR 图片识别系统能够自动识别和记录许可证照片中的关键信息，避免因手工录入信息导致的错误，提高了校对信息的效率。“天网”系统还有专门的运营中心，有相关食安审核专家对入网餐饮商户进行动态管理和全生命周期跟踪。在不久的未来如果可以和政务网相联通，餐厅负责人就可以在美团点评商户后台把相关资料提交审批。这一举措对大型连锁餐厅来说，一站式提交、一站式和多个地方对接，将会大大提高工作效率。下图为商户在美团天网系统的生命周期流程图。

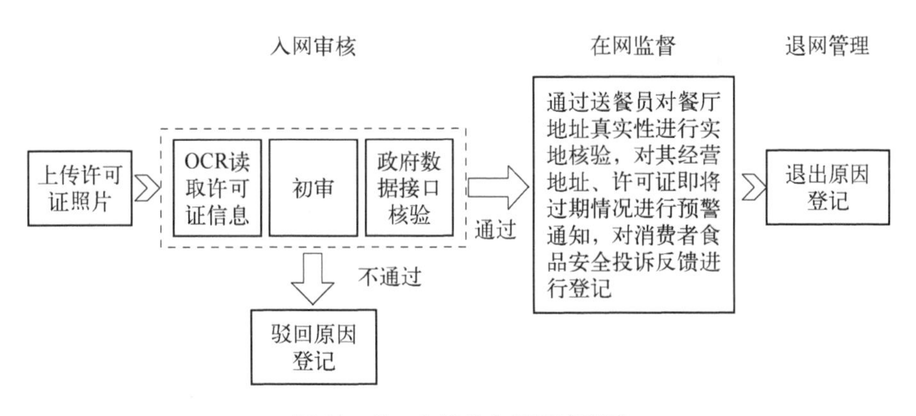

图 11－10　在网生命周期流程图

除此之外，在“天网”系统的基础上，美团点评和上海市场监管机构共同打造了一套名为“天眼”的餐饮评分大数据平台。“天眼”是基于美团点评所收集到的顾客对餐馆的意见，受到数以千计的顾客监督，它采用了语义识别与分析技术，将与食品安全相关的内容从海量的评论数据中挑选出来，并将其量化、结构化，最后用数据分析的方式，将其呈现在用户面前，提取出与食品安全有关的信息，帮助发现食品安全问题、加强监管执法，例如从一些“不卫生”“吃坏肚子”等评价的餐馆作为监管线索，移交给相关监管部门。若通过过去那种传统方式来审核和验证平台上百万的餐饮商户的食品经营许可证，不仅效率低下，并且会有很大的工作量。“天网”“天眼”系统的诞生，利用互联网技术和大数据能力推动政企联合，充分地利用平台的技术优势和监管部门的行政监管能力，让监管工作更高效和迅速。

“天网+天眼”系统实现了审查创新（天网系统 24 小时巡查商户信息）、监督创新（天眼大数据揪出问题餐厅）、研发创新（规范送餐环节）的多重创新构建起一座保障消费者权益、促进餐饮质量水平不断提升的“七层塔”。

据悉，美团点评的“天网”“天眼”系统，已经完成了与上海、深圳、成都、厦门等重点城市的监管部门的对接，在平台上所发现的问题餐厅，将同步移交给相关监管部门，进行及时的处理。美团的天网系统与政府之间的合作，能够很好地解决由于信息不对称造成的食品安全问题，也能够有效降低监管部门执法成本，增加监管透明度，一旦发生食品安全问题能够迅速实现食品安全问题的溯源，极大地增加食品安全追溯的宽度、深度和精确度。

市场失灵与监管懈怠让我国食品安全问题一直处在一个风口浪尖的位置，频繁暴发的食品安全事件给社会公共治理也带来了很大压力，创新我国食品安全治理模式，推动政府、企业、民众、媒体等社会组织的协同治理，在平等合作的基础上，实现各主体的多元化参与多元协作治理，提高治理绩效，是我国食品安全治理模式创新的必由之路。在黑勒教授的“反公共地悲剧”理论中，食品安全监管即“公地”，由多个监管部门共同监督，而每一个监管部门都有一定的权力相互制衡，各自有效地使用“公地”，从而导致政府的监管不能达到最大化，监管效率比较低下，这就是“反公地悲剧”。在多元治理模式下，政府负责政策的制定和行动引导，食品行业协会负责实施相关食品行业发展及约束，第三方科研机构实施具体的检验工作，网络平台为政府提供相关商家数据及分析结果，公众与媒体对政府、行业协会、科研院所、互联网平台等方面的监管。另一方面，多元治理也有利于正确处理政府与市场、政府与社会的关系，由“大包大揽”转变为“收放有度”，加速构建服务型政府，理顺政府职能；协同治理打破以政府为首的单一体制，注重每个主体的特性，主张平等互助、通力协作，在政府所规定的政策与法规下行动，并对政府进行监督。有利于我国食品安全问题治理，建成全面小康社会，保持我国食品行业的健康发展。

11.6　案例分析——Just Eat 食物卫生评级计划

近几年，在互联网背景下，餐饮电子商务发展迅速。有关报道预计，在全球范围内，2027 年全球食品电商行业市场价值将达到 4 814.162 3 亿美元，相当于 2020 年的三倍①。Just Eat 是一家成立于 2001 年的国际性在线外卖订餐平台，总部位于英国。作为一家全球知名的食品外卖平台，Just Eat 在丹麦创立后快速扩张，并逐渐成为欧洲最大的在线外卖服务商之一，其网上送餐的形式不仅扩大了消费者的选择，也为买家和卖家提供就业的机会。为了加强在线外卖的食品安全保障，Just Eat 平台积极采取措施，与地方当局充分合作，以便消费者可以根据食品卫生程度选择购物或点餐的地点。

11.6.1　食物卫生政策

英国主要由食品标准局负责食品安全，他们向地方当局提供建议、培训和其他支持，以帮助他们实施食物卫生评级计划。食物卫生评级计划由英格兰、威尔士和北爱尔兰的地方政府与金融服务监管局合作实施，负责检查食品销售点是否符合食品卫生法的要求并根据检查结果对食品店进行食品卫生评级。

具体来说，食品卫生评级由来自食品店所在的地方当局的食品安全人员来检查、评估食品是否符合食品卫生规定，并根据设施的整体状况和清洁度、管理食品安全和卫生标准情况以及储存、处理和准备食品流程是否符合相关规定等因素综合评级。卫生标准的等级从 5 到 0，其中 0 表示需要紧急改进，而 5 表示卫生标准非常好。如果一家企业没有获得最高评级，该官员会向企业管理者解释需要哪些改进，以及他们应该采取什么行动来提高他们的卫生评级。被评为 0 级和 1 级的企业必须紧急或重大改善卫生标准。根据需要解决的问题的类型，食品安全官员还将提供需要进行改进的时间表来敦促企业改善问题，如果官员发现企业的卫生标准非常差，并且对公众健康有迫在眉睫的风险，官员必须采取行动确保消费者受到保护。这意味着企业面临必须禁止部分业务或完全关闭业务的风险。

食品安全卫生评级政策可以帮助企业改进生产流程及措施，提高食品安全卫生标准，为大众提供更加安全健康可放心的产品。Just Eat 要求所有

---

① 湖南贝哲斯 Market.全球食品电商市场规模分析与预测，按主要参与者、类型、应用、地区分类[EB/OL].[2023 - 12 - 18].https://business.sohu.com/a/744924226_120139369.

的餐厅合作伙伴在合作之前出示他们在食品标准局注册的证据。然后,地方当局负责进行检查,并决定企业是否可以进行交易。确认合作之后,顾客可以在 Just Eat 平台查看每一家企业基于地方当局的最新检查的食品卫生评级。

另外,尽管食品安全卫生政策是 Just Eat 引进的确保食品安全的第一道屏障,但是食品卫生评级具有一定的时效性与滞后性,因此 Just Eat 和当地政府会通过其他方式监督商家保持卫生标准。Just Eat 积极与合作伙伴合作,提高食品卫生标准。Just Eat 为签约的企业提供免费的、经过认证的食品卫生培训。企业可以了解最新的卫生标准和操作规程,学习卫生管理的基本知识和技能,提高对食品安全的重视程度。这不仅有助于改善企业的卫生状况,还可提升企业的竞争力。此外,政府还会通过短期访问抽查,或要求企业完成调查问卷以及时发现和解决企业的卫生问题,减少可能带来的食品安全事故,保护消费者身体健康,如果这些检查表明卫生已经恶化,管理人员可以进行检查并发出新的评级。这些措施的实施将有助于保障消费者的健康,提升消费者对 Just Eat 和合作伙伴之间的信任和满意度。

11.6.2　投诉及问题处理

在 Just Eat 平台上,顾客可以通过搜索企业找到当地政府的名字和联系方式。如果顾客对所点的菜品的食品卫生有顾虑,他们可以联系给予评级的地方当局或食品安全小组,报告食品安全或卫生问题,以保护自己的权益。Just Eat 的合规小组将审查每个案例,并在必要时与相关当局和环境卫生检查官员联系,帮助进行调查,共同促进食品安全和公众健康的保护。如果企业没有遵守卫生标准,消费者有权要求退款或获得其他补偿,这将增加消费者对食品安全的信心。

当顾客向当地政府投诉,指出某企业没有保持卫生标准时,当地政府将会调查并可能安排检查。这种监督机制也能促使企业提高食品卫生标准。企业面临因食品安全或卫生问题而接受调查和检查的风险,可以迫使他们更加重视食品安全和卫生问题,增强责任感和自律性。如果发现问题,当地政府可以采取措施阻止问题的扩散,避免更多的人受到影响,从而保护公众的健康。这种方式可以减少食品卫生问题的传播,增加对食品安全的监管效果。

11.7　本章小结

本章首先总结了之前两种食品安全风险治理机制的研究成果,包括政府制定食品安全管理制度的“公共规制”和网络商家自身质量契约的“私有规制”。其次在此基础上提出了一种协同规制模式，即政府检测网络商家的产品质量，根据检测结果对企业进行奖励或者惩罚，并将检测结果公开。而网络商家会根据之前的“口碑”，通过最大化期望收益给出其最优的产品定价策略。最后，顾客根据曝光的产品质量和售价，更新对该产品“口碑”的评估值。在本章中，我们将产品积累的“口碑”定义为声誉，主要研究声誉因素对网络商家的产品质量、销售价格、政府检测准确性和奖惩力度的影响。

本章通过模型分析发现产品售价与声誉呈正相关，与政府奖惩力度呈负相关。在声誉因素的影响下，政府提高检测产品质量的准确性，加大对网络商家的奖惩力度，能够有效控制产品质量，扩大企业定价决策范围，普遍提高企业利润。并且，本章通过仿真实验得到最优的敏感因子系数和政府检验产品质量的系数，验证了声誉与产品性价比呈正相关。此外，我们还得到了一系列管理启示：企业想通过偶尔提升产品质量来提高企业声誉，那么过程会比较缓慢，除非保持长期的产品质量提升。而就算产品前期积累的声誉再高一旦出现食品质量安全问题，将对企业声誉造成毁灭性的打击，并且由于政府的严格监管，企业收益也会快速下降，所以本章提出的协同治理机制对抑制网络商家的机会主义行为非常有效。最后，结合美团“天眼+天网”系统、Just Eat 平台与政府之间的协同治理案例，也为今后的食品安全协同治理方案提供参考。

本章通过建立政府监管部门、网络商家和顾客的三层供应链模型，并引入声誉更新模型，为探索食品安全风险治理问题提供了一种新的思路。但在现实情况下，网络商家还会受到同行业竞争、广告等因素的影响，声誉与这些变量之间的关系尚未做考虑，这都是未来的研究方向。

第12章　网络食品安全的数字化协同治理举措研究

12.1　本章概要

网络食品安全问题不仅是网络食品行业面临的问题，也是全社会各方面需要协同协作努力解决的社会性问题。显然想更好地解决这个问题，网络食品行业的参与方——“政府、网络平台、商家、消费者”另外包括第三方媒体都应该参与其中。但是这些主体在这个产业内有着不同的目标，商家和网络平台追求以最低的成本达到利益最大化，和政府以及部分消费者相对更为关注的食品安全问题有着本质性矛盾。第三方媒体容易受到权利和资本的介入影响而误导公众。对此，本研究采用协同治理理论框架，针对之前网络食品安全的整体态势分析，以及网络食品安全需求分析中对应的痛点，并结合了原先的根本性目标，提出了“政府领导”“平台管控”“商家配合”“用户反馈”“媒体曝光”五大建议，以建立闭环式的联合管控，互利共赢的机制，实现网络食品安全问题的多边协同治理（如图12-1所示）。

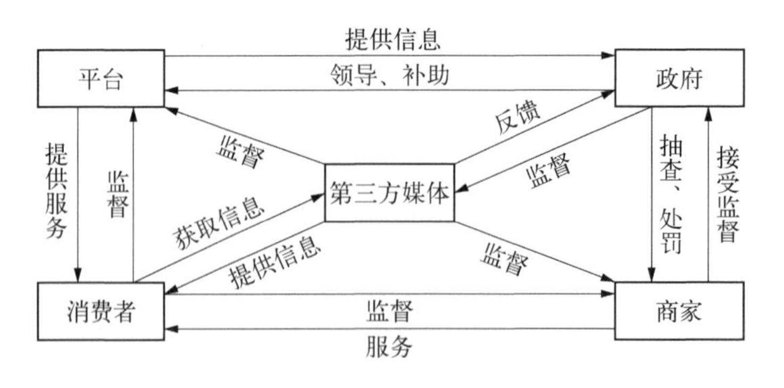

图12-1　良性互动下的协同治理方案

最后总结提出了例如政府建立数字化食品安全协作体系、制定反制措施约束平台垄断行为、适当放宽商家准入门槛并加大惩罚措施、完善对平台的激励和补贴政策；网络平台制定规范的规则体系、在合规合法范围内为消费者提供个性化服务、制定以网管网的安全治理方案；商家加强从业人员培训与管理、借助数字化平台智能管理、加强诚信建设；第三方媒体披露食品安全违规行为、进行正确舆论引导、提高消费者对食品安全的认知、帮助消费者树立正确消费观念等一系列完善网络食品安全数字化治理的对策建议。

12.2　基于政府部门视角的治理措施

12.2.1　建立数字化食品安全协作体系

利用好食品安全大数据不仅能够保证消费者吃到放心的食品，还能大大提高政府的工作效率，更有利于企业进行更好的管理工作。基于食品安全协同治理模式，可构建食品安全监管体系（政府）、食品安全检验检测体系（企业）、食品安全追溯体系（消费者）三位一体的食品安全大数据平台。政府方面，利用相关政府部门日常监管检测数据、消费者投诉数据、商家数据等进行数据分析，全方位、科学地对商家的食品安全情况进行评价。根据安全评价的结果，对商家进行相应的抽查或排查。市场监督管理部门作为行业监督者，代表政府的公信力和权威性，制定的评分模型具有约束力，通过可视化的表现更直观地向消费者反馈更具有参考性的店铺食品安全等级，推动商家食品安全状况公开化、合法化、透明化。对食品生产和加工企业进行分类，对其进行不同的食品安全级别的划分，并进行分级管理，对于风险等级较高的商家加大监管力度与监管次数。当出现食品安全问题时，政府监管部门能快速对该批次产品进行召回和检测，并对相关商家重新进行食品安全等级划分。利用大数据分析辖区食品安全事件的发生概率来总结发展规律，从而进行有规律性地部署执法，有针对性地采取相应措施，达到改善食品安全的效果。

商家方面，通过大数据平台对商家的相关资料进行归纳存档，通过消费者端反应上来的食品安全问题，商家能够追溯精确到点，以完善自身食品加工水平。商家能够快速通过平台进行企业资料、营业执照等信息的上传与查询，还可以通过政府开放的数据平台来对自己的网络餐饮评价指数进行查询，对评价信息进行查询，及时对自身的食品安全问题进行纠正和调整。这不仅有利于自身进行有效地管理，也有利于在消费者心中建立良好的企业形象。

消费者方面，消费者可以通过追溯平台对产品的产品信息、生产商家等等数据进行查询，一旦出现食品安全问题，也可以通过该平台进行投诉，平台将投诉信息推送给政府部门，政府部门迅速采取相应措施。消费者也可以通过食安平台了解问题食品的情况，还能看到其他消费者对该商家的评分，也能看见官方政府对该商家的评分，从而让消费者在选择店铺的时候有更多的参考数据，也能迫使商家改善食品卫生状况。

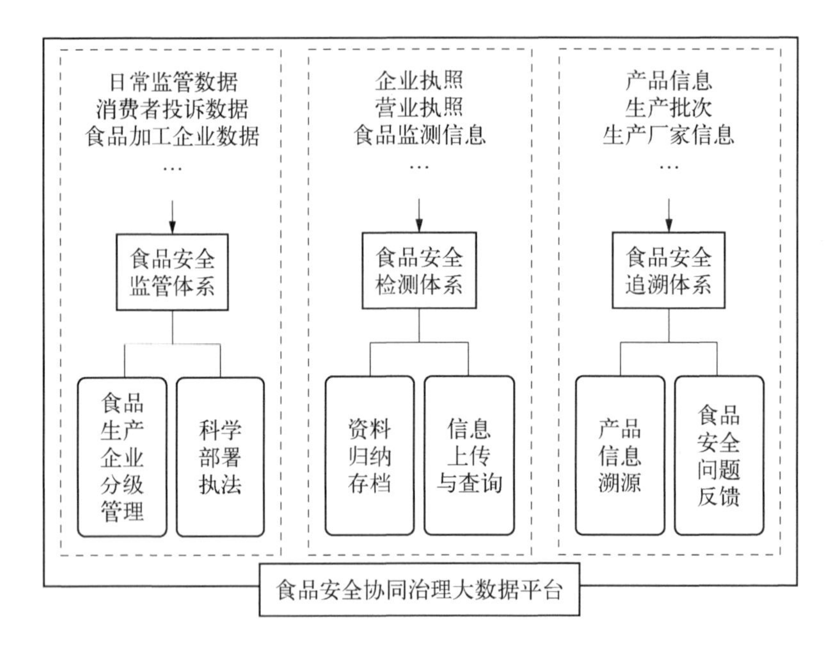

图 12－2　食品安全协同治理大数据平台

12.2.2　制定反制措施约束垄断行为

针对目前部分区域、部分地区平台独家垄断外卖行业的场景，容易导致平台利用其平台上的独家网红店趁机抬高价格的情况，也容易导致该商家产生不可控制的食品安全风险问题，对消费者产生危害。对此，建立针对网络平台、外卖网红店的行业监管政策，制定可操作的反制措施，通过《反垄断法》来对存在垄断行为的平台进行处罚，加强对平台企业强迫实施“二选一”的行为监管，要求各网络平台全面自检自查，逐项彻底整改。避免网红店被平台独家垄断现象产生，营造平台之间、网红店之间平等竞争的格局。以法律的形式约束相关企业的垄断行为，做到“五个严防”和“五个确保”：严防资本无序扩张，确保经济社会安全；严防垄断失序，确保市场公平竞争；严防技术扼杀，确保行业创新发展；严防规则算法滥用，确保各方合法权益；

严防系统封闭，确保生态开放共享①。

12.2.3　制定外卖包装盒行业标准

针对目前市场上外卖包装规格混乱、卫生程度良莠不齐、生产厂家“底数不清”的问题，有针对性地出台统一的外卖包装盒行业标准，进行严格的环保标准、卫生标准、安全标准、耐温标准等技术检测，积极联络外卖包装盒生产和回收厂家，对卫生状况和包装盒规格合格的厂家，给予认证绿标和适当的奖励。积极沟通外卖平台，通过平台向平台旗下商家大力推广统一卫生包装盒，在保障了外卖包装卫生的情况下，尽可能解决外卖包装浪费以及污染环境的难题。而 2022 年 3 月 1 日起将正式实施《绿色纸质外卖包装制品通用要求》，提倡减塑限塑，提高外卖纸质包装的质量，将其运用于纸盒、纸袋、纸杯等多种外卖所需的场景之中。除此之外，更应注重外卖包装的安全、效率、品牌、复用价值，使其物有所值，发挥功效。

12.2.4　制定严格惩罚措施

在网络食品安全问题中，假资质商家成为阻碍治理目标实现的拦路虎。引入更规范的立法监督和更严格的惩罚机制是化解这一困境的必然要求。上海市政府已经出台相关办法，例如：沪食药监规〔2017〕15 号、沪食药监餐饮〔2017〕235 号、沪食药监餐饮〔2017〕132 号。我们认为针对假资质商家应出台更为严厉的监督规则，严正打击假资质商家，并敦促平台及时制止商家的食品安全违法行为。即以立法、监察、惩罚三措并举的综合规制，推动假资质商家的减少，改善食品安全问题。

12.2.5　适当放宽商家的准入门槛

小地摊蕴含大民生，地摊经济是民营非正规经济中自雇就业的典型形态，对于城市激发消费内需，拓展灵活就业，缓解民生困境意义重大。政府对于新发现的无资质经营的地摊商家，可以主动为该商家进行检测和认证。相关负责部门严格审核商家的各类信息，如身份信息、健康证明与经营品类等，对审核无误的商家发放“食品摊点信息公示卡”，并在卡上标名经营者姓名、品种、地点、时段等等内容。对于消费者反响不错的无资质商家，政府可

---

① 市场监管总局网站.市场监管总局、中央网信办、税务总局联合召开互联网平台企业行政指导会[EB/OL].[2021 - 04 - 13].https://www.cac.gov.cn/2021-04/13/c_1619894556494868.htm?ivk_sa=1024320u.

以主动帮助该类商家补办经营许可证,加以引导,带动商家正规经营。这样可以更好地促进地摊经济的复兴,增加餐饮业的竞争,提高无资质商家努力改善食品卫生状况的积极性,减少无资质商家造成的食品安全问题。

12.2.6　完善对平台的激励和补贴政策

积极引导平台与商家联盟合作,进一步降低平台在每一单的提成比例,政府可以在其中给平台以相应的激励补贴,制定严格的网络食品安全处罚条例,适当采取罚款部分归入平台下的措施,激发平台检查旗下商家食品安全程度的积极性。出台减税降费等政策来降低税费负担,减轻经营者压力,在原有政策的基础上,进一步细化和完善,让更多商家享受政策红利,鼓励网络平台加大对商家补贴力度,加快结算、流量支持和推广宣传等措施,这样可以实现多赢:商家降低了成本;平台得到了补贴,提升了平台口碑与服务质量;消费者获得了食品安全保障;政府也能花小钱办大事,很好地改善食品安全状况。

12.3　基于网络平台视角的治理措施

网络食品交易中,食品通过网络平台这个载体进行销售,这也赋予了平台管理网络食品市场的权利与义务,相较于政府的监管而言,平台在信息的获取、组织管理、技术分析方面都有着不可比拟的优势,比政府规制的成本要低。因此将网络平台考虑进食品安全协同治理中具有重要意义。

12.3.1　制定规范的平台规则体系

自觉遵守相应的法律条规制定规则,结合商务部 2011 年发布的《第三方电子商务交易平台服务规范》,以及 2015 年 4 月 1 日起施行的《网络零售第三方平台交易规则制定程序规定(试行)》等规定来建立平台内部治理制度体系,配置合格的专业人员。强化平台内部规则制定与实施的透明性和公开性,在保护消费者隐私和利益的前提下制定条款,从平台规则层面保障商家、消费者的参与权、知情权和监督权。在网络销售主体进入市场的阶段,网络平台应当严格地为餐饮服务商家提供入网登记审查、制止与曝光食品安全违法行为、积极处理投诉举报、协助政府进行食品安全调查等监管手段。平台需积极向监管部门备案,备案系统规则符合商务部要求,根据法规及时进行修改和更新,从源头杜绝违法隐患。

12.3.2　注重政府部门评价

由于平台显示的商家评分会受到竞争对手恶意差评的影响，平台更加注重政府食品安全评分模型给出的评价。将消费者数据与平台对接，再将政府评价情况在网站显要位置显示，让消费者不仅可以看到其他消费者对该商家的评分，也能看见政府对该商家食品安全的评分，从而让消费者在选择店铺的时候有更多的参考依据，也能迫使商家改善食品卫生状况。

12.3.3　合理为消费者提供个性化推荐

针对当前网络食品消费人群相对集中，交易频次较高的现状，平台可以通过大数据技术刻画用户画像，更加精准地推荐消费者喜爱的商家和商品，不仅能减少用户点单的时间，也能让这些高频消费者用更低的价格获得更多的优质商品。根据 2021 年 11 月 1 日开始施行的《中华人民共和国个人信息保护法》中对精准推荐的限制，平台可以为顾客提供是否需要个性化推荐的选择，既能够让顾客享受到更好的服务体验，又充分尊重客户对于隐私保护的需求。此举可以提升用户消费体验，促进商家间在食品安全、服务等各方面的竞争，改善食品安全现状。

12.3.4　制定“以网管网”的安全治理方案

互联网具有“开放、共享、协作”的特点，因此如何高效利用好该特点，在网络环境下进行监管是一个需要平台长期考虑的问题。目前，网络平台仍存在一些刷单、恶意刷评论等行为严重损坏了行业的健康发展，不利于正常有序商业环境的形成，潜在风险巨大。对此平台应该采取相关措施，着力打造安全诚信的网络食品交易平台，需要杜绝恶意刷单等严重影响产品和平台信誉的行为。同时，平台应广泛运用数据挖掘等信息技术，促进“智能监管”成为网络食品安全监管的新常态。不仅要收集分析消费者的投诉质量问题信息，形成“问题食品”“问题商家”大数据画像，掌握其分布的常见规律，并及时对问题商家发出警告，使得问题反馈更加实时高效，提升监管的靶向性和针对性。另外，平台还可以与其他友商进行合作，借助大数据技术及时识别并剔除对产品的夸大描述，保证产品介绍的真实性。同时，平台还应该及时提醒商家在固定的位置上传经营者信用记录、环境卫生和食品质量抽检报告等相关检测信息，保证信息的及时性、完整性和共享性，让消费者吃得安心。

12.4　基于商家视角的治理措施

商家和食品生产企业作为食品生产的直接经营者，也是食品安全最主要的责任人和最直接的关联者，应具有更高的职业道德和职业素养。作为生产经营者，商家不应该仅仅是一个被动的被管理者，更应该参与到管理的过程之中，并努力提高自己的监管水平。

12.4.1　加强与平台高效对接

商家可以通过与网络平台对接，利用平台强大的数据分析能力，为消费者提供更好的餐品及服务。主流平台可以帮助新入驻商家了解本地或目标市场的需求，评估其市场份额、用户基数、费用结构等信息。商家可以根据平台提供的数据分析工具，实施针对性的营销策略，利用平台的推广资源，如满减、折扣、新品推荐等。在财务与结算方面，平台也能为商家带来极大便利。例如，将外卖平台订单自动导入商家的 POS 系统，避免人工输入错误。设置自动打印订单的小票机，确保订单快速被后厨接收。社区团购商家与平台订单系统同步，实时更新库存状态，避免爆仓，降低库存风险。最重要的是，商家可通过网络平台上的消费者评价，积极自检生产环节是否存在食品安全问题，将食品安全问题扼杀在摇篮里。

12.4.2　加强从业人员管理

商家应当加强对自身员工的审查，尤其是对员工的健康证明的审查；并定期对员工进行食品安全技能培训，增强员工的食品安全知识与业务能力；对门店和工厂进行日常的寻访和调查，检查是否存在食品安全的违规行为；要配备好保障食品安全的设备和消毒用具，规范每日的清洗和消毒流程。对于旗下的直营门店和加盟门店随时进行暗访和调研，存在食品安全问题的门店进行督促整改。

对于食品生产加工企业而言，其有着比消费者更多的行业内部专业知识，对食品生产加工和运输销售各个环节的把控更为准确和直接，因此加强企业内部自身的操作经营和自我管理自我约束是十分重要的。企业需要加大对员工的宣传教育工作，提升员工作为主体的自律意识，促进其加大对自身产品的食品安全问题的治理投入，这样也使得从业者能够从被动管理的角色转化成为潜在的管理合作者，以充分发挥各个管理层人员对食品安全的作用。

12.4.3　借力智能管理

商家接入大数据智能管理系统,通过智能管理系统来监控食材的保质期、原材料供应商、消耗情况等,实现精细化、数字化、实时化的管理,能够有效地减少食材的浪费、保障食品安全,缩减经营成本,还能够避免人力统计的错漏,提高效率。商家还能够通过大数据对自身的经营、供应商管理、原材料管理、员工管理状况等等都有所了解;定期分析销售数据,调整菜单和营销策略;持续优化与平台的技术对接,确保系统兼容性和稳定性;提供快速响应的客户服务,处理订单问题和客户投诉。

12.4.4　加强诚信管理

目前商家的诚信建设还存在着一些问题,比如诚信制度不完善,管理资源不足,积极性不高等。一些商家面对利益和市场的诱惑,使用假冒伪劣或者质量难以达到要求的原材料进行生产,这违背了社会诚信的原则,重大食品安全事故时有发生,这不仅损害了消费者的身体健康,也对市场秩序造成了严重的干扰和负面影响。因此应该加快推进商家的诚信体系建设,建议加强商家内部对食品安全生产的把控,加强诚信管理,以此营造一个健康良好的诚信环境,保证人民的身体健康和生命安全。

12.5　基于消费者视角的治理措施

消费者作为社会监督力量应当积极参与食品安全监管,这既是作为消费者的义务,更是一种责任。

12.5.1　积极参与市场监管

当很多消费者在日常生活中遇到食品安全问题,大多数都会与店家私下协商或者忍气吞声,这不仅损害了自己的利益,也无形中降低了商家的食品安全成本,让其越发不重视自身的食品安全问题。当消费者在购买网络食品发现食品安全问题时,应当及时拍照记录,与商家进行协商索要相应的赔偿,并且将相应的证据留存,通过网络平台向有关媒体、社会大众进行爆料,或食品安全监管部门举报。

作为食品安全事件的最终承担者,消费者应当积极地参与食品安全的监管。由于商家的违法成本较低,而政府的执法成本和执法能力有限,消费者若能主动参与监管，可以降低执法成本，提升政府执法的效率，有效防止商家违法行为的频繁发生。消费者可以主动加入基层设置的食品安全信息员和协管员等岗位之中，协助政府管理，主动搜集相关信息，在发现食品安全问题后主动向有关部门反馈及时止损，防止影响扩大后造成更加严重的后果。另外，基层的志愿者和群众管理员可以发挥自己的洞察力和广泛的联络能力，及时发现并曝光目前市场中存在的问题，积极寻求与政府部门的沟通并配合政府相关人员的工作，以此使得监管更加合法高效。

12.5.2　提高自身食品安全认知

当前消费者的食品安全“社会共治”理念尚且淡薄，建议通过各种渠道了解和掌握一些基本的食品安全知识；正确认知政府监管责任，多了解相关的政策法规，在合适的时候采用法律的武器保护自己；要主动地参与食品安全知识的宣传；在选购食品时，选择正规渠道和有食品质量保障的产品。

网络食品安全由社会共同治理是大趋势，消费者必须认识到，食品安全与自身的健康和其他相关利益是息息相关的，当自身权利遭受侵害时需要努力争取，维护自身的权益。消费者需要提高自身安全意识，并掌握必要食品安全鉴定技能，提高自身监督积极性，充分发挥消费者作为监督主体的作用。

12.5.3　树立正确消费观念

面对当前包装浪费等问题，消费者也应该树立低碳消费的生活方式，在网络消费时尽量优先选择环保产品，选择包装简单的产品，减少了对非绿色产品的消费才会促使商家向环保绿色方向进行转变。不仅要认真学习低碳知识、提高低碳意识，也应该借助网络平台等渠道宣传低碳消费的理念，带动更多的人加入低碳消费的行列中来。

消费者树立正确的消费观念，也意味着在购买网络食品时将自身的生命健康保障放在首位。这需要消费者选择正规渠道购买食品，理性购买临期食品。另外还需要消费者谨慎对待冷链食品并正确区分长质期食品和短质期食品，首先保证食品安全，并在此基础上考虑环保因素，正确选购健康食品。

12.5.4　提高理性参与能力

数字时代来临，科学技术的不断发展为消费者参与食品安全治理提供了科技支撑。现在消费者有着丰富高效的多种渠道参与治理。然而新媒体上的信息太过庞杂,网络信息不仅表现为庞大的数据量,其中还存在很多未被核实的虚假信息,这些信息的广泛传播对健康的网络环境也造成了不良的影响。因此如何对信息进行真实性检查对消费者和其他公众来说是一个不易的挑战,而在当前复杂的舆论环境中坚持理性参与更是对消费者和公众的素养提出了更高的要求。

在通过新媒体等媒介进行食品安全治理的过程中,消费者和其他公众需要保持理智和克制,避免被虚假信息误导,导致极端情绪的产生甚至陷入同他人的争执和谩骂中。微博微信等网络平台为我们提供了一个共同探讨问题的场所和机会,只有每个人都主动自觉地维护平台的秩序,只有每个参与者的理性参与,我们才能有机会在讨论中发现问题,为解决问题提供条件,进而达到良性循环。

作为新媒体平台的参与者,应该在讨论和披露过程中做到有理有据,不传谣,不信谣。对于破坏网络公共秩序的人,应该及时制止他们的行为,努力共同营造一个健康的讨论环境。在新媒体领域,尽管大多的公众的发声都是基于解决食品安全问题的目的,但如果在讨论过程中不能保持理性参与,就有可能带来相反的结果。此外,消费者还可利用微信、微博、贴吧、新闻客户端评论区、短视频平台等不同种类新媒体的特性,建立多维立体的信息发布通路,做到信息发布的多样和高质量。

12.6　基于第三方媒体视角的治理措施

第三方媒体不仅是信息的传播者,也是社会权利的监督者,在监督食品安全领域担任着不可或缺的角色。在食品安全监管工作中充分地利用好第三方媒体的作用,足以让民众拥有意愿表达的渠道,更好地参与食品安全监管工作。

12.6.1　揭露食品安全违规行为

身为第三方的媒体工作者,在对经营者的食品安全问题进行曝光时,要注重内容的专业性、科学性,通过全面、客观地视角来进行报道。另外媒体应当注重长期监督效果,通过持续跟踪报道等形式来追踪食品企业的后续处理进程,作为时刻监督商家的警钟。2021 年 5 月以来,B 站出现了一个名叫“内幕纠察局”的账号并迅速走红,它仅仅发布了 12 期内容,就收获了 87

万粉丝,其中主要为餐饮行业内部调查。他们采用卧底进入餐厅后厨的形式,搜集商家后厨不正规、存在食品安全隐患的证据,通过自媒体平台进行发布,帮助消费者进行甄别,并监督相应商家加强食品安全工作。“内纠局”打算做后续报道,跟进问题商家的改进状况。在曝光麦当劳的食品问题之后,其他快餐品牌也自觉采取行动,并派遣专员下门店进行暗访,在一定程度上也促进了店家自我监督。当食品安全事件曝光后,人们会拒绝购买该品牌的产品,等待食品企业的整改之后再考虑是否进行购买,也能够提高消费者对食品安全的关注度。

12.6.2 进行正确的舆论引导

与传统媒体相比,新媒体能够与大众有着很紧密的沟通与互动,消费者可以通过网络平台来真正地参与食品安全事件的互动,例如通过评论发表自己的见解、通过私信来曝光相应的不规范行为,让媒体有针对性地去进行调查和曝光。以这种形式来让政府感知到消费者对食品安全事件的态度,也可以通过平台来整合大家意见、及时跟进问题企业的后续调查,缓解社会矛盾,进行正确的舆论引导。当发生食品安全事件后,群众中会出现很多消极的看法,这时媒体也可以通过发表客观、正向的舆论来引导人们正确地看待食品安全事件。

另外,无论是纸媒等传统媒体还是新媒体,媒体作为一个有社会影响力的群体,具有引导社会舆情的能力。因此需要提高其报道的专业性,提高媒体发布信息内容的质量,保证新闻内容的真实客观。需要媒体加强自身的内容管理,对问题企业的曝光和披露报道前需要进行审核筛查,以避免曝光行为对相关行业的从业人员带来不利的舆论压力和负面影响。而合理范围内的舆论压力也有助于倒逼食品生产者自律,以达到加强商家自我监管的目的。

12.6.3 提高消费者对食品安全事件的认知

在某种程度上,媒体将对顾客的网络食品选择产生积极影响,其提供的大量信息能够引导消费者正确的购买需求、增强消费者的食物安全意识。有些消费者对食品安全的了解比较少,此时媒体就充当一个传授者的身份。当食品安全问题频频曝出之后,媒体在第一时间为消费者提供正确的食品选购知识,让消费者在最短的时间内了解到自己所需要的产品信息,帮助消费者避免这些问题。另外媒体还充当了翻译者的角色,将政府最新颁布的相关政策进行解读,以通俗易懂的方式传授给公众,提高公众对相关监管部门的信心。

此外,媒体还可以使用更多更灵活的宣传推广方式,并使用多种渠道宣传食品安全的相关内容。除了常见的微信、微博等,还可以考虑使用短视频、直播等新的传播形式和手段。比如可以将食品安全知识引入综艺小游戏中,让公众在轻松娱乐的过程中学习食品安全相关知识,并增强对相关概念的理解。针对不同群体科学化地制定不同的宣传活动。打造网络意见领袖、认证网络食品安全知识宣传志愿者等,通过媒体的影响力让全民都积极参与食品安全知识的宣传工作。

12.6.4　成为信息反馈渠道和信息沟通桥梁

媒体应重视公众的反馈与投诉并及时更新信息。持续地跟踪报道方便公众及时了解相关问题的进展,方便公众对投诉全流程实现追踪跟进。公众希望问题可以得到有效的处理及重视,媒体的积极参与不仅增加了网络食品安全问题的透明度,还避免了“踢皮球”等互相推诿责任导致问题处理效率过低最终问题不了了之的现象。

12.7　本 章 小 结

本章分别从政府部门、网络平台、商家、消费者、第三方媒体等五方面提出网络食品安全数字化协同治理的一系列举措。在政府层面,可采取建立数字化食品安全协作体系、制定反制措施约束垄断行为、制定外卖包装盒行业标准、制定惩错措施、适当放宽商家准入门槛、完善对平台的激励和补贴政策等。在网络平台层面,可采取制定规范的平台规则体系、注重部门评价、选择性为消费者提供个性化推荐、制定以网管网的安全治理方案等。在商家层面,包括加强与平台高效对接、加强从业人员管理、借力智能管理、加强诚信管理等。在消费者层面,包括积极参与市场监管、提高自身食品安全认知、树立正确的消费观念、提高理性参与能力等。在第三方媒体层面,包括揭露食品安全违规行为、进行正确舆论引导、提高消费者对食品安全事件的认知、成为信息反馈和沟通的桥梁等。

第 13 章　总结和展望

13.1　总　　结

本书从网络食品安全问题出发，首先，对当前网络食品安全的大背景进行介绍，并给出了本书的技术路线图，简要概述了当前国内外的食品安全治理经验，主要包括其食品安全法律、标准、食品安全监管主体及权责。并对改革开放之后，我国的食品安全治理模式进行回顾与前瞻；结合当前数字化改革背景，介绍了几种新一代信息技术在网络食品安全治理领域的应用。其次，从网络食品市场特征与主体出发，探讨当前网络食品安全所存在的问题及成因，并利用问卷调查、统计学、数据挖掘等方法来进行数据分析，进一步研究了外卖、社区团购等新型网络食品销售模式的食品安全现状、主体、问题和对策。再次，本书基于计划行为理论设计问卷，进行实证分析，来探究商家参与食品安全培训的行为意向的影响因素。并且，建立基于声誉更新的供应链模型，对商家、网络销售平台、政府三方进行博弈分析，得出商家声誉、政府监管水平、消费者感知价值、食品质量和定价之间的数值关系。最后，通过总结以上研究结果，对网络食品安全问题分别从政府、平台、商家、用户、第三方媒体维度提出一系列解决方案。该方案能够帮助政府改善对网络食品行业的监管水平，提升消费者对网络食品安全的满意度，并且不仅为网络平台和商家带来了经济价值，更带来了社会效益。本书也能为政府其他相关领域的治理问题提供有益的思路，具有重要的学术价值和现实意义。

研究过程中，本书综合运用了统计学、数据分析、机器学习、计量方法、博弈论等研究方法来进行分析，主要结论如下：

（1）第 1 章是全书的概述。主要介绍了网络食品安全研究的背景、目的和意义，其次介绍了本书的研究内容与篇章框架，最后简要介绍了本书所运用的研究方法以及本书的技术路线图。

（2）第 2 章介绍了网络食品安全相关研究现状。本书就网络食品安全监管、食品安全的风险感知、食品安全培训行为意向、食品安全风险管控与食品安全的协同治理进行文献综述，总结国内外食品安全研究现状，为后续的研究提供理论基础。

（3）第3章主要是探讨中外食品安全治理经验。本章分别从各国食品安全法律、标准、监管主体及权责出发对各国的治理体系进行对比。在法律层面，美国食品安全管理法律体系比较完善，监管层次化网格化，充分发挥技术优势。欧盟的食品立法较完备，并且有比较健全的风险防控机制。相对来说，我国食品安全监管制度体系还存在一些差距，应当从健全法律法规体系，统一食品安全标准、制定符合国情的政府监管体系和责任追究机制四个方面来完善我国食品安全监管制度体系。在监管主体层面，本章从政府、商家、消费者、第三方出发探讨监管主体的职责，并指出社会共治才是有效解决现实中食品安全困境的方法。

（4）第4章是对我国改革开放以后食品安全治理模式进行回顾与前瞻。本章以时间为序将我国食品安全治理分为四个时期：单中心治理时期（1978—1991年）、跨部门合作时期（1992—2007年）、大部门整合时期（2008—2012年）、政府主导下的协同治理时期（2013年至今），并对每个时期的治理模型进行总结回顾。再结合当前数字中国建设的背景，从社会总体食品安全治理、网络平台食品安全治理、新技术引发的治理模式变革出发，对网络食品安全治理提出展望。

（5）第5章是针对数字化改革背景下，探讨食品安全治理的新趋势。当前政府大力推进数字化改革，并鼓励实现数字化食品安全监管，对消费者来说可以更加方便地获取相关食品安全信息；对食品生产经营者来说能督促其推进标准化、信息化生产，不断提高自身食品安全要求；对市场监管部门来说能提高政府管理效率，实现全方位、多视角的监督。本章就区块链、大数据、物联网、直播等新技术在食品安全领域的应用进行了介绍，并以新兴技术架构为核心，以网络食品供应链为基础，构建了网络食品追溯与溯源体系结构。

（6）第6章从网络食品市场和网络食品当前存在的问题与成因方面切入，对网络食品安全态势进行研究。在网络食品市场方面，主体划分为B2B、B2C、C2C；特征主要有跨地域性、虚拟性、便利性、低廉性；交易模式分为网络购物、社区团购、网络外卖三种形式。由于网络食品交易的特点，网络食品安全与网络食品监管方面也存在着相应的问题，本章就这两方面问题展开具体阐述，并以生鲜、保健品的网络销售与直播带货为例，对这些具有食品安全代表性的问题进行分析。

（7）第 7 章主要研究我国外卖食品安全的情况。首先对网络平台外卖食品安全问题进行了分析，包括政府、平台、商家和消费者所面临的痛点；其次对数据的来源进行了说明并清洗数据；再次对本章所使用的数据分析算法进行简单的介绍；最后，通过运用各类算法对已知数据进行计算与分析，得到了消费者画像、评分影响因素、商家决策优化、平台骑手时间、消费者对外卖食品安全关注度、外卖食品的评价体系与食品安全风险预测机制。本章主要研究发现：① 使用手机上网时间长、受教育程度高、收入高的消费人群订餐次数更多对食品安全更关注，因此需要更加关注此类消费群体；② 平台为了吸引更多潜在消费者，需要保证“热度居中”消费者满意度情况下，提高对“热度强烈”高消费人群的服务水平；③ 需要适当增加骑手送餐时间以保证骑手安全和顾客的餐品可以及时送到；④ 商家可以通过在订单高峰期前提前备菜、搭配套餐售卖等优化策略来提高顾客满意度，增加产品销量，降低食品出现问题的概率；⑤ 大多数消费者对外卖食品安全问题关注度较高，但是对于保障食品安全的费用支出意愿较低，说明了消费者的矛盾心理，因此政府与平台需要适当采用一些补贴优惠政策，来填补两者之间的鸿沟；⑥ 本章提出的外卖食品安全协同治理评价体系，能够快速筛选出审核不通过的商家，减少政府检测检查的工作量，降低执法成本，对食品安全状况进行预警。

（8）第 8 章探讨了我国社区团购的发展历程、特点及其食品安全问题。社区团购在短短几年内实现了令人瞩目的用户规模增长，从而证明了其在提升消费者购物便捷性方面的巨大潜力。然而，在发展的过程中，社区团购也面临着食品安全等问题。食品安全问题不仅影响消费者的信任，也对整个行业的可持续发展产生负面影响。目前虽然已经有一些规范性文件出台，但仍需要加强监管和执行，以确保社区团购食品的质量和安全。针对这些问题，本章提出了一系列针对性的对策建议。首先，加强源头监管，确保食品供应链的质量。其次，规范操作流程，强化食品的加工、包装和配送环节的质量控制。最后，建议完善物流基础设施，提高食品配送的效率和可靠性。同时，对团长进行培训，提高其对食品安全问题的意识，从而保障消费者的权益。

（9）第 9 章主要研究商家参与食品安全培训意愿的影响因素。本章首先基于计划行为理论将研究视角划分为行为态度、主观规范、知觉行为三个维度，其次从这三个维度出发，进行问卷设计；再次，对所收集的问卷进行实证分析，最后通过茶百道的案例说明了目前餐饮行业在食品安全培训方面还存在着很大的漏洞，以及食品安全培训在保障食品安全中的重要性。本章主要研究发现：① 食品安全培训参与意愿具有很强的异质性。② 通过结构方程的研究发现商家参加食品安全培训的最大约束因素是控制条件，即时间、交通便捷性和食品安全费用是影响商家参与食品安全培训的关键因素。③ 研究发现尽管商家食品安全培训社会效果对其培训意愿产生了显著的影响，但是影响力度相较于其他因素较弱。

（10）第10章为网络平台对食品安全风险进行管控的博弈机制研究。首先构建了基于商家与网络平台企业的两层供应链模型，其次通过斯坦伯格博弈分析当商家和平台分别占据产业链主导地位时的决策情况，最后得到制造商最优产品质量和网络平台的最优食品监管水平的策略。本章主要研究发现：① 商家有寻找监管水平低的网络平台进行销售的动机，以期获得更多收益，但是商家想要获得最大收益还是需要提升“内功”，老老实实做好产品质量。② 当商家占主导地位时，本身产品质量过硬、声誉好的商家会拿走网络平台的大多数利润，而当网络平台占主导地位时，平台会有扩大新入驻商家的趋势。③ 网络平台能够利用在线评价信息、用户画像、基于地理信息的推送服务等大数据分析手段更了解消费市场需求，其对食品安全风险进行有效管控，最终能够为它和商家带来双赢。

（11）第11章从政府的食品安全管理机制、商家自身的质量契约与声誉三个角度出发来研究网络食品安全协同规制。首先引入声誉因素，构建声誉更新模型、市场需求和商家利润模型。其次对该模型性质进行推导，并且通过仿真实验来分析产品声誉对商家的定价行为，以及政府奖惩机制的影响。最后通过分析美团“天网+天眼”系统、Just Eat的案例，指出政府与网络平台协同治理的可行性，为政府与平台的多元协同治理提供一个参考方案。本章主要研究发现：① 商家声誉与售价呈正相关，与政府奖惩力度呈负相关。② 在声誉因素作用下，提高政府检测产品质量准确性、加大奖惩力度，能有效控制商家的产品质量，合理定价，提高收益。③ 商家通过提高产品质量来提升声誉的过程会比较缓慢，而一旦爆发食品安全问题则会给商家声誉带来毁灭性打击。

（12）第12章为对策建议。基于以上章节的研究结果，本书总结提出网络食品安全数字化协同治理的措施，并从政府、平台、商家、消费者和第三方维度给出了相应的治理策略。这一系列改善措施能够帮助平台和商家增加收益，提高消费者满意度；为食品安全政策制定者提供可行、有效的政策建议，增加政府管理效率，有利于解决网络食品安全的实际管理问题；给出的食品安全协同治理方法，有助于商家提升食品质量、降低食品安全风险。

13.2 展　　望

本书对网络食品安全进行了研究,在研究内容和研究方法上都具有一定的创新性,在理论方面和实践方面都取得了一定的研究成果,对网络食品安全治理的痛点问题提供了多种解决思路。然而,尽管本书的研究取得了较为突破性的进展,但依然存在着不少缺憾:

(1) 在现实生活中,还存在着许多其他因素会对网络食品供应链造成影响,这些变量之间的关系尚未被完全考虑,这也是本书未来研究的方向。

(2) 本书探索了基于网络平台对食品安全风险进行管控的新途径,部分通过仿真手段得到的结果,还需要在现实中得到进一步验证。并且,在未来我们可以继续研究一套基于人工智能大模型的网络食品安全预警机制。

(3) 本书在搜集数据过程中,发现部分开放数据平台的数据缺损严重,数据源之间的关联度较低,对研究结论也有较大的影响,希望日后能够获取到更加全面的数据来完善研究。

参 考 文 献

[1] DCCI. 网络外卖服务市场发展研究报告(2019Q3)[R].北京：互联网第三方数据机构 DCCI,2019.

[2] Turrell G, Giskes K. Socioeconomic disadvantage and the purchase of takeaway food: a multilevel analysis[J]. Appetite, 2008, 51(1): 69－81.

[3] Miura K, Turrell G. Reported consumption of takeaway food and its contribution to socioeconomic inequalities in body mass index[J]. Appetite, 2014, 74: 116－124.

[4] Smith K J, McNaughton S A, Gall S L, et al. Associations between partnering and parenting transitions and dietary habits in young adults [J]. Journal of the Academy of Nutrition and Dietetics, 2017, 117(8): 1210－1221.

[5] Xu X. What are customers commenting on, and how is their satisfaction affected? Examining online reviews in the on-demand food service context[J]. Decision Support Systems, 2021, 142: 113－467.

[6] Liu Y, Song Y, Sun J, et al. Understanding the relationship between food experiential quality and customer dining satisfaction: A perspective on negative bias[J]. International Journal of Hospitality Management, 2020, 87: 102－381.

[7] Alalwan A A. Mobile food ordering apps: An empirical study of the factors affecting customer e-satisfaction and continued intention to reuse [J]. International Journal of Information Management, 2020, 50: 28－44.

[8] 查金祥,王立生.网络购物顾客满意度影响因素的实证研究[J].管理科学,2006(1): 50－58.

[9] 原志刚,吕江峰.国内 O2O 外卖平台饿了么客户满意度调查及改善研

究[J].物流工程与管理,2020,42(4):169-172,138.

[10] 涂梦得,李诗珍.基于O2O生鲜外卖平台下购买者决策分析[J].现代商贸工业,2017(3):58-60.

[11] 刘光岳.互联网外卖市场食品安全治理研究[D].南昌:江西财经大学,2017.

[12] 赵杨.外卖平台的食品安全问题及对策建议[J].理财(财经版),2018,(3):70-71.

[13] 崔焕金,崔中岳.互联网外卖食品安全智慧监管机制构建探析[J].江苏商论,2020(6):20-24.

[14] 王迪,金辉,靳泽宇.基于改进遗传算法的校园食堂外卖配送路径优化研究[J].辽宁工业大学学报(自然科学版),2020,40(1):47-52.

[15] 何成根,邓永辉,张宇航.外卖骑手就业满意度初探[J].中国集体经济,2020,(20):123-124.

[16] 向黎明,龚钰凰.浅析外卖O2O平台发展问题与对策[J].现代经济信息,2018,(4):349.

[17] 冯超.K-means聚类算法的研究[D].大连:大连理工大学,2007.

[18] 周龙.基于朴素贝叶斯的分类方法研究[D].合肥:安徽大学,2006.

[19] 白长虹,刘炽.服务企业的顾客忠诚及其决定因素研究[J].南开管理评论,2002(06):64-69.

[20] 杨文雅.基于数据挖掘的美团商家评分研究[D].济南:山东师范大学,2020.

[21] 新京报.外卖骑手职业可持续发展调查报告[EB/OL].[2020-11-12] https://baijiahao.baidu.com/s?id=1683138466740570222&wfr=spider&for=pc.

[22] 曹裕,俞传艳,万光羽.政府参与下食品企业监管博弈研究[J].系统工程理论与实践,2017,37(1):140-150.

[23] Han G, Liu Y. Does information pattern affect risk perception of food safety? A national survey in China [J]. International Journal of Environmental Research and Public Health, 2018, 15(9): 19-35.

[24] 吕丹丹.我国食品安全协同治理研究[D].长春:东北师范大学,2017.

[25] 国家信息中心.中国共享经济发展年度报告(2019)[R].北京:国家信息中心,2019.

[26] 前瞻产业研究院.中国在线外卖商业模式与投资战略规划分析报告[R].深圳:前瞻产业研究院,2020.

［27］赵荷花.基于政策网络理论的食品安全监管政策变迁［J］.社会建设研究,2019(1)：122－135.

［28］吴林海,黄锦贵.完善新时代中国食品安全检验检测体系［J］.中国食品安全治理评论,2019(2)：3－18,188.

［29］朱莹,姜晓红,朱慧喆,董铭宇.可循环使用的中式外卖餐盒设计［J］.物流工程与管理,2019,41(12)：163－164,117.

［30］尹相荣,洪岚,王珍.网络平台交易情境下的食品安全监管—基于协同监管和信息共享的新型模式［J/OL］.当代经济管理,2020,42(9)：46－52. https://apps.wanfangdata.com.cn/perios/article：dzjsjjgl202009007.

［31］刘国旺.坚决做大“蛋糕”大力促进就业［N］.中国财经报,2020－6－9.

［32］食品药品监管总局.网络餐饮服务食品安全监督管理办法［ED/OL］.［2017－11－06］https://www.gov.cn/gongbao/content/2018/content_5268787.htm.

［33］Hlee S, Lee J, Yang S B, Koo C. An Empirical Examination of Online Restaurant Reviews (Yelp.com): Moderating Roles of Restaurant Type and Self-image Disclosure［J］. Springer International Publishing, 2016: 339－353.

［34］Xuan Q, Zhou M, Zhang Z. Modern Food Foraging Patterns: Geography and Cuisine Choices of Restaurant Patrons on Yelp［J］. IEEE Transactions on Computational Social Systems, 2018, 5(2): 508－517.

［35］殷猛,史静茹.外卖快递服务质量对消费者好评意愿影响的实证研究［J］.湖北经济学院学报,2020,18(3)：87－96.

［36］周伊雪.复工复产按下加速键,餐饮外卖交易额及订单量大幅增长［EB/OL］.［2020－03－11］http://finance.ifeng.com/c/7ul7edSyteH.

［37］韦婷.2019年中国餐饮外卖行业发展现状及趋势分析——数字经济已是大势所趋［M/OL］.深圳：前瞻经济学,［2019－07－17］.https://www.qianzhan.com/analyst/detail/220/190717－df490b13.html#comment.

［38］上海市食品药品监督管理局,上海市通信管理局.上海市网络餐饮服务监督管理办法(沪食药监规〔2017〕15号)［EB/OL］.［2017－11－09］https://scjgj.sh.gov.cn/209/20200423/402881e86ecae1f2016ecb0133bb0298.html.

［39］上海市食品药品监督管理局.上海市食品药品监督管理局关于进一步加强“专业网络订餐”经营企业许可和监管工作的通知(沪食药监餐

饮〔2017〕235 号）[ED/OL].[2017－11－21] https://www.shanghai.gov.cn/nw12344/20200814/0001-12344_54201.html.

[40] 上海市食品药品监督管理局.上海市食品药品监督管理局关于加强网络订餐平台报告食品安全违法线索调查处置工作的通知（沪食药监餐饮〔2017〕132 号）[ED/OL].[2017－06－27] https://www.shanghai.gov.cn/nw12344/20200814/0001-12344_52885.html3.

[41] 国家食品药品监督管理总局.网络食品安全违法行为查处办法[ED/OL].[2016－07－13] https://www.gov.cn/gongbao/content/2017/content_5174527.htm.

[42] 刘晓华，陈国华，盛昭瀚.不同供需关系下的食品安全与政府监管策略分析[J].中国管理科学，2010，18（2）：143－150.

[43] 谭珊颖.企业食品安全自我规制机制探讨——基于实证的分析[J].学术论坛，2007（7）：90－95.

[44] Hennessy D A, Miranowski R J A. Leadership and the Provision of Safe Food[J]. American Journal of Agricultural Economics, 2001, 83(4): 862－874.

[45] Starbird S A. Designing food safety regulations: The effect of inspection policy and penalties for noncompliance on food processor behavior[J]. Journal of Agricultural and Resource Economics, 2000: 616－635.

[46] Starbird S A. Supply chain contracts and food safety[J]. Choices, 2005, 20(2): 123－127.

[47] Weaver R D, Kim T. Contracting for Quality in Supply Chains[R] Copenhagen: Economics of Contracts in Agriculture and the Food Supply Chain, 2001.

[48] Hudson D. Using Experimental Economics to Gain Perspective on Producer Contracting Behaviour: Data Needs and Experimental Design [C]. IT Security Guru, 78th EAAE Seminar and NJF Seminar, 2001.

[49] 张煜，汪寿阳.基于批发价格契约的质量成本审查模型分析[J].系统工程理论与实践，2011，31（8）.

[50] Martinez M G, Fearne A, Caswell J A, et al. Co-regulation as a possible model for food safety governance: Opportunities for public-private partnerships[J]. Food Policy, 2007, 32(3): 299－314.

[51] Banker R D, Khosla I, Sinha K K. Quality and competition[J]. Management science, 1998, 44(9): 1179－1192.

[52] Gurnani H, Erkoc M, Luo Y. Impact of product pricing and timing of investment decisions on supply chain co-opetition[J].European Journal of Operational Research, 2007, 180(1): 228-248.

[53] Zhu C. Supply Chain Revenue Management Considering Components' Quality and Reliability[D]. Blacksburg: Virginia Tech, 2008.

[54] Chen J, Liang L, Yao D Q, et al. Price and quality decisions in dual-channel supply chains[J]. European Journal of Operational Research, 2017, 259(3): 935-948.

[55] Zhu K, Zhang R Q, Tsung F. Pushing quality improvement along supply chains[J]. Management science, 2007, 53(3): 421-436.

[56] Li Y, Xu L, Li D. Examining relationships between the return policy, product quality, and pricing strategy in online direct selling [J]. International Journal of Production Economics, 2013, 144(2): 451-460.

[57] Seifbarghy M, Nouhi K, Mahmoudi A. Contract design in a supply chain considering price and quality dependent demand with customer segmentation[J]. International Journal of Production Economics, 2015, 167: 108-118.

[58] Zhang H, Hong D. Manufacturer's R&D Investment Strategy and Pricing Decisions in a Decentralized Supply Chain[J]. Discrete Dynamics in Nature and Society, 2017.

[59] Xie G, Yue W, Wang S, et al. Quality investment and price decision in a risk-averse supply chain [J]. European Journal of Operational Research, 2011, 214(2): 403-410.

[60] Zhang R, Liu B, Wang W. Pricing decisions in a dual channels system with different power structures[J]. Economic Modelling, 2012, 29(2): 523-533.

[61] Yao D Q, Liu J J. Competitive pricing of mixed retail and e-tail distribution channels[J].Omega, 2005, 33(3): 235-247.

[62] Venkatesan R, Mehta K, Bapna R. Understanding the confluence of retailer characteristics, market characteristics and online pricing strategies [J]. Decision Support Systems, 2006, 42(3): 1759-1775.

[63] Kauffman R J, Lee D, Lee J, et al. A hybrid firm's pricing strategy in electronic commerce under channel migration[J]. International Journal

of Electronic Commerce, 2009, 14(1): 11 - 54.

[64] Wang H W, Lin D J, Guo K G. Pricing strategy on B2C e-commerce from the perspective of mutual influence of price and online product reviews[J]. Int J Adv Comput Technol, 2013, 5(5): 916 - 924.

[65] Li X, Hitt L M. Price effects in online product reviews: An analytical model and empirical analysis[J]. MIS quarterly, 2010: 809 - 831.

[66] Jonsson S, Gunnarsson C. Internet technology to achieve supply chain performance[J]. Business Process Management Journal, 2005, 11(4): 403 - 417.

[67] Fu X, Dong M, Han G. Coordinating a trust-embedded two-tier supply chain by options with multiple transaction periods [J]. International Journal of Production Research, 2017, 55(7): 2068 - 2082.

[68] 刘为军,魏益民,潘家荣,赵清华,周乃元.现阶段中国食品安全控制绩效的关键影响因素分析——基于9省(市)食品安全示范区的实证研究[J].商业研究,2008(7): 127 - 131,186.

[69] Van Asselt E D, Meuwissen M P M. Selection of critical factors for identifying emerging food safety risks in dynamic food production chains [J]. Food Control, 2010(21): 919 - 926.

[70] 肖静.基于供应链的食品安全保障研究[D].长春: 吉林大学,2009.

[71] 王晓东.我国商家风险管理体系研究[J].改革与战略,2009,25(6): 169 - 171.

[72] 曹裕,俞传艳,万光羽.政府参与下食品企业监管博弈研究[J].系统工程理论与实践,2017,37(1): 140 - 150.

[73] Star bird. Supply Chain Contracts and Food Safety[J]. Choices, 2005, 20(2): 123 - 128.

[74] 张煜,汪寿阳.食品供应链质量安全管理模式研究——三鹿奶粉事件案例分析[J].管理评论,2010,22(10): 67 - 74.

[75] 刘畅.供应链主导企业食品安全控制行为研究[D].北京: 中国农业大学,2012.

[76] Lin L, L. Yao. Inspections and Information Disclosure: Quality Regulatoins with Incomplete Enforcment[J]. Frontiers of Economics in China, 2014, 9(2): 240 - 260.

[77] Martinez M G, Fearnea A, Caswell J A. Coregulation as a Possible Model for Food Safety Governance: Opportunities for Public Private

Partnerships[J]. Food Policy, 2007(32): 299 - 314.

[78] 古川,安玉发.食品安全信息披露的博弈分析[J].经济与管理研究,2012(1): 38 - 44.

[79] Williams MS, Ebel ED, Vose D. Framework for Microbial Food-Safety Risk Assessments Amenable to Bayesian Modeling[J]. Risk Analysis, 2011, 31(4): 548 - 565.

[80] Baert K, Van Huffel X, Wilmart O, et al. Measuring the safety of the food chain in Belgium: Development of a barometer[J]. Food Research International, 2011, 44(4): 940 - 950.

[81] 杨坤,妥丰艳等.我国食品安全风险沟通模式现状及其对策研究[J].食品工业科技,2012(5): 107 - 108.

[82] 李想.信任品质的一个信号显示模型: 以食品安全为例[J].世界经济文汇,2011(1): 87 - 108.

[83] 洪巍,李青,吴林海.考虑信息真伪的食品安全网络舆情传播仿真与管理对策研究[J].系统工程理论与实践,2017,37(12): 3253 - 3269.

[84] Fu X, Dong M, Liu S, Han G. Trust based decisions in supply chains with an agent[J]. Decision Support Systems, 2015, 82: 35 - 46.

[85] 鲁其辉,朱道立.质量与价格竞争供应链的均衡与协调策略研究[J].管理科学学报,2009,12(3): 564.

[86] French D P, Sutton S, Hennings S J, et al. The Importance of Affective Beliefs and Attitudes in the Theory of Planned Behavior: Predicting Intention to Increase Physical Activity[J]. Journal of Applied Social Psychology, 2005, 35(9): 1824 - 1848.

[87] Han G. H., Fu X., Wang J. X, Risk Governance Mechanism of Food Safety Based on Product Reputation1[J], Scientia Iranica, 2021.

[88] Fu X., Liu S., Han G. Supply Chain Partners' Decisions with Heterogeneous Marketing Efforts Considering Consumer's Perception of Quality[J], RAIRO - Operations Research, 2021, 55(5): 3227 - 3243.

[89] Fu X., Tan H., Ekaterina T., Liu S., Han G. Information Sharing Based on Two-Way Perceptions of Trust and Supply Chain Decisions: a Simulation Based Approach1[J]. Chaos, Solitons & Fractals, 2022, 157 (2022): 111938.

[90] Fu X., Wang Q., Li J., Liu Y., Han G. Trust-Based Two-Stage Ordering Strategy of E-Commerce Platforms with Information Asymmetry.

European Journal of Industrial Engineering, 2024, 18(2): 242－274.
[91] 李华敏.乡村旅游行为意向形成机制研究[D].杭州：浙江大学,2007.
[92] 赵明.基于行为意向的环境解说系统使用机制研究[D].福州：福建师范大学,2010.
[93] Ajzen I. Perceived Behavioral Control, Self-efficacy, Locus of Control, and the Theory of Planned Behavior[J]. Journal of Applied Social Psychology, 2002, 32(4): 665－683.
[94] Zeithaml V A, Berry L L. Parasuraman A. The behavioral consequences of service quality[J]. Journal of marketing, 1996, 60(2): 31－46.
[95] Smith D, Riethmuller P. Consumer concerns about food safety in Australia and Japan[J]. International Journal of Social Economics, 1999, 26(6): 724－742.
[96] 张文胜.消费者食品安全风险认知与食品安全政策有效性分析——以天津市为例[J].农业技术经济,2013(3): 89－97.
[97] 刘金平.理解·沟通·控制：公共的风险认知[M].北京：科学出版社,2011.
[98] 王志刚.食品安全的认知和消费决定：关于天津市个体消费者的实证分析[J].中国农村经济,2003(4): 41－48.
[99] 赵源,唐建生,李菲菲.食品安全危机中公众风险认知和信息需求调查分析[J].现代财经(天津财经大学学报),2012,32(6): 61－70.
[100] Hilverda F, Kuttschreuter M, Giebels E. Social media mediated interaction with peers, experts and anonymous authors: Conversation partner and message framing effects on risk perception and sense-making of organic food[J]. Food quality and preference, 2017, 56: 107－118.
[101] Langford I H, Marris C, McDonald A L, et al. Simultaneous analysis of individual and aggregate responses in psychometric data using multilevel modeling[J]. Risk Analysis, 1999, 19(4): 675－683.
[102] Starr C. Social benefit versus technological risk: what is our society willing to pay for safety? [J]. Science, 1969, 165(3899): 1232－1238.
[103] Yeung R M W, Morris J. Consumer perception of food risk in chicken meat[J]. Nutrition & Food Science, 2001, 31(6): 270－279.
[104] Frewer L J, Shepherd R, Sparks P. Biotechnology and Food Production

[J]. British Food Journal, 1994, 96(9): 26 - 32.

[105] Bearth A, Cousin M E, Siegrist M. The consumer's perception of artificial food additives: Influences on acceptance, risk and benefit perceptions[J]. Food quality and preference, 2014, 38: 14 - 23.

[106] Rossi M S C, Stedefeldt E, da Cunha D T, et al. Food safety knowledge, optimistic bias and risk perception among food handlers in institutional food services[J]. Food control, 2017, 73: 681 - 688.

[107] Hohl K, Gaskell G. European public perceptions of food risk: cross-national and methodological comparisons [J]. Risk Analysis: an international journal, 2008, 28(2): 311 - 324.

[108] Vilella-Vila M, Costa-Font J. Press media reporting effects on risk perceptions and attitudes towards genetically modified (GM) food[J]. The Journal of Socio-Economics, 2008, 37(5): 2095 - 2106.

[109] Van Kleef E, Frewer L J, Chryssochoidis G M, et al. Perceptions of food risk management among key stakeholders: Results from a cross-European study[J]. Appetite, 2006, 47(1): 46 - 63.

[110] Cope S, Frewer L J, Houghton J, et al. Consumer perceptions of best practice in food risk communication and management: Implications for risk analysis policy[J]. Food Policy, 2010, 35(4): 349 - 357.

[111] Tiozzo B, Mari SRuzza M, et al. Consumers' perceptions of food risks: A snapshot of the Italian Triveneto area[J]. Appetite, 2017, 111: 105 - 115.

[112] 范春梅,李华强,贾建民.食品安全事件中公众感知风险的动态变化——以问题奶粉为例[J].管理工程学报,2013,27(2): 17 - 22.

[113] 吴林海,钟颖琦,山丽杰.公众食品添加剂风险感知的影响因素分析[J].中国农村经济,2013,4(5): 45 - 57.

[114] 赖泽栋,杨建州.食品谣言为什么容易产生?——食品安全风险认知下的传播行为实证研究[J].科学与社会,2014,4(1): 112 - 125,64.

[115] 张金荣,刘岩,张文霞.公众对食品安全风险的感知与建构——基于三城市公众食品安全风险感知状况调查的分析[J].吉林大学社会科学学报,2013,53(2): 40 - 49.

[116] 胡卫中.消费者食品安全风险认知的实证研究[D].杭州: 浙江大学,2010.

[117] 钟凯,韩蕃璠,郭丽霞,严卫星.食品安全风险的认知学特征及风险交

流策略[J].中国食品卫生杂志,2013,25(6):568-570.

[118] 周应恒,卓佳.消费者食品安全风险认知研究——基于三聚氰胺事件下南京消费者的调查[J].农业技术经济,2010,4(2):89-96.

[119] 吴林海,尹世久,陈秀娟,浦徐进,王建华.从农田到餐桌,如何保证"舌尖上的安全"——我国食品安全风险治理及形势分析[J].中国食品安全治理评论,2018(1):3-10,236-237.

[120] 吕珊珊,王一琴,尹世久.食品安全认证标签和品牌的消费者偏好及其交互效应研究[J].中国食品安全治理评论,2018(1):145-166,242-243.

[121] 陈雨生.认证食品消费行为与认证制度发展研究[J].中国海洋大学学报(社会科学版),2013(5):63-67.

[122] 吴林海,刘平平,陈秀娟.消费者可追溯猪肉购买决策行为中的诱饵效应研究[J].中国食品安全治理评论,2018(2):110-130,223.

[123] Wu L, Zhang Q, Shan L, et al. Identifying critical factors influencing the use of additives by food enterprises in China[J]. Food Control, 2013, 31(2): 425-432.

[124] Le-roy T M, Mafini C, Chinomona E. Supply chain risk management and operational performance in the food retail industry in Zimbabwe [J]. Acta Commercii, 2020, 20(1): 15.

[125] Alfazah D A, Ridwan A Y, Yulianti F, et al. Design of Procurement Process Monitoring Dashboard for Supporting Food Security Supply Chain Risk Management System in Indonesian Bureau of Logistics [C]//IOP Conference Series: Materials Science and Engineering. Bristol: IOP Publishing, 2020, 852(1): 012099.

[126] Voldrich S, Wieser P, Zufferey N. Optimizing the trade-off between performance measures and operational risk in a food supply chain environment[J]. Soft Computing, 202024(5): 3365-3378.

[127] Nardi V A M, Auler D P, Teixeira R. Food safety in global supply chains: a literature review[J]. Journal of food science, 2020, 85(4): 883-891.

[128] Assefa T T, Meuwissen M P M, Lansink A G J M O. Price risk perceptions and management strategies in selected European food supply chains: An exploratory approach[J]. NJAS-Wageningen Journal of Life Sciences, 2017, 80: 15-26.

[129] Song C, Zhuang J. Modeling a Government-Manufacturer-Farmer game for food supply chain risk management[J]. Food Control, 2017, 78: 443-455.

[130] Kumar A, Mangla S K, Kumar P, et al. Mitigate risks in perishable food supply chains: Learning from COVID-19 [J]. Technological Forecasting and Social Change, 2021, 166: 120643.

[131] Annosi M C, Brunetta F, Bimbo F, et al. Digitalization within food supply chains to prevent food waste. Drivers, barriers and collaboration practices[J]. Industrial Marketing Management, 2021, 93: 208-220.

[132] Mu W, van Asselt E D, van der Fels-Klerx H J. Towards a resilient food supply chain in the context of food safety[J]. Food Control, 2021, 125: 107953.

[133] Köhler S, Pizzol M. Technology assessment of blockchain-based technologies in the food supply chain [J]. Journal of cleaner production, 2020, 269: 122193.

[134] Garaus M, Treiblmaier H. The influence of blockchain-based food traceability on retailer choice: The mediating role of trust[J]. Food Control, 2021, 129: 108082.

[135] He M, Shi J. Circulation traceability system of Chinese herbal medicine supply chain based on internet of things agricultural sensor [J]. Sustainable Computing: Informatics and Systems, 2021, 30: 100518.

[136] Zhu Z, Bai Y, Dai W, et al. Quality of e-commerce agricultural products and the safety of the ecological environment of the origin based on 5G Internet of Things technology [J]. Environmental Technology & Innovation, 2021, 22: 101462.

[137] Zhou Z, Liu Y, Yu H, et al. Logistics supply chain information collaboration based on FPGA and internet of things system [J]. Microprocessors and Microsystems, 2021, 80: 103589.

[138] Torky M, Hassanein A E. Integrating blockchain and the internet of things in precision agriculture: Analysis, opportunities, and challenges [J]. Computers and Electronics in Agriculture, 2020, 178: 105476.

[139] Yan B, Chen X, Cai C, et al. Supply chain coordination of fresh agricultural products based on consumer behavior[J]. Computers & Operations Research, 2020, 123: 105038.

[140] Janairo J I B. Unsustainable plastic consumption associated with online food delivery services in the new normal[J]. Cleaner and Responsible Consumption, 2021, 2: 100014.

[141] Williams D F, Falcone E, Fugate B. Farming down the drain: Unintended consequences of the Food Safety Modernization Act's Produce Rule on small and very small farms[J]. Business Horizons, 2021, 64(3): 361 - 368.

[142] McDonald J. The relationship between cottage food laws and business outcomes: A quantitative study of cottage food producers in the United States[J]. Food Policy, 2019, 84: 21 - 34.

[143] Busetti S. A theory-based evaluation of food waste policy: Evidence from Italy[J]. Food policy, 2019, 88: 101749.

[144] 韦彬,林丽玲.网络食品安全监管:碎片化样态、多维诱因和整体性治理[J].中国行政管理,2020(12):27 - 32.

[145] Boatemaa S, Barney M K, Drimie S, et al. Awakening from the listeriosis crisis: Food safety challenges, practices and governance in the food retail sector in South Africa[J]. Food Control, 2019, 104: 333 - 342.

[146] Mangla S K, Bhattacharya A, Yadav A K, et al. A framework to assess the challenges to food safety initiatives in an emerging economy [J]. Journal of Cleaner Production, 2021, 284: 124709.

[147] Ejeromedoghene O, Tesi J N, Uyanga V A, Adebayo A O, Nwosisi M C, Tesi G OAkinyeye R O. Food security and safety concerns in animal production and public health issues in Africa: A perspective of COVID-19 pandemic era[J]. Ethics, Medicine and Public Health, 2020, 15: 100600.

[148] Sutherland C, Sim C, Gleim S, et al. Consumer insights on Canada's food safety and food risk assessment system[J]. Journal of Agriculture and Food Research, 2020, 2: 100038.

[149] Jin C, Bouzembrak Y, Zhou J, et al. Big Data in food safety-A review [J]. Current Opinion in Food Science, 2020, 36: 24 - 32.

[150] Kuo S C, Weng Y M. Effects of food safety education on knowledge, attitude, and practice of schoolchildren in southern Taiwan: A propensity score-matched observational study[J]. Food Control, 2021,

124: 107360.

[151] Zhu X, Huang I Y, Manning L. The role of media reporting in food safety governance in China: A dairy case study[J]. Food Control, 2019, 96: 165－179.

[152] Zhang M, Hui Q, Xu W, et al. The third-party regulation on food safety in China: A review[J]. Journal of Integrative Agriculture, 2015, 14(11): 2176－2188.

[153] Nardi V A M, Teixeira R, Ladeira W J, et al. A meta-analytic review of food safety risk perception[J]. Food Control, 2020, 112: 107089.

[154] Ha T M, Shakur S, Do K H P. Linkages among food safety risk perception, trust and information: Evidence from Hanoi consumers[J]. Food Control, 2020, 110: 106965.

[155] Barrett T, Feng Y. Evaluation of food safety curriculum effectiveness: A longitudinal study of high-school-aged youths' knowledge retention, risk-perception, and perceived behavioral control[J]. Food Control, 2021, 121: 107587.

[156] de Andrade M L, Rodrigues R R, Antongiovanni N, et al. Knowledge and risk perceptions of foodborne disease by consumers and food handlers at restaurants with different food safety profiles[J]. Food research international, 2019, 121: 845－853.

[157] de Freitas R S G, da Cunha D T, Stedefeldt E. Food safety knowledge as gateway to cognitive illusions of food handlers and the different degrees of risk perception[J]. Food Research International, 2019, 116: 126－134.

[158] de Andrade M. L., Rodrigues R. R., Antongiovanni N, et al. Knowledge and risk perceptions of foodborne disease by consumers and food handlers at restaurants with different food safety profiles[J]. Food research international, 2019, 121: 845－853.

[159] Geng Z, Liu F, Shang D, et al. Early warning and control of food safety risk using an improved AHC-RBF neural network integrating AHP-EW[J]. Journal of Food Engineering, 2021, 292: 110239.

[160] Ma B, Han Y, Cui S, et al. Risk early warning and control of food safety based on an improved analytic hierarchy process integrating quality control analysis method[J]. Food Control, 2020, 108: 106824.

[161] Buscaroli E, Braschi I, Cirillo C, Fargue-Lelièvre A, Modarelli G C, Pennisi G, Righini I, Specht K, Orsini F. Reviewing chemical and biological risks in urban agriculture: A comprehensive framework for a food safety assessment of city region food systems[J]. Food Control, 2021, 126: 108085.

[162] Wu J Y, Hsiao H I. Food quality and safety risk diagnosis in the food cold chain through failure mode and effect analysis[J]. Food Control, 2021, 120: 107501.

[163] Liang Lang. A study of system dynamics modelling and optimization for food safety risk communication in China [J]. Alexandria Engineering Journal, 2021, 60(1): 1917 - 1927.

[164] Verhagen H, Alonso-Andicoberry C, Assunção R, et al. Risk-benefit in food safety and nutrition-Outcome of the 2019 Parma Summer School [J]. Food Research International, 2021, 141: 110073.

[165] Howton J, Keifer E, Murphy C A, et al. A comparison of food safety programs using the Customizable Tool for Online Training Evaluation [J]. Food control, 2016, 59: 82 - 87.

[166] Goldberg D M, Khan S, Zaman N, et al. Text mining approaches for postmarket food safety surveillance using online media [J]. Risk Analysis, 2020, 42(8): 1749 - 1768.

[167] Cui Q. Problems and Countermeasures of Food Safety Supervision of Online Catering Service Based on Big Data Analysis[C]//Journal of Physics: Conference Series. Bristol: IOP Publishing, 2020, 1648 (3): 032010.

[168] Wang K, Gu X, Wang G. Suggestion on the Strategies of Ensuring the Safety of foods purchasing online in China and Strengthening the Supervision and Guarantee Mechanism[C]//Proceedings of the 2019 International Conference on Artificial Intelligence and Computer Science. 2019: 720 - 724.

[169] Huang Q, Sun J, Wang J. A Novel Parallelized LSTM For Detecting Internet Food Safety [C]//2020 19th International Symposium on Distributed Computing and Applications for Business Engineering and Science (DCABES).IEEE, 2020: 251 - 254.

[170] Hong W, Mao J, Wu L, et al. Public cognition of the application of

blockchain in food safety management — Data from China's Zhihu platform[J]. Journal of Cleaner Production, 2021, 303: 127044.

[171] 张婧,陈潇,白红娟,国鸽,王君.我国食品从业人员食品安全知识、态度、行为的调查研究[J].中国食品学报,2021,21(9): 416－423.

[172] Alemnew B, et al. Prevalence and factors associated with intestinal parasitic infections among food handlers working at higher public University student's cafeterias and public food establishments in Ethiopia: a systematic review and meta-analysis.[J]. BMC Infectious Diseases, 2020, 20(1): 156.

[173] Fatemeh M, et al. A quasi-experimental study on the effect of health and food safety training intervention on restaurant food handlers during the COVID-19 pandemic.[J] Food science & nutrition, 2021, 9(7): 3655－3663.

[174] Nelson D. Small farms to receive food safety training[EB/OL]. [2020－11－23] https://www.farmprogress.com/farm-operations/small-farms-to-receive-food-safety-training.

[175] Nyabera M D, et al. Effect of food safety training on behavior change of food handlers: A case of orange-fleshed sweetpotato purée processing in Kenya.[J]Food Control, 119: 107500.

[176] Oruc D E, et al. A comprehensive food safety short course (FSSC) improves food safety knowledge, behaviors, attitudes, and skills of Ukrainian participants.[J] Journal of Food Science Education, 2020, 19(4): 263－277.

[177] Dziuba Szymon T, Ulewicz Anna. Does the COVID-19 Pandemic Affect Food Safety Training of Food Sector Employees? Case Study [J]. System Safety: Human-Technical Facility-Environment, 2021, 3(1): 201－213

[178] COCHRAN-YANTIS D, BELO P, GIAMPAOLI J, et al. Attitudes and knowledge of food safety among Santa Clara County, California restaurant operators [J]. Foodservice Research International, 1996, 9(2): 117－128.

[179] Abdelhakim A S, et al. Evaluating cabin crew food safety training using the Kirkpatrick model: an airlines' perspective.[J] British Food Journal, 2018, 120(7): 1574－1589.

[180] Yeargin T A, Gibson K E, Fraser A M. New Approach to Food Safety Training: A Review of a Six-Step Knowledge-Sharing Model [J]. Journal of Food Protection, 2021, 84(11): 1852 - 1862.

[181] Asim H S, Elnemr I, Goktepe I, et al. Assessing safe food handling knowledge and practices of food service managers in Doha, Qatar[J]. Food Science and Technology International, 2019, 25(5): 440 - 448.

[182] Egan M B, Raats M M, Grubb S M, et al. A review of food safety and food hygiene training studies in the commercial sector [J]. Food control, 2007, 18(10): 1180 - 1190.

[183] Harris K, Taylor Jr S, DiPietro R B. Antecedents and outcomes of restaurant employees' food safety intervention behaviors [J]. International Journal of Hospitality Management, 2021, 94: 102858.

[184] McFarland P, Checinska Sielaff A, Rasco B, et al. Efficacy of food safety training in commercial food service[J]. Journal of food science, 2019, 84(6): 1239 - 1246.

[185] Soon J M, Baines R, Seaman P. Meta-analysis of food safety training on hand hygiene knowledge and attitudes among food handlers[J]. Journal of food protection, 2012, 75(4): 793 - 804.

[186] 周海文,刘新超,王志刚.经销商参与培训能促进其保障食品安全行为吗？——基于全国农产品批发市场 1 041 份问卷调查[J].农林经济管理学报,2017,16(3): 323 - 333.

[187] 周洁.食品企业员工不安全行为的影响因素及对策措施研究[D].广州: 华南理工大学,2018.

[188] 周佺,蒋爱民,吴炜亮.小微型食品企业的食品安全培训存在的问题及新举措[J].现代食品,2020(4): 30 - 31,33.

[189] Abdelhakim A S, Jones E, Redmond E C, et al. Evaluating cabin crew food safety training using the Kirkpatrick model: an airlines' perspective[J]. British Food Journal, 2018, 120(7): 1574 - 1589.

[190] Yeargin T A, Gibson K E, Fraser A M. New Approach to Food Safety Training: A Review of a Six-Step Knowledge-Sharing Model [J]. Journal of Food Protection, 2021, 84(11): 1852 - 1862.

[191] 钱艳.餐饮业员工食品安全知识、态度调查与培训研究[D].天津: 天津商学院,2006.

[192] Tian F. A supply chain traceability system for food safety based on

HACCP, blockchain & Internet of things, 2017 International conference on service systems and service management, 2017[C]. Beijing: IEEE, 2017.

[193] Kshetri N. Blockchain and the economics of food safety [J]. IT Professional, 2019, 21(3): 63 - 66.

[194] Fu X., Han G.H., Wan J.X., Trust-based decisions in commission-agency relationships, Managerial and Decision Economics, 2019, 40 (5): 569 - 579.

[195] Fu X., Liu S., Shen W., Han G. Managing Strategies of Product Quality and Price Based on Trust under Different Power Structures, RAIRO - Operations Research, 2021, (55): 701 - 725.

[196] 刘彤,谭红,张经华.基于大数据的食品安全与营养云平台服务模式研究[J].食品安全质量检测学报,2015,6(1): 366 - 371.

[197] Marvin H J P, Janssen E M, Bouzembrak Y, et al. Big data in food safety: An overview[J]. Critical reviews in food science and nutrition, 2017, 57(11): 2286 - 2295.

[198] 曾小青,彭越,王琪.物联网加区块链的食品安全追溯系统研究[J].食品与机械,2018,34(9): 100 - 105.

[199] 卿勇军,李耀东.物联网技术在食品安全溯源的应用与实现[J].物联网技术,2019,9(1): 95 - 98.

[200] 张舒恺,雷欣.互联网外卖食品安全监管问题[J].现代食品,2016 (3): 41 - 45.

[201] 王红霞,李超.网络餐饮平台治理义务实现机制研究[J].治理研究,2020,36(6): 120 - 128.

[202] 赖翠玲,苏锐芬.平台参与下网络食品安全政府监管策略探讨[J].质量与市场,2022(03): 196 - 198.

[203] 金尧.网络食品经营监管存在问题及对策[J].现代食品,2021(5): 143 - 144,150.

[204] 杨华锋,王璞.食品安全治理模式的回顾与前瞻——以乳制品为例[J].中国食品安全治理评论,2019(1): 15 - 35,215.

[205] 周优,朱洁,李卓."互联网+"时代食品安全治理模式创新的理论反思与发展路径[J].现代食品,2018,(15): 70 - 72.

[206] 喻辉.智慧政府背景下的食品安全治理研究[D].武汉: 华中师范大学,2016.

[207] 代姣.新媒体在食品安全监管工作中的特点和作用[J].新媒体研究，2016,2(19)：48－49.
[208] 周家庆.中外食品安全法律制度比较[D].大连：大连海事大学,2010.
[209] 张锋.网络食品安全治理机制完善研究[J].兰州学刊,2021(10)：124－132.
[210] 王柏荣.中外食品安全监管制度评析——以欧美国家为例[J].中国食品工业,2021(15)：69－71,74.
[211] 王晶晶,梁冰.论食品安全领域政府责任的缺失与完善[J].湖北警官学院学报,2013,26(8)：23－25.
[212] 郭彦君.我国食品安全治理中的公众参与研究[D].成都：电子科技大学,2021.
[213] 苗青青.我国食品安全监管制度完善研究[D].兰州：西北民族大学,2020.
[214] 吴晓东.我国食品安全的公共治理模式变革与实现路径[J].当代财经,2018(9)：38－47.
[215] 黄先亮,赵博,谭明天,杨小珊.信息技术在食品安全社会共治领域的作用探讨[J].现代食品,2021(13)：1－3.
[216] 俞秋静.食品安全需要构建"社会共治"新常态[J].上海人大月刊，2022(4)：48.
[217] 康俊莲.中国食品安全的政府监管权力配置问题研究[D].长春：东北师范大学,2020.
[218] 胡颖廉.改革开放40年中国食品安全监管体制和机构演进[J].中国食品药品监管,2018(10)：4－24.
[219] 王可山,苏昕.我国食品安全政策演进轨迹与特征观察[J].改革,2018(2)：31－44.
[220] 王常伟,顾海英.我国食品安全保障体系的沿革、现实与趋向[J].社会科学,2014(5)：44－56.
[221] 胡颖廉.食品安全理念与实践演进的中国策[J].改革,2016(5)：25－40.
[222] 徐金海.政府监管与食品质量安全[J].农业经济问题,2007(11)：85－90,112.
[223] 陈刚,张浒.食品安全中政府监管职能及其整体性治理——基于整体政府理论视角[J].云南财经大学学报,2012,28(5)：152－160.
[224] 曹裕,王显博,万光羽.平台参与下网络食品安全政府监管策略研究

[J].运筹与管理,2021,30(6):111-117.
[225] 刘金瑞.网络食品交易第三方平台责任的理解适用与制度创新[J].东方法学,2017(4):84-92.
[226] 刘柳.网络餐饮服务第三方平台资质审核义务“履行难”困境及大数据实施对策[J].法学论坛,2020,35(2):24-35.
[227] 刘贝贝,青平,邹俊.食品安全事件背景下网络口碑影响消费者购买决策的机制研究[J].华中农业大学学报(社会科学版),2018(6):69-74,154-155.
[228] 王建华,王恒,李才明.双口碑效应下食品供应链主体行为选择研究[J].江淮论坛,2021(2):59-67,193.
[229] 侯明慧,陈通,青平.中国消费者的食品安全心理契约:结构、破裂及其对网络负面口碑的影响[J].华中农业大学学报(社会科学版),2021(6):5-14,186.
[230] 舒煜.食品安全危机消费者宽恕意愿形成机理——基于网络负面口碑调节作用[J].食品工业,2020,41(5):267-270.
[231] 张红凤,陈小军.我国食品安全问题的政府规制困境与治理模式重构[J].理论学刊,2011(7):63-67.
[232] 张锋.网络食品安全治理机制完善研究[J].兰州学刊,2021(10):124-132.
[233] 郜焱燚,郝晓燕.协同治理视角下实现食品安全政府管理与企业自我规制的研究综述[J].内蒙古统计,2019(5):48-52.
[234] 刘飞,李谭君.食品安全治理中的国家、市场与消费者:基于协同治理的分析框架[J].浙江学刊,2013(6):215-221.
[235] 李静.我国食品安全“多元协同”治理模式研究[D].南京:南京大学,2013.
[236] 李文华.我国保健食品安全协同治理法律问题探析[J].食品科学,2021,42(13):360-369.
[237] 周开国,杨海生,伍颖华.食品安全监督机制研究——媒体、资本市场与政府协同治理[J].经济研究,2016,51(9):58-72.
[238] 石荣愿.我国网络市场食品安全监管的困境与对策研究[D].徐州:中国矿业大学,2018.
[239] 李静.从“一元单向分段”到“多元网络协同”——中国食品安全监管机制的完善路径[J].北京理工大学学报(社会科学版),2015,17(4):93-97.

[240] 张琦.我国食品安全多元主体治理模式研究[D].济南：山东师范大学,2014.

[241] 周广亮.协同治理视域下国家食品安全监管路径研究[J].中州学刊,2019(2)：73－79.

[242] 刘东,贾愚.食品质量安全供应链规制研究：以乳品为例[J].商业研究,2010(2)：100－106.

[243] 黄卿,张翔.国外食品安全质量监管模式对我国的启示[J].医学与社会,2011,24(10)：42－44.

[244] 刘鹏.姜堰区食品安全监管现状、问题与对策研究[D].扬州：扬州大学,2020.

[245] 杨宸,何元清.基于知识图谱的新一代民航安全监管体系综述[J].现代计算机,2021,27(34)：101－105.

[246] 蔡晓伟.电子商务运营数据分析漫谈[J].现代营销(经营版),2021(4)：126－127.

[247] 张炜明,于洋,蔡普光,李冰欣,卫国河,孙佳伟.基于 RFID 标签食堂智能服务系统的设计与实现[J].信息技术与信息化,2020(6)：208－211.

[248] 傅啸,韩广华,张冯洋.浙江省餐饮经营者参与食品安全教育的调查分析[J].统计科学与实践,2021(4)：32－35.

[249] 韩广华,晏思敏,傅啸.食品安全感知影响因素的层次性研究[J].中国食品安全治理评论,2019(1)：177－197,223－224.

[250] 张婷婷,韩广华,傅啸.食品安全风险感知对老年人社区参与的影响——医疗保障的中介作用.统计科学与实践,2021(10)：11－15.

[251] 杨慧舜.网络订餐食品安全的政府监管[D].上海：华东政法大学,2019.

[252] 李莹.中国食品安全及其监管制度研究[D].长春：吉林大学,2014.

[253] 晏思敏.食品安全风险感知：政府监管与政府信任[D].上海：上海交通大学,2019.

[254] 曾凤霞.网络订餐食品安全监管问题初探——基于第三方平台和政府监管有效衔接的视角[J].法制与社会,2017(17)：192－193.

[255] 张鹏,李江华,李佳洁.网络餐饮服务第三方平台参与食品安全社会共治的路径探索[J].中国食物与营养,2018,24(2)：29－32.

[256] 王嘉馨,傅啸,韩广华.网络平台对食品安全风险进行管控的博弈机制研究[J].中国食品安全治理评论,2020(1)：198－221,260－261.

[257] 张旭.我国食品安全法律规制研究[D].长春:长春理工大学,2012.
[258] 宋亚辉.论公共规制中的路径选择[J].法商研究,2012,29(3):94-105.
[259]李长健,张锋.我国食品安全多元规制模式发展研究[J].河北法学,2007(10):104-108.
[260] 伍琳.中国食品安全协同治理改革:动因、进展与现存挑战[J].兰州学刊,2021(2):74-86.
[261] 于国栋,王洪英,安娜.欧美食品安全监管体系对农产品质量安全监管的启示[J].吉林农业,2009(1):18-19.
[262] 毕金峰,魏益民,潘家荣.欧盟食品安全法规体系及其借鉴[J].中国食物与营养,2005(3):11-14.
[263] 刘国信.英国的食品安全监管体系[J].中国包装,2010,30(10):24-25.
[264] 何翔,张伟力,韩宏伟,杨华,郑贵森,康凤琴.加拿大食品安全监管概况[J].中国卫生监督杂志,2008(3):216-221.
[265] 李国强,谭燕.加强食品安全治理任重道远[N].中国经济时报,2019-06-12(4).
[266] 本刊编辑部.食品安全管理与信息化[J].微型机与应用,2007(9):44-48.
[267] 肖艳辉,刘亮.我国食品安全监管体制研究——兼评我国《食品安全法》[J].太平洋学报,2009(11):1-13.
[268] 刘晓冬.浅谈我国食品安全监管体制[J].医药论坛杂志,2011,32(19):203-206.
[269] 朱静宜.大数据在人社系统建设中的应用研究[J].计算机产品与流通,2019(9):77,100.
[270] 李海洋,李忠,李莹,孙可可.基于Apriori算法的学生成绩与洗浴时间关联性分析[J].中国教育技术装备,2020(4):38-40.
[271] 岳进,刘墨楠,富伟燕,周培.中国食品安全培训的现状与发展[J].科技通报,2014,30(5):197-200.
[272] 李婷,石丹.又现“食安门”,茶百道该降降温[J].商学院,2021(11):31-34.
[273] 代大鹏.经济法视野下的网络食品安全监管研究[D].宁波:宁波大学,2014.
[274] 王俊豪.中国特色政府监管理论体系:需求分析、构建导向与整体框

架[J].管理世界,2021,37(2):148－164,184,11.

[275] 谢佳岐,徐岚,陶鑫.网络第三方平台的食品安全义务分析[J].食品安全导刊,2018(16):30－32.

[276] 国务院办公厅.国务院办公厅关于印发国家食品药品安全“十一五”规划的通知[J].中华人民共和国国务院公报,2007(16):28－38.

[277] 郑炯,杨琳,崔小利,张甫生,夏季,杨小珊,阚建全.美国和欧盟食品安全监控体系的特点及其对我国的启示[J].食品安全质量检测学报,2014,5(11):3739－3744.

[278] 蔬东坡,2020年社区团购市场规模是多大?社区团购市场主要玩家有哪些?[EB/OL]. https://www. sdongpo. com/xueyuan/c-32238. html.

[279] 刘嘉仁,代凯燕,金秋.从平台、团长、消费者角度,探究社区团购的兴起[R].福州:兴业证券研究所,2021.

[280] 吴劲草,阳靖.社区团购深度研究:硝烟进行时,品牌/平台/团长都在想什么?[R].苏州:东吴证券研究所,2021.

[281] 黄希.基于移动平台的社区团购模式研究与分析[J].现代营销(下旬刊),2019(1):99.

[282] 张薇.新零售背景下社区团购运营模式研究[J].商业经济,2019(11):66－68.

[283] 尚延超.“社区团购”概念下生鲜农产品现代流通体系构建研究[J].商业经济研究,2021(19):150－153.

[284] 胡阳,张萍萍,郑晓娜.社区团购可持续盈利模式问题与对策[J].商业经济研究,2022(1):77－80.

[285] 郑少华,刘婷.社区团购营销模式的现状与发展对策[J].北方经贸,2020(11):56－58.

[286] 彭碧婷.新零售背景下社区团购模式面临的挑战与对策[J].商场现代化,2020(5):65－67.

[287] 王心智.社区团购平台中的食品安全问题识别与对策研究[D].武汉:华中科技大学,2022.

[288] World Health Organization. Slide to order: a food systems approach to meals delivery apps: WHO European Office for the Prevention and Control ofNoncommunicable diseases [R]. Genava: World Health Organization, 2021.

[289] Just Eat. Food safety and hygiene ratings [EB/OL]. https://www.

just-eat.co.uk/help/article/207150589/food-safety-and-hygiene-ratings

[290] Aprilianti I, Amanta F. Promoting food safety in Indonesia's online food delivery services[R]. Indonesia：CIPS, 2020.

[291] Uber Eats. Handle Uber Eats orders safely[EB/OL]. https://www.uber.com/us/en/safety/uber-community-guidelines/food-safety/.

[292] Uber Eats. Safety is always our priority[EB/OL]. https://www.farmprogress. com/farm-operations/small-farms-to-receive-food-safety-training.

[293] 杨晓宇.美国食品安全标准管理模式对我国食品安全监管的借鉴启示[J].食品安全质量检测学报,2019,10(16)：5556－5560.

[294] 邓攀,陈科,王佳.中外食品安全标准法规的比较分析[J].食品安全质量检测学报,2019,10(13)：4050－4054.

[295] 郝程乾,刘春卉.国内外食品安全国家标准对比研究[J].食品安全质量检测学报,2018,9(13)：3538－3544.

[296] 丁甜甜.加拿大食品召回制度分析及启示[J].质量探索,2022,19(3)：99－103.

[297] 李美英,吴彩艳,周博雅等.加拿大食品检查员制度体系对完善我国职业化食品检查员队伍建设的启示[J].食品工业科技,2020,41(16)：207－213,251.

[298] 杨丽贤,陈永法.加拿大食品安全协同治理建设举措及启示[J].中国食品卫生杂志,2020,32(1)：57－61.

[299] 郭华麟,韩国全,蒋玉涵等.加拿大食品安全监管体系与启示[J].检验检疫学刊,2018,28(4)：52－55.

[300] 张旭晟.加拿大食品安全风险监测计划结果分析及实务借鉴[J].食品安全质量检测学报,2021,12(16)：6648－6654.

[301] 史娜,陈艳,黄华等.国外食品安全监管体系的特点及对我国的启示[J].食品工业科技,2017,38(16)：239－241,252.

[302] 陶林.新加坡食品安全治理模式及对中国的启示[J].理论月刊,2017(9)：172－176.

[303] 王超.我国食品安全标准体系框架构建研究[D].晋中：山西医科大学,2015.

[304] 王俏,周海燕,毕孝瑞等.我国食品标准体系在食品安全监管过程中的应用及现存问题[J].中国食品卫生杂志,2023,35(3)：429－435.

[305] 傅啸,韩广华,董明.佣金代理商与零售商基于信任的订货策略研究

[J],工业工程与管理,2020(5):161－169.
[306] 吴浩.新加坡防范化解食品安全风险前置策略刍议[J].中国市场监管研究,2021(4):75－77.
[307] 韩丹丹.新加坡食品安全法律制度研究[J].标准科学,2012(2):84－88.
[308] 李世清.新加坡食品安全监管调研与启示[J].工商行政管理,2011(24):75－79.
[309] 边红彪.新加坡食品安全监管体系分析[J].标准科学,2018(9):25－28.
[310] 王帅,张水锋,王建兴等.食品安全标准体系建设现状、存在问题及对策研究[J].食品安全导刊,2023(6):22－24.

索　　引

T

W

X

Y

Z